Wolfgang Riemer

Statistik unterrichten

Eine handlungsorientierte Didaktik der Stochastik

Klett | Kallmeyer

Bibliografische Information der Deutschen Nationalbibliothek
Die Deutsche Nationalbibliothek verzeichnet diese Publikation in der Deutschen Nationalbibliografie; detaillierte bibliografische Daten sind im Internet über http://dnb.d-nb.de abrufbar.

Impressum

Wolfgang Riemer
Statistik unterrichten
Eine handlungsorientierte Didaktik der Stochastik

1. Auflage 2023

Redaktion: Dirk Haupt, Leipzig
Realisation: SchwabScantechnik, Göttingen
Druck: Beltz Grafische Betriebe, Bad Langensalza
Printed in Germany

ISBN: 978-3-7727-1748-2

Wolfgang Riemer

Statistik unterrichten

Eine handlungsorientierte Didaktik der Stochastik

Klett | Kallmeyer

Inhalt

Vorwort

„A telephone Book is useful, but has no educational value.
Many textbooks are telephone books of facts, ergo …"
(Mortimer Jerome Adler)

Wir haben die fachlichen Grundlagen durchgearbeitet und

- kennen den Unterschied zwischen Ergebnis und Ereignis,
- wissen, dass Zufallsvariablen „in Wirklichkeit" keine Variablen, sondern Abbildungen $P(\Omega) \rightarrow \mathbb{R}$ sind, die z. B. beim Wurf von drei Münzen dem Ereignis $\{(1,1,0); (1,0,1); (0,1,1)\}$ die Trefferzahl 2 zuordnen,
- haben von subjektivistischen, laplace'schen und frequentistischen Wahrscheinlichkeiten gehört (wobei letztere mitunter auch als statistische oder empirische bezeichnet werden),
- haben uns bei Signifikanztests über verbeulte Münzen und Fishers Tea tasting Lady informiert, die behauptete, schmecken zu können, ob der Zucker vor oder nach dem Eingießen des Tees hinzugefügt wurde usw. …

Aber wie gestaltet man auf der Grundlage dieses Hintergrundwissens funktionierenden Unterricht?

Mit dieser Frage ist zu rechnen, wenn nicht nur angehende Lehrerinnen und Lehrer Stochastik unterrichten müssen. Und: Ist diese Frage nicht naheliegend, wenn man bedenkt, dass auch so manch ein didaktisch ausgerichtetes Lehrwerk an ein „telephone book of facts" erinnert, wenn es sich mit einer strikten Trennung von beschreibender Statistik, Wahrscheinlichkeitsrechnung und beurteilender Statistik mehr an der Hochschulsystematik orientiert als am Erkenntnisinteresse neugieriger Kinder und junger Erwachsener?

Hier möchte „Statistik *unterrichten* – eine *handlungsorientierte* Didaktik der Stochastik" eine Lücke schließen, vielleicht auch einen Kontrapunkt setzen: *Unterrichten* ist ebenso essenzieller Bestandteil dieses Buches wie *Handlungsorientierung*:

- Schülerinnen und Schüler stehen mit ihren Primärerfahrungen, ihrer Neugier und ihren Alltagsintuitionen im Mittelpunkt,
- interessante Fragestellungen werden durch aufschlussreiche, vor allem aber in einer Unterrichtsstunde realisierbare Experimente beantwortet,
- die Experimente unterstützen Begriffsbildungen nicht nur, sie verankern die Begriffe und Zusammenhänge im Erfahrungshorizont der Lernenden,
- wir fassen Wahrscheinlichkeiten weniger als objektiv existierende (?) Größen auf, sondern lassen sie die Lernenden als vom Menschen gemachte Modelle der Wirklichkeit erleben.

- Dadurch gelingt der nahtlose Anschluss an intuitive Vorstellungen aus der Grundschule und dem Lebensalltag. Darüber hinaus wachsen die meist säuberlich voneinander getrennten Gebiete beschreibende Statistik, Wahrscheinlichkeitsrechnung und beurteilende (!) Statistik schon in der Sekundarstufe I zu einer Einheit zusammen.

Um auch Lehrerinnen und Lehrer mit wenig stochastischer Vorerfahrung für Statistik zu begeistern, bevorzugen wir in diesem Buch eine tendenziell informelle Notation, wie sie in Schulbüchern gepflegt wird. Aber auch, wer in seiner Unterrichtskultur der Eleganz formaler Darstellungen einen höheren Stellenwert beimisst, wird die hier angebotenen Fragestellungen und Experimente wertschätzen. Denn das Bild von Mathematik, das wir unseren Schülerinnen und Schülern vermitteln, wandelt sich fundamental ins Positive, wenn wir im Unterricht, statt über fiktiv verbeulte Münzen aus imaginären Schatzkisten nur zu sprechen, über normierte flache Legosteine (wir nennen sie Legomünzen) erst spekulieren, um anschließend die Spekulationen an der Realität experimentell zu prüfen – oder wenn wir Fischers Tea tasting Lady durch reale Experimente ersetzen.

Das Buch ist modular aufgebaut. Die Kapitel oder je nach interessierender Klassenstufe auch Teile daraus lassen sich trotz vieler Vernetzungen unabhängig voneinander lesen und im Unterricht einsetzen. Sie sind Grundlage gelingender und erkenntnisreicher Unterrichtsstunden, an die sich Ihre Schülerinnen und Schüler auch lange nach der Schulzeit gerne erinnern.

Köln, im August 2023
Wolfgang Riemer

1 Zielsetzung

Darum geht es – das Wichtigste in Stichworten

- Lehrpläne zerlegen Stochastik in beschreibende Statistik, Wahrscheinlichkeitsrechnung und beurteilende Statistik. Sie orientieren sich damit am Vorgehen der Hochschule, das von Anfang an nach formaler Exaktheit und Systematik strebt, weniger an der Neugier und dem Erkenntnisinteresse Lernender.
- Die sich daraus nicht nur für Lernende, sondern auch für Anwendende ergebenden Probleme wurden schon vor Jahren klar benannt – sie sind unverändert virulent.
- Durch Verzahnung der drei Gebiete über authentische, vor allem aber praktikable und alltagstaugliche Fallbeispiele gelingt es, die Probleme zu reduzieren, wenn nicht gar sie aufzulösen.
- Dabei hilft die konsequente Beachtung weniger Paradigmen.

Experiment

- „Hol die OMA aus der Socke."

1.1 Prolog

Wir alle wünschen uns, dass Mathematikunterricht eher einem Erlebnisspielplatz (Abb. 1-1) gleicht als einem Krankenhaus (Abb. 1-2). Auf Erlebnisspielplätzen gibt es etwas zu tun. Da wird gewerkelt, entdeckt, da lernt man, im geschützten Raum kleine Probleme zu lösen. Da wird Selbstwirksamkeit erlebt und auch „Mathe hat mit mir zu tun", „Mathe ist sinnvoll", „Mathe macht Spaß". Krankenhäuser sind natürlich auch sehr nützliche Einrichtungen. Da werden Dinge eingeführt, da wird behandelt, besprochen, untersucht, diagnostiziert und getestet ... aber Freude kommt erst auf, wenn man das Krankenhaus verlassen kann.

Wir wünschen uns also, dass Mathematikunterricht (wenigstens ab und zu) aussieht wie in Abb. 1-1, nicht wie in Abb. 1-2.

Die Abb. 1-1 könnte für „realistischen" Mathematikunterricht stehen, den Hans Freudenthal wie folgt charakterisieren würde:

- Stelle einen Kontext ins Zentrum,
- gib Schülerinnen und Schülern Raum, sich aktiv mit diesem Kontext auseinanderzusetzen,
- langweile sie nicht mit Formalismen.

Abb. 1-1: Erinnert an einen Erlebnisspielplatz

Abb. 1-2: Erinnert an ein Krankenhaus

Das Experiment „Hol die OMA aus der Socke“ (S. 14) zeigt exemplarisch, wie ein „realistischer“[1], gleichermaßen kognitiv wie emotional aktivierender Einstieg in die Stochastik aussehen kann, in dem Laplace-Wahrscheinlichkeiten mit Bauchgefühl und beschreibender Statistik verknüpft werden.

Die Abb. 1-2 ist als Postkarte in jedem Kiosk zu kaufen. Sie zeigt, wie Matheunterricht erlebt wird, wenn man die Forderung nach Wissenschaftspropädeutik z. B. dadurch einzulösen versucht, dass man den Begriff Zufallsexperiment definiert *statt* Zufallsexperimente durchzuführen und dabei den Zufall zu erleben – oder wenn man Teilmengen von Grundräumen Wahrscheinlichkeiten zuordnet, *bevor* man Kinder erleben lässt, wie viel Wahrscheinlichkeiten mit Bauchgefühl zu tun haben.

> „Ein Zufallsexperiment ist ein Versuchsaufbau mit ‚zufälligem‘ Ausgang, d. h. das Ergebnis kann nicht vorhergesagt werden.“
>
> (Institut für Bildungsanalysen Baden-Württemberg 2023)[2]

1 Realistisch bedeutet für Freudenthal nicht, dass die Situation der Alltagsrealität entstammt, sondern dass sie für die Kinder bedeutsam ist. Als bloße Rechenaufgabe wäre OMA „Würfelbudenmathematik“, würde man nur experimentieren und durch Strichlisten protokollieren, wäre das „Erbsenzählerei“. Die Kombination Spekulieren-Experimentieren-Reflektieren (Paradigma 5 auf der übernächsten Seite) baut Brücken zwischen Modell- und Realitätsebene und die OMA in der Socke dient anspruchsvoller Begriffsbildung. Auf den Kontext kommt es an!

2 https://www.schule-bw.de/faecher-und-schularten/mathematisch-naturwissenschaftliche-faecher/mathematik/unterrichtsmaterialien/sekundarstufe1/sonstiges/basis/basis_daten/Basiswissen_Daten_Zufall.pdf (Zugriff: 23.02.2023)

Leider beschreibt Abb. 1-2 noch zutreffender, wie sich Abiturientinnen und Abiturienten fühlen, wenn sie bei Signifikanztestaufgaben herausfinden müssen, wo in konstruierten Kontexten über unterstellte Interessenlagen Nullhypothesen versteckt wurden (vgl. Kap. 8.3) statt – Abb. 1-1 entsprechend – eigene (im Sinne Freudenthals „realistische") Hypothesen aufstellen, Testgrößen selber erfinden und deren Wirkungsweise erproben zu dürfen (vgl. Kap. 3). Abiturientinnen und Abiturienten lernen so, Signifikanztests formal durchzurechnen. Sie können die Rechenergebnisse aber nicht angemessen deuten, setzen statistische Signifikanz mit inhaltlicher Relevanz gleich und glauben, was manch ein Erklärvideo unter Rückgriff auf subjektive Alltagswahrscheinlichkeiten weismachen möchte:

> „Wenn man eine Hypothese auf dem Signifikanzniveau (mit der Irrtumswahrscheinlichkeit) 5 % verwerfen konnte, dann gilt die Alternative mit 95 %iger Sicherheit."
>
> (https://www.youtube.com/watch?v=55Q92wc23nE, Zugriff: 23.03.2023)

Abb. 1-3: Amrhein u. a. in Nature 305. 21.03.2019

Außerhalb des Schulunterrichts – bei den Anwendern statistischer Verfahren in der empirischen Forschung – sieht es nicht besser aus. Der in Abb. 1-3 zitierte Aufruf dreier Statistiker, die statistische Signifikanz in den Ruhestand zu entsorgen, weil die Ergebnisse erschreckend häufig falsch interpretiert werden, wurde binnen einer Woche von 800 Fachkolleginnen und Fachkollegen unterzeichnet. Das sorgte im Frühjahr 2019 für beachtliche mediale Aufmerksamkeit.

„Hol die OMA aus der Socke."

Eine der schönsten Einstiegsstunden in die Stochastik: Wie man Zufall *erlebt,* nebenbei die Pfadregel entdeckt und Wahrscheinlichkeitsrechnung mit beschreibender Statistik koppelt.

Sie legen als Preis einen Euro auf das Pult und verkünden: Wer beim blinden Hineingreifen in die Socke nacheinander die Buchstaben O-M-A zieht, gewinnt den Euro!

Sina ist die erste. Sie erwischt das M: „Mist ...!" und reicht die Socke an

Paul. Der zieht das O: Glückshormone! Aufkeimende Hoffnung! ALLE fiebern mit! Bis in die letzte Reihe! Und dann das A! Frust ...! Nicht nur bei Paul. Die aufkeimende Hoffnung ist abgestürzt.

Aylin ist dran. Sie erwischt das A ... und übergibt, an

Maja. Die zieht O-M – und großer Jubel – schon vor dem dritten Zug!

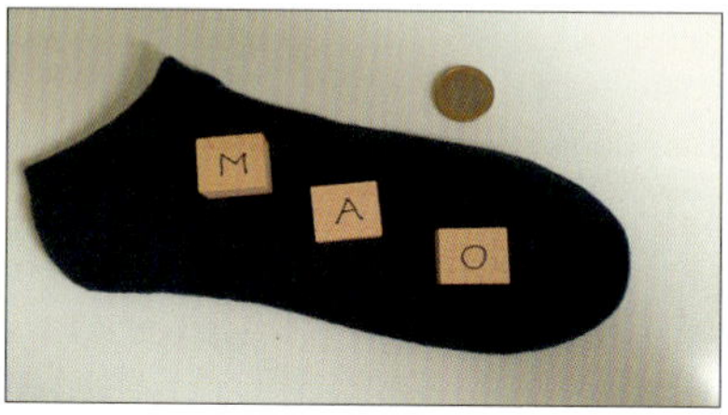

Abb. 1-4

OMA OAM MAO MOA AMO AOM

●---------- O ---------- M ---------- A

$\frac{1}{3}$ $\frac{1}{2}$ 1

Abb. 1-5: Sechs Kombinationen notieren oder Pfadregel entdecken.

Nichts ist lohnender als dieses Experiment auszuhalten, auch wenn die OMA sich nach 12 Versuchen noch nicht hat blicken lassen ... und einen weiteren Euro zu spendieren, wenn „OMA" direkt beim ersten oder zweiten Versuch kam.

In vielen Klassen braucht man die Frage nach der Chance für OMA ($=\frac{1}{6}$) nicht einmal zu stellen, die beantworten die Kinder in der allerersten Stochastikstunde selber, indem sie die sechs Kombinationen notieren ... oder die im Bauch gefühlten Emotionen in Zahlen übersetzen und die Pfadregel allen Lehrplänen zum Trotz schon in der ersten (!) Stochastikstunde entdecken: In einem Drittel aller Fälle erwischt man das O. Dann sind aber nur noch zwei Buchstaben da, es steht für das M dann „fifty-fifty" und die Hälfte von $\frac{1}{3}$ ist die Lösung: $\frac{1}{6}$ vgl. Abb. 1-5. Den Erwartungswert entdeckt man gleich mit: Wenn 30 Kinder in der Klasse sitzen, wird man im Schnitt 5 Münzen bereithalten müssen, wenn jeder einmal sein Glück probieren darf. Das ist die gleiche Struktur wie beim Warten auf die 6 beim Würfeln – aber die OMA ist deutlich gehaltvoller. Und die OMA dokumentiert, wie viel Stochastik im Unterricht stattfinden kann, bevor man die Vokabeln Zufallsexperiment, Grundraum, Ergebnis, Ereignis ... erwähnt. Und was ändert sich, wenn man die OMA zweimal in die Socke legt oder ein P hinzufügt, sodass man nicht nur bei OMA, sondern auch bei OPA gewinnt? Verdoppelt sich die Gewinnchance? Gute Frage! Man kann sie durch Experimentieren beantworten oder durch Nachdenken – und dabei die Pfadregel lieben lernen!

1.2 Stolpersteine, kritische Stimmen

Was läuft falsch in der Schule – und offensichtlich auch danach – wenn Statistiker dazu aufrufen, Teile des von ihnen geschaffenen Werkzeugkoffers in den Ruhestand zu entsorgen, weil Anwendende mit diesen Werkzeugen Unfug treiben? Bei der Suche nach einer Antwort auf die Frage hilft ein Blick zurück in die 1980er-Jahre, als sich Stochastik neben Algebra und Geometrie als dritte Säule der Schulmathematik zu etablierten begann. Es war die Zeit der Strukturmathematik – und auf der Suche nach „wissenschaftspropädeutischen" Unterrichtskonzepten diente die Hochschulsystematik als „Kopiervorlage" samt der bis heute unverändert praktizierten Trennung von beschreibender Statistik, Wahrscheinlichkeitsrechnung und beurteilender Statistik. Hier zwei mahnende Stimmen, die nichts von ihrer Aktualität eingebüßt haben:

Hans Schupp

So notierte Hans Schupp (1982, S. 210) als Vorsitzender der Gesellschaft für Didaktik der Mathematik:

> „Lehrgänge, die sich an der Fachsystematik orientieren, trennen wahrscheinlichkeitstheoretische und statistische Gedankengänge strikt voneinander, obwohl sie *erkenntnistheoretisch* und *lernpsychologisch* aufs engste miteinander verwoben sind [...] In den meisten Mathematikwerken stehen statistische und wahrscheinlichkeitstheoretische Passagen nahezu beziehungslos (und zuweilen mit falschem Bezug) hintereinander".

Seine Kritik lässt sich treffend zusammenfassen in einem Bonmot, das vielerorts auch heute noch die schulische Praxis charakterisiert:

- Statistik ohne Wahrscheinlichkeitsrechnung ist blind („Erbsenzählerei").
- Wahrscheinlichkeitsrechnung ohne Statistik ist leer („Würfelbudenmathematik").

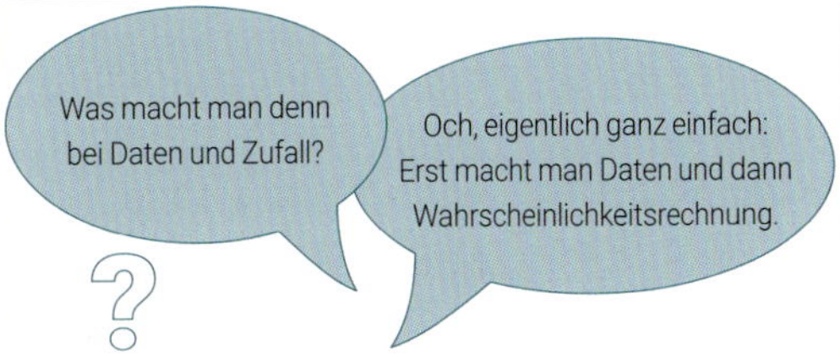

Situationsbeschreibung durch M. Vogel auf einer Tagung im Dezember 2022

Deskriptive Statistik
- Häufigkeitsverteilungen
- Maßzahlen
- Zusammenhangmaße
- Regression

Wahrscheinlichkeitsrechnung
- Ereignisse und ihre Wahrscheinlichkeit
- Wahrscheinlichkeitsverteilungen
- Spezielle Verteilungen

Induktive Statistik
- Testtheorie
- Schätztheorie (Intervallschätzung)

Struktur einer Vorlesung „Statistik für Mediziner": Beschreibende Statistik, Wahrscheinlichkeitsrechnung und beurteilende (induktive) Statistik werden strikt voneinander getrennt.

Abb. 1-6

Tatsächlich arbeitete man in den 1980er-Jahren in der deskriptiven Statistik ausschließlich in der *Realitätsebene* – und in der Wahrscheinlichkeitsrechnung mit Laplace-Wahrscheinlichkeiten, Kombinatorik, Pfad- und Summenregel dann ausschließlich auf der *Modellebene*.

Dass sich daran bis heute vielerorts wenig geändert hat, bringt die Karikatur Abb. 1-6 von Markus Vogel auf den Punkt.

Hermann Dinges

Auch Hermann Dinges (1980, S. 50) hinterfragt die strikte Orientierung der Schulcurricula an Hochschulvorlagen mit den Worten:

> „Stochastik muss auf der Schule als eigenständige Unternehmung gesehen werden, die weder durch Elementarisierung aus der bestehenden Universitätsstatistik noch durch Verkleinerung aus der heutigen Praxis abgeleitet werden kann."

Zum Wahrscheinlichkeitsbegriff hält er fest:

> „Der objektivistische Wahrscheinlichkeitsbegriff, der sich an Urne und Glücksrad orientiert, scheint gut geeignet am Anfang des Stochastikunterrichts zu stehen. Er hat aber Grenzen. Die Bayes'sche Formel passt nicht dazu; sie braucht den subjektiven Wahrscheinlichkeitsbegriff. Die höhere Wahrscheinlichkeitstheorie braucht den Begriff der Hypothese [...].
> Viele Schulbücher scheinen entschlossen, die natürlichen Denkansätze über den Zufall bedenkenlos mit den aus der Strukturmathematik gewohnten Prinzipien des Mathematiklernens zu überrollen. Ebenso wenig werden die Vorstellungsweisen der statistischen Praxis vorbereitet [...]." (Dinges 1978, S. 113, 121)

1.3 Paradigmen

Den Schlüssel zur Lösung der von H. Schupp, H. Dinges und letztendlich auch von V. Amrhein u. a. beschriebenen Probleme liefert Lothar Sachs (1999, S. 10) in seinem Handbuch der angewandten Statistik in einer eher beiläufig eingestreuten Anmerkung, die zweifellos auch von Freudenthal hätte stammen können:

> „Der Erklärungswert statistischer Verfahren lässt sich nur an ausführlich dargestellten Fallbeispielen aufzeigen. Um eine nachhaltige Wirkung zu erzielen, sollte das Thema interessant sein und zu aufschlussreichen Resultaten führen." (Sachs 1999, S. 10)

Wir stellen solche „Fallbeispiele mit aufschlussreichen Resultaten" in das Zentrum dieses Buches, um schon in der Sekundarstufe I Statistik mit Wahrscheinlichkeitsrechnung zu vernetzen und Schülerinnen und Schüler langfristig gegen Fehlinterpretationen im Bereich der beurteilenden Statistik zu impfen. Dabei hat sich in der Unterrichtspraxis die Beachtung weniger einprägsamer Paradigmen, die uns durch das Buch begleiten, als überaus hilfreich erwiesen.

Paradigmen

(1) Pflege einen passenden Wahrscheinlichkeitsbegriff (wir nennen ihn hypothetisch-prognostisch).
(2) Trenne Modell und Realität messerscharf und konsequent.
(3) Untersuche Zufallsschwankungen statt sie wegzuwünschen.
(4) Stelle authentische Probleme ins Zentrum.
(5) Nutze den „didaktischen Dreisatz" Spekulieren-Experimentieren-Reflektieren.

Die Fallbeispiele (insbesondere in den Kapiteln 2, 3 und 9) sorgen im Sinne der Paradigmen (4) und (5) nicht nur für Spannungsbögen, sondern im Sinne der Paradigmen (1) und (2) auch dafür, dass Schülerinnen und Schüler alle Wahrscheinlichkeiten, insbesondere auch die Laplace'schen, als vom Menschen gemachte Modelle erleben, die auf Erfahrungen beruhen, in Bezug auf die Realität hypothetischen Charakter haben, Erwartungen quantifizieren und Prognosen machen wollen. Im Sinne von H. Dinges erleben Schülerinnen und Schüler ab Klasse 7:

- dass es verschiedene Modelle (statistisch gesprochen: verschiedene Hypothesen) zur Vorhersage relativer Häufigkeiten gibt, denen man unterschiedlich viel Vertrauen schenkt;
- dass das (selten quantifizierbare) Vertrauen in unterschiedliche Hypothesen eine andere Qualität besitzt als die prognostischen Wahrscheinlichkeiten, die zu den Hypothesen gehören.

Statt das Unmögliche zu versuchen, nämlich den Begriff „Wahrscheinlichkeit" definieren zu wollen, lassen wir Paradigma (1) entsprechend Schülerinnen und Schüler erleben, wie Wahrscheinlichkeiten entstehen und wie man mit ihnen arbeitet. Paradoxerweise werden dabei Brücken geschlagen zwischen Freudenthals „realistischer" Mathematik und Kolmogoroffs axiomatischer Sicht auf Wahrscheinlichkeit.

Mithilfe des Paradigmas (3) lassen sich beschreibende und beurteilende Statistik schon in der Sekundarstufe I miteinander verknüpfen. Dies gelingt in Kapitel 3 durch das „Sortieren gefühlten Zweifels" und in Kapitel 4 über das $\frac{1}{\sqrt{n}}$-Gesetz (in seiner einfachsten Form für $p=\frac{1}{2}$). Der Vorzeichentest eröffnet spannende Anwendungsfelder und belegt, dass das Werfen von Münzen und das Rollen von Würfeln zum Gegenteil von Würfelbudenmathematik wird, wenn man Zufallsschwankungen untersucht und Kindern geeignete Probleme und Fragestellungen schenkt.

1.4 Resümee

Wir pflegen in diesem Buch eine „hypothetisch-prognostische" Wahrscheinlichkeitsinterpretation. Wir lassen Kinder erleben, wie alle Wahrscheinlichkeiten, die subjektivistischen, die Laplace'schen und die frequentistischen in uns Menschen als Modelle der Realität dadurch entstehen, dass aus unseren Erfahrungen Erwartungen werden. Da alle Wahrscheinlichkeiten Vorhersagen machen wollen, lassen sie sich durch Vergleich mit der Realität auf Brauchbarkeit prüfen. In Modellbildungsprozessen müssen sie evtl. modifiziert werden – und sie lassen sich trotz aller Vorläufigkeit für Rechnungen und weitere Prognosen nutzen.

Diese pragmatische Sicht auf Wahrscheinlichkeit als eines von uns Menschen gemachten überprüfbaren Modells, in das wir mehr oder weniger Vertrauen haben, hält Wahrscheinlichkeitsrechnung und Statistik von Anfang an wie eine Klammer zusammen. Sie beantwortet die von H. Dinges und H. Winter aufgeworfenen Fragen so, dass auch Freudenthal mit seiner „realistischen Mathematik" seine Freude daran gehabt hätte – und vermutlich sogar A. N. Kolmogoroff, wenn er sich denn für die Didaktik interessiert hätte.

2 Wahrscheinlichkeit entsteht, wenn aus Erfahrung Erwartung wird

Darum geht es – das Wichtigste in Stichworten

- Schon in der Primarstufe werden subjektive Sicherheiten auf Skalen markiert. Diese Skalen zwischen unmöglich und sicher begleiten uns durch das ganze Leben.
- Mit Verfügbarkeit des Prozentbegriffs bekommen die subjektiven Sicherheiten nur durch die Normierung der Skalenenden 0 % und 100 % prognostischen Charakter, denn zu jeder Markierung gehört dann ein Prozentsatz und mit jedem Prozentsatz ist bei vorgegebenem Stichprobenumfang ein Prozentwert verbunden: die erwartete Häufigkeit.
- Durch Spekulieren und Experimentieren mit teilsymmetrischen Objekten bildet sich ein auch für die beurteilende Statistik tragfähiger prognostischer Wahrscheinlichkeitsbegriff, der auf Grundlage subjektivistischer Vorstellungen sowohl den Laplace'schen wie auch den frequentistischen umfasst.
- Wahrscheinlichkeiten werden erlebt als vom Menschen gemachte Modelle der Wirklichkeit, die einem Modellierungskreislauf unterliegen – und Lernende erleben, wie das Vertrauen in die Güte eines Modells vom Stichprobenumfang abhängt.
- Der für die beurteilende Statistik fundamentale Begriff des Konfidenzintervalls als eines Bereiches vertrauenswürdiger Modelle wird damit schon ab Klasse 7 intuitiv vorbereitet.
- Man erlebt, wie gut man über Pfad- und Summenregel mit prognostischen Wahrscheinlichkeiten rechnen und Vorhersagen machen kann. Und – das ist für Lernende zentral – die Prognosen lassen sich an der Realität überprüfen.

Experimente

- Mit Quadern „würfeln", Wahrscheinlichkeitsverteilungen aufstellen und verbessern.
- Wahrscheinlichkeiten für Prognosen nutzen, Güte von Prognosen beurteilen.

2.1 Anknüpfen an alltägliche Vorerfahrungen

Im Alltag nutzen wir subjektive Wahrscheinlichkeitsbewertungen, die auf Erfahrungen beruhen. Wie Abb. 2-1 belegt, werden sie in der Primarstufe auf einer Skala zwischen völlig unmöglich und ganz sicher lokalisiert.

Wenn Maike mehrmals mitbekommen hat, dass ihre Grundschullehrerin am letzten Schultag vor den Ferien ein Eis spendiert hat, wird sie sich auf der Skala nahe bei „ganz sicher“ (vielleicht bei 8 von 10) positionieren, wenn sie nach ihrer Einschätzung für den kommenden letzten Schultag befragt wird. Aus ihrer *Erfahrung* ist *Erwartung* geworden.

Sobald Schülerinnen und Schüler mit dem Prozentbegriff vertraut sind, wird das untere Skalenende „völlig unmöglich“ vom Lehrer(!) mit 0 % und das obere „ganz sicher“ mit 100 % beschriftet. **Diese Beschriftung** ist ein Kunstgriff, dessen Genialität für die Begriffsbildung in der didaktischen Literatur bisher noch an keiner Stelle gesehen wurde.[3]

Nur durch die Beschriftung der Ränder erhält jede Stelle der Skala nämlich urplötzlich die Bedeutung eines Prozentsatzes. Und Siebtklässler wissen, dass bei festem Grundwert n zu jedem Prozentsatz p der Prozentwert n · p gehört. Bei reproduzierbaren Situationen ist n die Versuchszahl und n·p wird zur erwarteten Häufigkeit, kurz zum Erwartungswert, um den herum die Ergebnisse zufällig pendeln.

Die Kiewer Führung hält ein Eingreifen von Belarus an der Seite Russlands in den Krieg gegen die Ukraine aktuell für wenig wahrscheinlich. Die Wahrscheinlichkeit, dass der belarussische Präsident Alexander Lukaschenko sich für eine Teilnahme am Krieg entscheide, liege „bei 15 bis 20 Prozent“, sagte der ukrainische Präsidentenberater Olexij Arestowitsch nach Angaben der Agentur Unian.

https://www.boerse-online.de/nachrichten/aktien/kein-sofortigeseingreifen-von-belarus-die-nacht-im-ueberblick-1031300215

Wie wahrscheinlich würden Sie SATURN aufgrund Ihrer letzten Erfahrung mit unserem Reparaturservice im SATURN-Markt Koeln 3 (Weiden) einem Freund, Bekannten oder Kollegen empfehlen?

sehr unwahrscheinlich										sehr wahrscheinlich
0	1	2	3	4	5	6	7	8	9	10

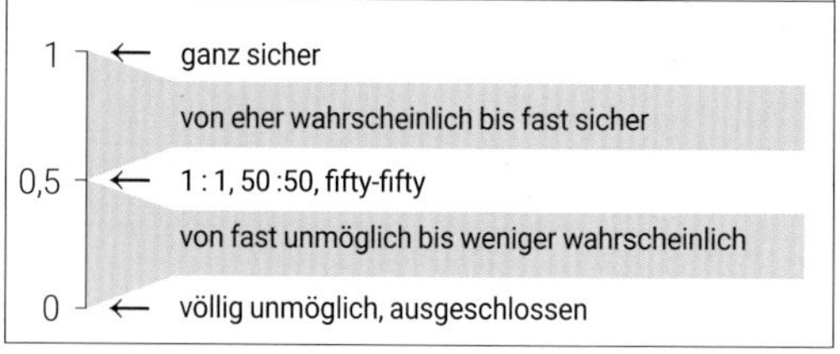

Abb. 2-1: a), b) subjektive Wahrscheinlichkeiten im Alltag und c) in der Primarstufe gemäß Krüger u. a. 2015.

Damit wurde der qualitative subjektivistische Wahrscheinlichkeitsbegriff der Primarstufe quantitativ-prognostisch.

So wird die Stelle 25 % bei n = 300 Wiederholungen mit der erwarteten Häufigkeit 300 · 0.25 = 75 verknüpft. Sollte dann bei vielen 300er-Versuchen das fragliche Ergebnis immer wieder deutlich unter der Erwartung 75 liegen, korrigiert man die Angabe 25 % nach unten. Und damit hat man die Schlei-

3 Auf einer Fachdidaktik-Tagung wurde dieser Gedanke kürzlich als „die Entdeckung des missing link zwischen Primar- und Sekundarstufenstochastik“ bezeichnet.

fe eines Modellbildungskreislaufs durchlaufen. *Die Erfahrung hat die Erwartung modifiziert* (oder ggf. auch abgesichert).

2.2 Prognostische Wahrscheinlichkeiten

Abb. 2-2: Quader 1.3 × 2 × 2.3 cm³

Wie gut dieser Übergang vom qualitativen Wahrscheinlichkeitsbegriff der Primarstufe zum quantitativ-prognostischen der Sekundarstufe im Rahmen eines Modellierungskreislaufs gelingt und welche Bedeutung dem didaktischen Dreisatz, Spekulieren – Experimentieren – Reflektieren, vgl. 1.3 (5) zukommt, zeigt die folgende Unterrichtsskizze, in der mit Quadern „gewürfelt" wird.

2.2.1 Spekulieren (Schritt 1)

Nach einem Kopfrechentraining zur Prozentrechnung erhält jeder einen Quader, dessen Seiten so beschriftet sind, dass sich die Augenzahlen der Gegenseiten zu 7 addieren – wie bei einem Spielwürfel.

Impuls: „Schaut euch die Quader genau an und schätzt nach Bauchgefühl die Chancen der sechs Augenzahlen in Prozent[4]. Nicht würfeln, nur schätzen! Ungefähr!"

Durch das Würfelverbot werden die Lernenden bewusst gezwungen, beim Formulieren ihrer Erwartungen auf ihre Alltagserfahrungen (wie: hochkant stehende Pakete stehen instabil, sie fallen schnell um) zurückzugreifen und auf der Modellebene zu arbeiten.

Reaktion: Die Lernenden akzeptieren das Würfelverbot, kneifen schätzend Augen zusammen, messen ggf. Kantenlängen, tuscheln miteinander und nennen bereitwillig „Prozentzahlen", die Positionen auf den Grundschuls-

4 Man kann auch nach „Wahrscheinlichkeiten" fragen, aber Kinder (und Anglisten) verwenden „Chance" und Wahrscheinlichkeit synonym. Eine 80 %ige Chance bedeutet für sie: Man steht auf der Wahrscheinlichkeitsskala der Nähe von „sicher" – auf der Position 8 einer zehnstufigen Skala. Das entspricht dem Chancenverhältnis (engl. odds) 8 zu 2.

kalen entsprechen und von denen man einige wie in Abb. 2-3 festhält. Dabei beachten die Schülerinnen und Schüler intuitiv

- zu Gegenseiten gehören gleiche Chancen (Symmetrieerfahrung),
- große Seitenflächen haben große Chancen (weil sie stabil liegen),
- alle Chancen addieren sich zu 100 % (intrinsisch mit dem Prozentbegriff verknüpft).

Würfeln mit Quadern: Schätzungen vor dem Experiment

	1	2	3	4	5	6	Summe	Vertrauen
Rene	10 %	5 %	35 %	35 %	5 %	10 %	100 %	30 %
Stefan	15 %	10 %	25 %	25 %	10 %	15 %	100 %	10 %
Alexa	10 %	12 %	35 %	20 %	15 %	8 %	100 %	0 %
Johanna	15 %	15 %	20 %	20 %	15 %	15 %	100 %	0 %
Jasmin	15 %	5 %	30 %	30 %	5 %	15 %	100 %	50 %
Fläche in cm²	2.99	2.6	4.6	4.6	2.6	2.99	20.38	
Fläche in %	14.7 %	12.8 %	22.6 %	22.6 %	12.8 %	14.7 %	100 %	10 %

Abb. 2-3: Schätzungen einer Klasse 7 nach Bauchgefühl, Proportionalitätshypothese und die Ergebnisse einer Abstimmung über das Vertrauen in die sechs Hypothesen. In der Sekundarstufe II ist das Vertrauen in die Proportionalitätshypothese meist größer, weil man allem traut, was man eindeutig berechnen kann.

Begriffsbildung: Das Missachten eines der drei Punkte führt zu fruchtbaren Diskussionen, in deren Verlauf Schülerinnen und Schülern der Unterschied zwischen **Modellebene** (Wahrscheinlichkeit, vor dem Versuch gefühlt und Teilsymmetrien widerspiegelnd) und **Realitätsebene** (Häufigkeit, **nach** einem Versuch ermittelt, nur annähernd teilsymmetrisch) bewusst wird. Hier stellte sich während der Diskussion heraus: Johanna hatte erst die Chancen für 1–6 und 3–4 geschätzt und zu spät bemerkt, dass dann für 2–5 zu viel übrigbleibt; Alexandra dachte an einen realen Versuchsausgang, nicht an Chancen. Oft werden die Quader auch ausgemessen und die Wahrscheinlichkeit 100 % wird proportional zu den Flächen auf die Quaderseiten verteilt.

Man sollte den Stolz nicht unterschätzen, den Siebtklässler empfinden, wenn sie erfahren, dass sie in der Sprache der Berufsstatistiker soeben **Hypothesen** über das Verhalten der Quader aufgestellt haben und dass die Proportionalitätshypothese auch unter Mathematikern viele Freunde hat.

Glaubwürdigkeit: Die Diskussion wird abgeschlossen durch eine Abstimmung über die Glaubwürdigkeit der notierten Verteilungen.

Da es oft mehrere glaubwürdige Verteilungen gibt, kann man ggf. auch die Möglichkeit von Zweit- oder Drittstimmen einräumen (letzte Spalte in Abb. 2-3).

Dabei erleben die Schülerinnen und Schüler, dass Prozentskalen im Alltag auch ausdrücken, wie sehr man auf Aussagen vertraut - oder an die Brauchbarkeit von Modellen glaubt. So hält die Klasse Jasmins Hypothese mit 50 % Stimmen für plausibler als Stefans. Und die mühsam berechnete Proportionalitätshypothese scheint weniger glaubwürdig, weil die Wahrscheinlichkeiten der Seitenpaare 2–5 und 1–6 zu nahe beieinander liegen und für 3–4 zu wenig übrigbleibt. Man könnte von „**Vertrauens**wahrscheinlichkeiten“ sprechen, die versuchen, **Unsicherheiten** oder **Glaubwürdigkeit** zu beschreiben.

Name	1	2	3	4	5	6	
Patrick	10	6	28	41	4	11	100
Daniel	6	7	35	45	4	3	100
Binoy	7	4	37	34	1	17	100
Tobias	3	6	48	33	6	4	100
Michael	12	0	28	42	7	11	100
absolute Häufigkeit	38	23	176	195	22	46	500
relative Häufigkeit in %	7.6	4.6	35.2	39	4.4	9.2	100
Modell Gruppe 1 in %	8	4.5	37.5	37.5	4.5	8	100
Paula	11	6	34	32	7	10	100
Elaine	14	10	28	24	9	15	100
Marie	4	6	41	32	11	6	100
Marga	10	6	34	29	7	14	100
Sandra	7	4	30	37	4	18	100
absolute Häufigkeit	46	32	167	154	38	63	500
relative Häufigkeit in %	9.2	6.4	33.4	30.8	7.6	12.6	100
Modell Gruppe 2 in %	10	8	32	32	8	10	100
Hares	8	5	38	35	5	9	100
Edris	8	7	26	41	8	10	100
Christian	11	7	30	30	7	15	100
Sineat	8	12	36	29	7	8	100
Alice	13	5	34	31	9	8	100
absolute Häufigkeit	48	36	164	166	36	50	500
relative Häufigkeit in %	9.6	7.2	32.8	33.2	7.2	10	100
Modell Gruppe 3 in %	10	7	33	33	7	10	100
Carsten	10	12	32	29	5	12	100
Franca	9	12	34	25	10	10	100
Anka	12	9	21	38	13	7	100
Jenni	17	6	24	30	14	9	100
Kathi	11	8	23	34	11	13	100
absolute Häufigkeit	59	47	134	156	53	51	500
relative Häufigkeit in %	11.8	9.4	26.8	31.2	10.6	10.2	100
Modell Gruppe 4 in %	11	10	29	29	10	11	100
Ursula	11	7	29	31	11	11	100
Thomas	14	15	31	22	7	11	100
Björn	19	10	24	24	8	15	100
Ute	11	8	29	28	8	16	100
Annette	8	11	30	33	8	10	100
absolute Häufigkeit	63	51	143	138	42	63	500
relative Häufigkeit in %	12.6	10.2	28.6	27.6	8.4	12.6	100
Modell Gruppe 5 in %	13	9	28	28	9	13	100
Ines	13	10	23	36	6	12	100
Jessi	12	8	27	38	7	8	100
absolute Häufigkeit	25	18	50	74	13	20	200
relative Häufigkeit in %	12.5	9	25	37	6.5	10	100
Modell Gruppe 6 in %	11	8	31	31	8	11	100
alle zusammen	279	207	834	883	204	293	2700
relative Häufigkeit in %	10.3	7.7	30.9	32.7	7.6	10.9	100
Modell A in %	11	8	31	31	8	11	100
Modell B in %	10.5	8.0	31.5	31.5	8.0	10.5	100
Proportionalitätsmodell: Kanten (cm)				2.3	2	1.3	
Fläche in cm²	2.99	2.60	4.60	4.60	2.60	2.99	20.38
Fläche in %	14.7	12.8	22.6	22.6	12.8	14.7	100

Abb. 2-4: Versuchsergebnisse und drei Modelle (quader.xlsx)

Sie sagen aber keine relativen Häufigkeiten voraus und sind durch Experimente nicht überprüfbar. Es handelt sich um die subjektiven Wahrscheinlichkeiten, die man nach H. Dinges braucht, um später den Sinn der Bayes'schen Regel zu erfassen und ebenso, um Fehlinterpretationen der Ergebnisse von Signifikanztests „kontern" zu können.

Die Quader bieten schon vor dem Experimentieren wegen der Vielzahl plausibler Hypothesen Gelegenheit, dieses subjektive Vertrauen bewusst von den prognostischen Wahrscheinlichkeiten, die zu den sechs Quaderseiten gehören, abzugrenzen. Das unterscheidet die Quader von den Würfeln, bei denen es aus Gründen der Symmetrie nur eine sinnvolle Hypothese gibt, an die alle „ganz fest" glauben. Das unterscheidet sie auch von den unsymmetrischen Reißzwecken, für die es gar keine Hypothesen gibt.

2.2.2 Experimentieren (Schritt 2)

Nach der bewusst eingebauten Phase des Spekulierens erwartet man das Experiment mit Spannung: Jeder würfelt 100-mal, sodass die absoluten sofort auch als relative Häufigkeiten gelesen werden können. Die Ergebnisse werden wie in Abb. 2-4 in 5er-Gruppen samt revidierter Wahrscheinlichkeitsverteilungen in eine gemeinsame Tabelle eingetragen, ggf. auch langsam zum Mitschreiben ins Heft diktiert.

2.2.3 Reflektieren (Schritt 3)

Das verlangsamende Mitschreiben hat den Vorteil, dass Zufallsschwankungen (vgl. die 48 Dreier bei Tobias) noch bewusster wahrgenommen werden und

- man erlebt, dass sich die Zufallsschwankungen der relativen Häufigkeiten durch das Kumulieren in Gruppen verkleinern, aber nie verschwinden und dass die Modelle (die verbesserten Wahrscheinlichkeitsverteilungen) aller Gruppen die Teilsymmetrien der Quader widerspiegeln.

Nach dem Zusammenfassen der Häufigkeiten aller Gruppen einigt man sich im Plenum auf eine oder mehrere nahe beieinander liegende Wahrscheinlichkeitsverteilungen, in die man sehr viel mehr Vertrauen hat als in die zuvor „aus dem hohlen Bauch heraus aufgestellten", vgl. hierzu die Modelle A und B in Abb. 2-4.

- Man erlebt, dass sie durch weitere Versuche evtl. noch ein bisschen verbessert werden können, wobei sich die kleinen Verbesserungen dann aber als vergleichsweise irrelevant herausstellen.

Das fasst man fürs Regelheft wie folgt zusammen:

- Bei Zufallsexperimenten kann man einzelne Ergebnisse nicht vorhersagen, man kann ihnen aber Wahrscheinlichkeiten zuordnen, die zusammen 100 % ergeben.
- Dabei beachtet man Erfahrungen aus zurückliegenden Versuchen und Symmetrien.
- Die Wahrscheinlichkeiten drücken aus, wo in etwa die relativen Häufigkeiten liegen werden, die man erwartet.
- Je mehr Erfahrungen zugrunde liegen, desto größer das Vertrauen in die aufgestellten Wahrscheinlichkeiten.

Realitätsebene	Modellebene
$h_1 + \cdots + h_n = 100\,\%$	$p_1 + \cdots + p_n = 100\,\%$
relative Häufigkeiten	Wahrscheinlichkeiten
leben im Becher	leben im Kopf
schauen zurück	schauen nach vorne
schwanken zufällig	werden festgelegt, bezweifelt, verbessert
Im Fall von Teilsymmetrien	
ungefähr gleich	genau gleich
Mittelwert $\bar{x} = x_1 \cdot h_1 + \cdots + x_n \cdot h_n$	Erwartungswert $\mu = x_1 \cdot p_1 + \cdots + x_n \cdot p_n$
Standardabw. (empirisch) $s = \sqrt{\sum (x_i - \bar{x})^2 h_i}$	Standardabweichung $\sigma = \sqrt{\sum (x_i - \mu)^2 p_i}$

Abb. 2-5: Regelhefteintrag mit präziser Abgrenzung der Realitäts- von der Modellebene

Teilsymmetrische Objekte wie Quader haben gegenüber *vollsymmetrischen* Würfeln und *unsymmetrischen* Reißzwecken bei der Begriffsbildung den gewaltigen Vorteil, dass sie den Unterschied zwischen Modell- und Realitätsebene plakativ greifbar machen (vgl. Abb. 2-5):

- Wahrscheinlichkeiten spiegeln auf der Modellebene die Teilsymmetrien wider, Häufigkeiten nur näherungsweise – und es gibt *verschiedene* Modelle.
- Bei Spielwürfeln verschwindet der hypothetische Aspekt, weil nur die Gleichverteilung ein sinnvolles Modell darstellt – es gibt *nur ein* Modell – und
- bei völlig unsymmetrischen Objekten wie Reißzwecken, Knöpfen oder den beim Würfelspiel „Schweinerei" verwendeten Schweinewürfeln fallen Realitätsebene und Modellebene in der Vorstellungswelt der Lernenden sehr schnell zusammen, weil man einer konkreten Verteilung nicht ansieht, ob es sich um relative Häufigkeiten nach einem Versuch handelt oder um Wahrscheinlichkeiten, die Vorhersagen machen wollen.

2.3 Die Reißzwecke trifft Lord Voldemord

Der folgende Dialog (Voigt 1983, S. 24) belegt das eindrucksvoll: Er fand in der 8. Klasse eines Gymnasiums in der 2. Stunde zur Wahrscheinlichkeitsrechnung statt. Vorausgegangen war eine Stunde zu Laplace-Wahrscheinlichkeiten. An der Tafel stehen kumulierte relative Häufigkeiten für das Ereignis „Rückenlage" beim Werfen einer Reißzwecke.

01 Lehrer: „54 %, 60 %, 54 %, 51 %, 55 %, 60 % ... Sind das Wahrscheinlichkeiten?"
02 Schüler: „Weiß nicht."
03 Lehrer: „Was sind denn das für Dinger?"
04 Schüler: „Wahrscheinlichkeiten." Einige Minuten später ...
05 Marco: „Die Wahrscheinlichkeit hängt vom Zufall ab."
06 Lehrer: „Die Wahrscheinlichkeit hängt nicht so sehr vom Zufall ab.
Die Versuchsausgänge hängen vom Zufall ab."
07 Lehrer: „Was hat jetzt die relative Häufigkeit mit Wahrscheinlichkeit zu tun?"
08 Schüler: Erklärt, wie man die relative Häufigkeit ausrechnet.
09 Lehrer: „Ja, aber ist jetzt Wahrscheinlichkeit dasselbe wie relative Häufigkeit?"
10 Stefan: „Ich würde sagen ja. Von der Herkunft würde ich sagen ja.
Nur relative Häufigkeit ist im Vergleich zur Wahrscheinlichkeit ungenauer."
12 Lehrer: (deutet auf eine relative Häufigkeit):
„Bist du denn sicher, dass das die richtige Wahrscheinlichkeit ist?"
13 Stefan: „Nein. Die kann man gar nicht feststellen."
14 Lehrer: „Die kann man gar nicht feststellen. So etwas gibt es, aber feststellen
können wir sie nicht. Was können wir machen für die Wahrscheinlichkeit?"
15 Stefan: „Überhaupt nichts."

Marcos Bemerkung in Zeile 05 „Die Wahrscheinlichkeit hängt von Zufall ab" hat schon fast philosophische Tiefe: Das Modell, das wir uns vom Verhalten der Zwecke machen, hängt – tatsächlich (genau wie später das Konfidenzintervall) – vom Zufall ab, von dem nämlich, was wir zuvor erlebt haben: ganz nach dem Motto dieses Abschnitts: *Wahrscheinlichkeit entsteht, wenn aus Erfahrung Erwartung wird.* Das passt aber nicht zum Weltbild des Lehrers, der in Zeile 06 Wahrscheinlichkeit als eine objektiv existierende Größe begreift, nicht als Modell der Wirklichkeit. Deswegen wünscht er sich als Antwort auf seine Frage in Zeile 14 (vergeblich) die Antwort: „Man kann die Wahrscheinlichkeit nur schätzen".

Wenn man versucht, Wahrscheinlichkeit als Grenzwert relativer Häufigkeiten zu „definieren", verflucht man insgeheim den Zufall und damit den Kern der Stochastik. Jeder, der seine Klasse schon einmal lange Münzwurfserien hat durchführen lassen, kennt das Phänomen, das Freudenthal (1972) mit folgenden Zeilen umschrieb:

"The story about tossing a coin with the happy result of a fair distribution of heads and tails in the long run has been the custom for quite a long time. What is new about it, is that the story is dramatized and acted out – I mean, by the author of the textbook. Maybe even the teachers or the students are expected to try out this experiment – following the highly encouraging examples given by the textbook authors. The experiments reported in those textbooks attempt to prove the ,empirical law of large numbers'. Notwithstanding their great diversity all of them show the essential features displayed by the relative frequencies, that is oscillation around, and a quick convergence towards, $\frac{1}{2}$. In general, after 100 trials the value $\frac{1}{2}$ is practically reached, though some of the more optimistic textbook authors promise this result after no more than 50 trials. In some trials series the quotient $\frac{1}{2}$ is suddenly reached at n = 100, but in the majority of examples the quotients have been approaching close to $\frac{1}{2}$ for a while before the 100th trial."

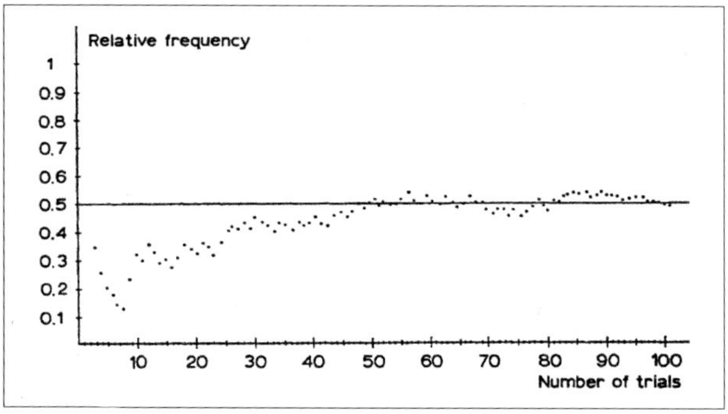

Abb. 2-6a: Wenn man Wahrscheinlichkeit als Grenzwert relativer Häufigkeiten deutet, dann sind Zufallsschwankungen unerwünscht.

Folgende Zitate belegen die Probleme hinsichtlich der Begriffsbildung: Im ersten Zitat fallen relative Häufigkeiten und Wahrscheinlichkeiten zusammen, im zweiten wird Freudenthals 100er-Marke durch 300 ersetzt (Hervorhebungen durch den Autor) und im dritten geht es um unendliche Folgen ...

Teste dein Wissen: Wie wird das Gesetz genannt, das folgenden Sachverhalt beschreibt: Wird ein Zufallsexperiment sehr viele Male wiederholt, so stabilisieren sich die relativen Häufigkeiten. ***Diese relativen Häufigkeiten sind dann die Wahrscheinlichkeiten.***

Abb. 2-6b: Die Unterschiede zwischen Modell- und Wirklichkeitsebene verschwinden (http://www.austromath.at/medienvielfalt/materialien/wkeit/lernpfad/index.htm Rubrik: „Teste dein Wissen", Zugriff: 24.02.2023)

Wissen: Empirisches Gesetz der großen Zahlen
Wenn ein Zufallsexperiment sehr oft durchgeführt wird, dann stabilisiert sich die relative Häufigkeit der Ergebnisse ***um einen festen Wert*** P(A).
Dieser Wert heißt Wahrscheinlichkeit des Ergebnisses A.
Bei 300 Würfen kannst du davon ausgehen, dass sich die berechnete relative Häufigkeit in der Nähe der Wahrscheinlichkeit ***stabilisiert hat.***

Abb. 2-6c: A. Pallack (Hrsg.) Fundamente der Mathematik 7 (G9) NRW 2019, S. 189

Definition: Die Wahrscheinlichkeit eines Ereignisses ist die für eine gegen unendlich strebende Anzahl von Durchführungen des betreffenden Zufallsexperiments vorausgesagte relative Häufigkeit seines Eintretens.

Abb. 2-6d: https://www.mathe-online.at/mathint/lexikon/w.html (Zugriff: 24.02.2023)

J. K. Rowling definiert in ihren Harry-Potter-Bänden Lord Voldemort als „denjenigen, dessen Name nicht genannt werden darf" oder als „Du weißt schon wer!". Dokumentieren nicht die obigen Wissenskästen, wie sehr die frequentistische (statistische oder empirische) Wahrscheinlichkeit zum *Lord Voldemort der Stochastik* wird, zu derjenigen, „deren Wert nicht bestimmt werden kann" oder als „Du weißt schon welche!". Bei allem Respekt vor Magie: Wir setzen die Paradigmen (1)–(3) aus Abschnitt 1.3 und den Regelhefteintrag aus Abb. 2-5 dagegen.

2.4 Mit prognostischen Wahrscheinlichkeiten rechnen – Prognosen prüfen

Die Durchführung des Laplace-Experimentes „Hol die OMA aus der Socke" (S. 14) ist lernpsychologisch deswegen so fruchtbar, weil Emotionen (Bauchgefühl) mit Mathematik (Abzählverfahren, Pfadregel, Erwartungswert) verknüpft und sinnstiftend im Erlebnishorizont der Schülerinnen und Schüler verankert werden. Würde man „die OMA" Kindern als bloße Rechenaufgabe verkaufen, käme dieses Potenzial nicht zur Entfaltung. Gleiches gilt für die folgenden Nicht-Laplace-Experimente mit den Quadern, wobei gerade der modellierende (hypothetische) Charakter der Wahrscheinlichkeitsverteilungen zur Horizonterweiterung beiträgt: Man erlebt (vgl. Abb. 2-7) die Abhängigkeit der berechneten Sekundärwahrscheinlichkeiten (unten: die Wahrscheinlichkeit, dass ein Durchmarsch gelingt) von den angesetzten Primärwahrscheinlichkeiten (den unterstellten Wahrscheinlichkeiten der Quaderseiten) und damit, wie gut man mit Modellen arbeiten und prognostizieren kann und wie wenig die Rechenergebnisse von den verwendeten Hypothesen abhängen.

Der Spannungsbogen schließt sich, wenn man die Prognosen (vgl. Abb. 2-7) durch erneutes Auszählen bereits vorhandener Urlisten (die Abb. 2-3 zugrunde liegen) an der Realität prüft: Die Modellrechnungen werden so validiert. Folgende Aufgaben dienen als Beispiele.

2.4.1 Durchmarsch (Pfadregel, Gegenwahrscheinlichkeit, Erwartungswert)

Wenn man einen Quader sechsmal hintereinander würfelt und beim ersten Wurf keine 1, beim zweiten keine 2, ... beim sechsten keine 6 erhält, ist ein „Durchmarsch“ gelungen. (Bei 2-6-4-3-1-3 gelingt der Durchmarsch, bei 6-2-3-4-1-3 scheitert er im dritten Wurf.)

Das mehrstufige Experiment entspricht von der Idee her und auch der praktischen Durchführung im Klassenraum, dem Ziehen der „OMA aus der Socke“, nur dass man hier nicht mit Laplace-Wahrscheinlichkeiten arbeitet. Genau wie bei „OMA in der Socke“ sind die folgenden Fragen naheliegend:

(a) Mit welcher Wahrscheinlichkeit gelingt ein Durchmarsch? Tipp: Verwende zur Beschreibung des Quaders Modell A aus Abb. 2-4, das sich in Zeile 2 von Abb. 2-7 wiederfindet.

(b) Mit welcher Wahrscheinlichkeit scheitert der Durchmarsch im ersten, im zweiten, ... oder (das ist dann höchst frustrierend) sogar noch im sechsten Wurf?

(c) Die Anzahl der Würfe, die man für einen gescheiterten oder geglückten Durchmarschversuch braucht, liegt zwischen 1 und 6. Man bezeichnet sie als Spieldauer. Bestimme mit (a) und (b), wie lange ein Durchmarschversuch im Mittel dauern wird. Man spricht von der erwarteten Spieldauer T.

(d) Welchen Gewinn erwartet man, wenn es bei einem gelungenen Durchmarschversuch 20 Punkte gibt, bei einem im sechsten Wurf gescheiterten Versuch immerhin noch 5 Punkte, bei einem im fünften Versuch gescheiterten Versuch 4 Punkte usw.?

(e) Kontrolliere deine Rechenergebnisse durch einen Vergleich mit den Angaben aus Zeile 8 von Abb. 2-7.

I8 =Summe(B$7:H$7 B8:H8)

	A	B	C	D	E	F	G	H	I	J
1	Augenzahl	1	2	3	4	5	6			
2	Becher	0.11	0.08	0.31	0.31	0.08	0.11			
3	freier Fall	0.08	0.04	0.38	0.38	0.04	0.08			
4	Würfel	0.167	0.167	0.167	0.167	0.167	0.167			
5		scheitern	nach					Durchmarsch		
6	Versuchsdauer	1	2	3	4	5	6	6	erwarteter	erwartete
7	Gewinn	0	1	2	3	4	5	20	Gewinn	Dauer
8	Becher	0.11	0.071	0.254	0.175	0.031	0.039	0.319	7.81	0.11
9	freier Fall	0.08	0.037	0.336	0.208	0.014	0.026	0.3	7.514	7.514
10	Würfel	0.167	0.139	0.116	0.096	0.08	0.067	0.335	8.014	8.014

Abb. 2-7: Wahrscheinlichkeiten und Erwartungswerte zum Durchmarschproblem – berechnet auf Grundlage zuvor aufgestellter Primärwahrscheinlichkeiten zu verschiedenen Wurftechniken

(f) Abb. 2-7 beantwortet in den Zeilen 10 und 9 obige Fragen auch für einen Würfel und einen Quader, den man, ohne einen Würfelbecher zu stülpen, frei auf einen Tisch fallen lässt. (Er wird durch Zeile 3 beschrieben.) Vergleiche die Ergebnisse und kommentiere.

Hannah möchte die Prognosen aus (a)–(d) in der Praxis prüfen: Sie deutet dazu das Protokoll ihrer 100 Quaderwürfelergebnisse (Abb. 2-8) als eine Folge von Durchmarsch-Experimenten: Dazu betrachtet sie die gewürfelten Augenzahlen nacheinander und hält durch farbiges Markieren in ihrer 10×10 Urliste fest, ob der Durchmarsch nach sechs Schritten gelang bzw. im wievielten Schritt er scheiterte – und wie viele Punkte sie dabei bekam. Nach dem Scheitern oder dem Gelingen des Durchmarschs beginnt mit der nächsten gewürfelten Zahl direkt der nächste Versuch.

	1	2	3	4	5	6	7	8	9	10
1	3	1	4	4	3	2	3	5	4	3
2	1	5	3	3	4	3	3	6	usw.	
3										

Scheitern nach ... Schritten						gelungen
1	2	3	4	5	6	6
0 P	1 P	2 P	2 P	4 P	5 P	20 P
	|		|		|	|

Abb. 2-8: Jeder zählt seine Urliste der 100 Quaderwürfe, die Abb. 2-4 zugrunde liegt, erneut aus. Hier ist
- der erste Durchmarschversuch (gelb) an der Stelle 4,
- der zweite (blau) an der Stelle 2 gescheitert,
- der dritte Versuch gelang,
- der vierte scheiterte an der Stelle 6.

Wenn die Urliste zu Ende ist, bevor der letzte Durchmarschversuch abgeschlossen wurde, zählt der letzte Versuch nicht mit (oder man setzt ihn durch Würfeln bis zum Erfolg oder Scheitern fort).

(g) Zähle deine 100er-Urliste nach Hannahs Methode aus und prüfe damit die Vorhersagen aus (a) bis (d).

(h) Fasst die Ergebnisse eurer Klasse in einer gemeinsamen Tabelle zusammen und prüft erneut.

(i) Mirko behauptet: Aus 100 Würfen sollten sich nach Hannahs Methode etwa $\frac{100}{T}$ Durchmarschversuche „schneidern" lassen. Erläutere Mirkos Gedanken und vergleiche mit der Anzahl der Durchmarschversuche, die du aus deinen 100 Zahlen „schneidern" konntest. Führt den Vergleich auch in der gesamten Klasse durch (quader.xls und quader.ggb können aus Auswertungsvorlagen genutzt werden).

2.4.2 Augensummenverteilung (Pfadregel versus systematisches Abzählen)

(a) Die Augensumme 7 hat beim Wurf zweier Würfel die Wahrscheinlichkeit $\frac{1}{6}$. Alle anderen Augensummen sind unwahrscheinlicher. Begründe dies, indem du ohne Anwendung der Pfadregel alle möglichen Ergebnisse in einer Tabelle notierst.

(b) Berechne die Wahrscheinlichkeiten für die Augensumme 7 beim zweifachen Wurf des Quaders und erläutere, warum hier ein Abzählverfahren versagt.

(c) Abb. 2-9 veranschaulicht die Wahrscheinlichkeitsverteilung der Augensumme beim Wurf zweier Quader. Erläutert, wie man sie mithilfe der Tabelle erhält.

(d) Überprüft das Ergebnis durch Auszählen eurer z. B. 2700 Quaderwürfe, die ihr als 1350 Doppelwürfe deutet.

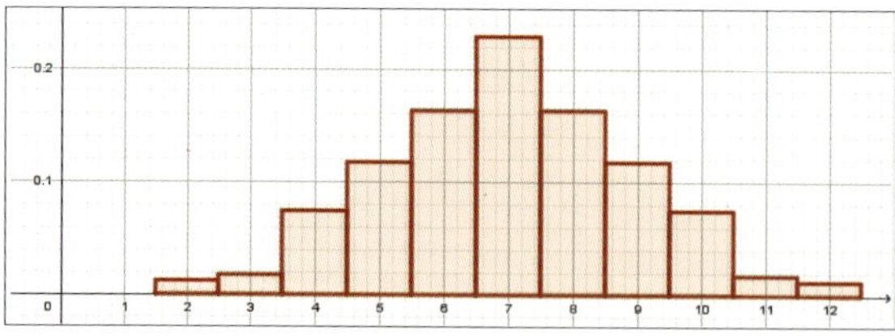

D3 =$B3 D$2

	A	B	C	D	E	F	G	H
1			1	2	3	4	5	6
2			0.11	0.08	0.31	0.31	0.08	0.11
3	1	0.11	0.012	0.009	0.034	0.034	0.009	0.012
4	2	0.08	0.009	0.006	0.025	0.025	0.006	0.009
5	3	0.31	0.034	0.025	0.096	0.096	0.025	0.034
6	4	0.31	0.034	0.025	0.096	0.096	0.025	0.034
7	5	0.08	0.009	0.006	0.025	0.025	0.006	0.009
8	6	0.11	0.012	0.009	0.034	0.034	0.009	0.012
9								

Abb. 2-9: Wahrscheinlichkeiten der 36 Augenzahlenpaare und die Verteilung der Augensummen beim Doppelwurf des Quaders (quader-doppelwurf.ggb)

2.4.3 Pfadregel in Kombination mit systematischem Abzählen

(a) Berechne die Wahrscheinlichkeit dafür, dass
- man bei zweimal Quadern einen Pasch (also zwei gleiche Zahlen) erhält,
- bei zweimal Quadern die zweite Zahl größer ist als die erste,
- bei viermal Quadern eine „kletternde“ Folge (wie 2-4-5-6) entsteht,
- bei dreimal Quadern drei verschiedene Zahlen fallen.

(b) Entscheide, ob ein Laplace-Würfel höhere Wahrscheinlichkeiten für die genannten Ereignisse liefern würde.

(c) Zählt die Urlisten erneut aus und vergleicht die erhaltenen relativen Häufigkeiten mit den Prognosen.

2.5 Vertiefende Fragestellungen

2.5.1 Wurftechnik

Der Ansatz einer Proportionalität zwischen Wahrscheinlichkeit p(i) und dem Inhalt A(i)[5] der Seitenfläche i scheitert schon deswegen, weil die Wahrscheinlichkeiten der einzelnen Seitenflächen erheblich von der Wurftechnik (und auch der Unterlage) abhängen, also nicht alleine aus den Abmessungen bestimmt werden können. Deswegen werden alle Experimente normiert mit den gleichen Würfelbechern ausgeführt, die auf den glatten Tisch gestülpt werden. Durch den Becherrand werden die instabilen Lagen 2 und 5 im Vergleich zum freien Fall aus vorgegebener Höhe (Ellenbogen, 30 cm) tendenziell „gestützt“. Noch unwahrscheinlicher werden die instabileren Lagen, wenn man die Quader mit etwas Schwung horizontal über den Tisch „rollen“ lässt oder mit einem Teppich als Unterlage arbeitet. Durch arbeitsteiliges Experimentieren können diese Unterschiede (gleichsam nebenbei ohne zeitlichen Mehraufwand) zum Forschungsgegenstand werden.

2.5.2 Schwerpunkt

Wenn man bei unveränderten äußeren Abmessungen den Schwerpunkt des Quaders durch eine Nut zur Seite 3 hin verschiebt, wird die Gegenseite 4 wahrscheinlicher oben liegen. Ob diese Schwerpunktverlagerung die Wahrscheinlichkeiten der Seitenpaare 1-6 und 2-5 beeinflusst? Gute Forschungsfrage! Und wieder wird beschreibende Statistik durch das Aufstellen und

5 Dieser Ansatz entspricht einer umgekehrten Proportionalität zur Schwerpunkthöhe h(i) (und damit zur Lageenergie), da das Produkt aus Grundfläche und zugehöriger Schwerpunkthöhe das halbe Quadervolumen ergibt.

Prüfen von Hypothesen nach dem Dreisatz Spekulieren-Experimentieren-Reflektieren schon in Klasse 7 beurteilend!

Abb. 2-10: Durch eine Nut wird der Quader „gezinkt".

2.5.3 Gibbs-Verteilung

In der Analysis macht man im Kontext der Exponentialfunktion Bekanntschaft mit der barometrischen Höhenformel, die den Luftdruck in Abhängigkeit von der Höhe beschreibt.

Weil sich „oben", wo die Lageenergie der Luftpartikel höher ist als „unten", weniger Moleküle aufhalten, nimmt die Wahrscheinlichkeit, dass sich ein Partikel in einer hochenergetischen Lage befindet, exponentiell mit der Höhe ab.

Wenn man die barometrische Höhenformel auf die Quader überträgt, dann müsste die Wahrscheinlichkeit $p(i)$ der Lage i proportional sein zu $e^{-k \cdot h(i)}$, wobei h(i) die zur Seitenfläche i gehörige Schwerpunkthöhe (= halbe Quaderhöhe) ist. Zu jedem Wert des Parameters k erhält man eine Wahrscheinlichkeitsverteilung (die Gibbs-Verteilung) dadurch, dass man die sechs Werte $e^{-k \cdot h(i)}$, $i = 1 \dots 6$ berechnet und dann (zwecks Normierung) durch deren Summe teilt. Wenn man anschließend k so wählt, dass die Abweichungen zwischen den erwarteten und den beobachteten Häufigkeiten minimal werden, erhält man ein Modell, das die beobachteten Häufigkeiten gut beschreibt. Für unterschiedliche Wurftechniken ergeben sich unterschiedliche Parameter k. Und auch für die U-Quader mit der Nut ist die Gibbs-Verteilung ein ausgezeichnetes Modell (Riemer, Stoyan & Obreschkow 2013).

kumuliert	1	2	3	4	5	6	
absolute Hfgk.	304	181	1443	1442	175	355	3900
relative Hfgk.	0.08	0.05	0.37	0.37	0.04	0.09	1
passendes Gibbs-Modell							
$k_{freierfall}$	4.18						
Schwerpunkthöhe h	1	1.15	0.65	0.65	1.15	1	
exp(-k*h)	0.02	0.01	0.07	0.07	0.01	0.02	0.18
Wahrschlichkeit	0.09	0.05	0.37	0.37	0.05	0.09	1
erw. Hfgk	333.56	178.32	1438....	1438....	178.32	333.56	
Abweichungen	2.62	0.04	0.02	0.01	0.06	1.45	4.14

kumuliert	1	2	3	4	5	6	
absolute Hfgk.	279	207	834	883	204	293	2700
relative Hfgk.	0.1	0.08	0.31	0.33	0.08	0.11	1
k_{Becher}	3.01						
Schwerpunkthöhe h	1	1.15	0.65	0.65	1.15	1	
exp(-k*h)	0.05	0.03	0.14	0.14	0.03	0.05	0.45
Wahrschlichkeit	0.11	0.07	0.32	0.32	0.07	0.11	1
erw. Hfgk	300.01	191.15	858.83	858.83	191.15	300.01	
Abweichungen	1.47	1.31	0.72	0.68	0.86	0.1	5.15

Abb. 2-11: Gibbs Verteilungen mit Parameter k = 4.18 (links) und k = 3.01 (rechts). Sie beschreibt das Verhalten des Quaders beim freien Fall (links) und beim Würfeln im Becher (rechts) gut (quader-gibbs.ggb).

2.6 Resümee

- Wahrscheinlichkeiten entstehen im Lebensalltag (qualitativ schon in der Grundschule) als mentale Modelle der Realität dadurch, dass aus Erfahrungen Erwartungen werden.
- Sie blicken in die Zukunft und wollen Vorhersagen machen.
- Wegen guter Erfahrungen mit Symmetrien und Proportionalitäten und schlechter mit der Schwerkraft (hochkant stehende Pakete fallen schnell um) formulieren Schülerinnen und Schüler plausible Erwartungen an das stochastische Verhalten von Quadern, die sie bei Verfügbarkeit des Prozentbegriffs problemlos quantifizieren. Sie formulieren teilsymmetrische subjektive Wahrscheinlichkeitsverteilungen, die sich – sofern man deren Existenz unterstellt – als Hypothesen über „wahre" Wahrscheinlichkeiten deuten lassen.
- Die Proportionalitätshypothese, die man als Verallgemeinerung von Laplace-Wahrscheinlichkeiten deuten kann, zeigt, dass auch plausible Hypothesen unbrauchbar sein können und revidiert werden müssen: Aus neuen Erfahrungen werden neue Erwartungen!
- Je mehr Erfahrungen zugrunde liegen, desto größer wird das Vertrauen in die aufgestellten Wahrscheinlichkeiten. Der Übergang von den subjektiven Wahrscheinlichkeiten (auch die Laplace'schen gehören dazu) zu den frequentistischen Wahrscheinlichkeiten ist fließend: Wahrscheinlichkeiten, die man ohne Versuche hingeschrieben hat, wird man als subjektiv bezeichnen, auch solche, die man nach 10 Versuchen hingeschrieben hat. Steckt aber die Erfahrung aus 100 oder 1000 Versuchen dahinter, wird man sie als frequentistisch bezeichnen. Aber in dem Moment, in dem man sie notiert, handelt es sich um vom Menschen gesetzte Modelle, die den Kolmogoroff-Axiomen genügen.
- Lernende erleben, dass die Festlegung einer Wahrscheinlichkeitsverteilung kein Problem der Wahrscheinlichkeitstheorie ist, sondern das oft viel kompliziertere Problem darstellt, die Realität durch ein mathematisches Modell beschreiben zu müssen.

- Der Ansatz realisiert die Paradigmen (1) bis (5) aus Kapitel 1–3 ebenso idealtypisch wie er für Freudenthals realistische Mathematik steht, weil Begriffe nicht als Selbstzweck oder aus formallogischen Gründen eingeführt werden, sondern zur Strukturierung dessen dienen, was Kinder zuvor über konkrete Handlungen als Sinn stiftend erlebt haben.
- Es scheint, als würden wir mit dieser Sicht auf Wahrscheinlichkeit an seit Jahrzehnten nicht hinterfragten „Axiomen" stochastischer Didaktik rütteln, die stellvertretend für viele andere Autoren Büchter & Henn (2007, S. 182) wie folgt formulieren:

> Wir gehen aus von der Existenz einer dem Zufallsexperiment innewohnenden objektiven Wahrscheinlichkeit, die wir durch verschiedene Ansätze wenigstens näherungsweise zu bestimmen versuchen.
> (a) Der Laplace-Wahrscheinlichkeitsansatz ist ein theoretischer Ansatz a priori, d. h. vor Durchführung des fraglichen Zufallsexperiments, rein aus der Vernunft gewonnen.
> (b) Der frequentistische Wahrscheinlichkeitsansatz ist ein empirischer Ansatz a posteriori, d. h. nach Durchführung des fraglichen Zufallsexperiments gewonnen.
> (c) Der subjektive Wahrscheinlichkeitsansatz ist ein theoretischer Ansatz, in dem häufig eigene Erfahrungen verankert sind."

Statt Modell und Wirklichkeit gemäß unserem Paradigma (2) sauber („messerscharf") voneinander zu trennen, werden hier „theoretische" Ansätze (a), (c) von empirischen (b) abgegrenzt – und leider ist ausschließlich in (c) die Rede von eigenen Erfahrungen.

Wenn man aber Wahrscheinlichkeit weniger als eine dem Zufallsexperiment innewohnende objektive Größe, sondern, wie beim Quadern gemäß Abb. 2-4 erlebt, als vom Menschen gesetztes Modell begreift, dann kann man auf (nicht nur Schülerinnen und Schüler) frustrierende Vokabeln wie „versuchen", „wenigstens", „näherungsweise" getrost verzichten.

Aber wir sind nicht allein mit unserer Skepsis gegenüber dem durch Büchter & Henn skizzierten Stochastik-didaktischen „State oft the Art". So gibt auch T. Rolfes (Uni Frankfurt a. M.) im AK Stochastik der GDM 2022, also gut fünf Jahrzehnte nach H. Dinges (der auch an der Uni Frankfurt a. M. lehrte), zu bedenken:

- Die curricularen Vorgaben basieren bisher fast ausschließlich auf theoretischen Überlegungen.
- Die Bildungsstandards der Primarstufe und der Sekundarstufe sind bzgl. des Wahrscheinlichkeitsbegriffs wenig abgestimmt.

- In der Klassenstufe 6/7 werden der klassische (Laplace'sche) und der frequentistische Zugang zum Wahrscheinlichkeitsbegriff isoliert voneinander unterrichtet.
- Ist die mangelnde Integration von klassischem und frequentistischem Zugang Ursache für Verständnisschwierigkeiten?
- Es stellt sich die Frage, wie die unterschiedlichen Zugänge zum Wahrscheinlichkeitsbegriff integrativ so unterrichtet werden können, dass intuitive Schülervorstellungen gewinnbringend in den Stochastikunterricht einfließen.

Das vorliegende Kapitel scheint uns insbesondere die letzte, die wichtigste aller didaktischen Fragen, überzeugend zu beantworten!

3 Beurteilende Statistik im Federmäppchen

Darum geht es – das Wichtigste in Stichworten

- Anders als bei teilsymmetrischen Quadern verbindet man mit symmetrischen Zufallsobjekten wie Münzen, Würfeln oder Glücksrädern die Vorstellung eindeutiger objektiv existierender (Laplace-)Wahrscheinlichkeiten.
- Dass auch diese nur Modelle sind, wird beim Rollen rotationssymmetrischer Sechskantstifte – absolut überraschend – mehr als deutlich.
- Abweichungsmaße zwischen Erwartung (Modell) und beobachteter Häufigkeit (Realität) werden erfunden, erprobt und interpretiert.
- Durch simulationsgestütztes Aushandeln von Grenzen werden sie Testgrößen, deren Bedeutung sich durch Vergleich mit Primärintuitionen erschließt: Sie modellieren „Bauchgefühl".

Experimente

- Rollen von Bleistiften
- Simulationen ermöglichen die Interpretation von Testgrößen.

3.1 Perspektivwechsel

Beim **Würfeln mit Quadern** steht die Begriffsentwicklung (Wahrscheinlichkeit auf der Modellebene versus relative Häufigkeit auf der Realitätsebene) im Zentrum. Man sucht nach Modellen, die gut zur Realität passen, also brauchbare Vorhersagen machen. Letztendlich bereitet man damit auf ganz elementarem Niveau die Idee der **Konfidenzbereiche** vor, in denen man Hypothesen sammelt, die gut zu einem experimentellen Ergebnis passen, denen man „vertraut". Und man erlebt beim „Quadern" intuitiv, dass der Bereich vertrauenswürdiger Hypothesen umso kleiner wird, je mehr Versuche man macht – je genauer man hinschaut (vgl. Abb. 2-3).

Beim **Würfeln mit Sechskantstiften** nimmt man die hierzu duale Perspektive ein: Wegen der Symmetrie industriell gefertigter Stifte steht nämlich einzig die Laplace-Hypothese im Raum. Und es gibt kaum ein reizvolleres („erschütternderes") Experiment als diese sicher geglaubte Hypothese im Klassenverband tatsächlich experimentell zu überprüfen. Wenn man dabei gefühlte Zweifel rechnerisch sortiert, entdeckt man, wie Testgrößen funktionieren, vor allem aber, wie sie – insbesondere auch unter Berücksichtigung des Versuchsumfangs – zu deuten sind.

Abb. 3-1: Mit dem bloßen Auge erkennt man minimale Unsymmetrien nicht. Beim Rollen werden sie nicht nur statistisch signifikant, sondern auch relevant!

3.2 Laplace-Hypothese intuitiv bewerten

Wenn man Sechskantstifte mit den Augenzahlen 1, 2, ..., 6 so beschriftet, dass einander gegenüberliegende Seiten die Summe 7 besitzen, dann kann man mit ihnen „würfeln", indem man sie durch leichtes Schnippen über den Tisch rollt. Aufgrund der industriellen Fertigung scheinen die Stifte absolut rotationssymmetrisch und es wäre abwegig, Zweifel an der Güte des Laplace-Modells zu hegen. Genau diese Erwartungshaltung ist eine perfekte Grundlage für den folgenden Arbeitsauftrag.

A

Arbeitsauftrag 1

a) Rollt den Stift 120-mal in eine Richtung, anschließend 120-mal in die Gegenrichtung. Haltet die Häufigkeiten der sechs Seiten jeweils in einer Strichliste fest.

b) Bewertet auf einer Viererskala intuitiv („nach Bauchgefühl"), wie gut das Laplace-Modell zu eurem Stift passt.

Nach wenigen Minuten geht ein Raunen durch die Lerngruppe. Yusof: „Verdammt! Das gibt's doch nicht! Ich bekomme nur Zweier und kaum Sechser!" Antonia: „Deine Zweier kann ich brauchen, die tausche ich gegen meine Fünfer, die Sechser passen bei mir ..."

Die Stifte entfalten eine erstaunliche Individualität (siehe Abb. 3-2) und die Laplace-Hypothesen brechen vielfach wie Kartenhäuser in sich zusammen, manchmal schneller, manchmal langsamer. Das ursprünglich mit einem hohen Vertrauensvorschuss favorisierte Laplace-Modell ist nach 120 Versuchen bei vielen Stiften „für die Tonne" (genau wie das Proportionalitätsmodell bei den Quaderwürfeln). Und das ist der Hypothesentest der beurteilenden Statistik auf präformalem Niveau.

P2 | =Summe((C2:H2 - 20)²) / 20

Rows	A	B	C	D	E	F	G	H	I	J	K	L	M	N
1		cm	1	2	3	4	5	6		gut	noch ok	schlecht	sehr schlecht	
2	Yusof re	16.5	37	42	15	9	12	5	120			1		
3	Yusof li	16.5	23	20	18	21	15	23	120	1				
4	Felix re	16.7	18	21	26	17	11	27	120		1			
5	Felix li	16.7	22	13	22	23	15	25	120	1				
6	Julia re	14.2	21	22	10	9	31	27	120			1		
7	Julia li	14.2	18	23	24	18	17	20	120	1				
8	Anna re	12.7	4	18	45	1	29	23	120				1	
9	Anna li	12.7	33	9	22	7	11	38	120				1	
10	Lea re	11.8	0	33	24	9	19	35	120			1		
11	Lea li	11.8	28	50	38	0	0	4	120				1	
12	Catherin re	18.8	15	17	8	20	17	43	120			1		
13	Catherin li	18.8	14	7	16	7	30	46	120			1		
14	Paul re	16.5	32	26	14	36	5	7	120			1		
15	Paul li	16.5	30	21	17	26	19	7	120			1		
16	Anne li	16.5	24	15	13	19	27	22	120		1			
17	Anne re	16.5	33	30	20	13	13	11	120			1		
18	Dominik re	17.1	1	26	39	7	22	25	120			1		
19	Dominik li	17.1	16	22	21	49	6	6	120			1		
20	Stefanie re	17	37	35	23	13	5	7	120			1		
21	Stefanie li	17	5	1	2	88	15	9	120				1	
22	Lukas re	15.6	16	27	20	20	17	19	120		1			
23	Lukas li	15.6	22	14	23	18	25	18	120		1			
24	Luise re	16.2	14	40	35	5	4	22	120			1		
25	Luise li	16.2	30	19	14	42	14	1	120			1		
26	Antonia re	13.5	7	5	16	30	31	31	120				1	
27	Antonia re	13.5	37	9	13	27	10	24	120			1		
28	Anna Z. re	18.1	16	24	31	18	4	27	120				1	
29	Anna Z. li	18.1	18	23	20	17	9	33	120			1		

Rows	O	P	Q	R	S	T	U	V	W	X
1	s : $\Sigma\lvert h_i - 20\rvert$	t: chi^2	u : $\max(h_i) - \min(h_i)$	g : $\max(\lvert h_i - 20\rvert)$	a: Ausreisser	#s	#t	#u	#g	#a
2	78	60.4	37	22	4	21	22	25	21	22
3	14	2.4	8	5	0	2	2	7	2	2
4	28	9	16	9	0	7	7	7	7	7
5	24	5.8	12	7	0	5	6	7	5	6
6	42	19.8	22	11	3	9	8	18	9	8
7	14	2.1	7	4	0	1	1	7	1	1
8	74	66.8	44	25	3	26	24	18	26	24
9	66	43.4	31	18	4	16	17	25	16	17
10	64	46.6	35	20	4	19	20	25	19	20
11	112	117.2	50	30	5	27	27	28	27	27
12	46	35.8	35	23	2	19	23	12	19	23
13	72	58.3	39	26	4	23	25	25	23	25
14	68	43.3	31	16	4	16	14	25	16	14
15	34	15.8	23	13	2	10	11	12	10	11
16	26	7.2	14	7	0	6	6	7	6	6
17	46	22.4	22	13	2	9	11	12	9	11
18	64	47.8	38	19	3	22	18	18	22	18
19	64	62.7	43	29	3	25	26	18	25	26
20	70	48.3	32	17	4	17	16	25	17	16
21	136	284	87	68	5	28	28	28	28	28
22	15	3.75	11	7	0	4	6	7	4	6
23	20	4.1	11	6	0	4	3	7	4	3
24	74	57.3	36	20	4	20	20	25	20	20
25	64	50.9	41	22	3	24	22	18	24	22
26	64	37.6	26	15	5	12	12	28	12	12
27	56	31.2	28	17	3	14	16	18	14	16
28	44	23.1	27	16	2	13	14	12	13	14
29	32	15.6	24	13	2	11	11	12	11	11

Abb. 3-2: Bewertung der Laplace-Hypothese nach Bauchgefühl. Überraschend ist der Einfluss der Rollrichtung re/li (vgl. z. B. Lea).

Abb. 3-3: Spalten O-S: Werte erfundener Sortiergrößen. Spalten T-X: Rangposition gemäß zugehöriger Sortiergröße (zweifel-sortieren.ggb)

3.3 Den Zweifel sortieren

Entscheidend für die intuitive Einschätzung der Güte des Laplace-Modells sind die Abweichungen der absoluten Häufigkeiten vom Erwartungswert 20. Bei den mit „gut" oder „noch gut" bewerteten Verteilungen liegen alle Häufigkeiten zwischen 11 und 29. Falls Häufigkeiten besonders klein (≤ 10) oder besonders groß (≥ 30) sind, gelten sie als Ausreißer und das Laplace-Modell passt nach dem Gefühl der Schülerinnen und Schüler schlecht oder sehr schlecht. Luise linksherum hat drei, Antonia rechtsherum fünf Ausreißer. Aber Luises Ausreißer (42 und 1) sind extremer. Bei wem passt das Laplace-Modell schlechter? Gute Frage!

25	Luise li	30	19	14	42	14	1
26	Antonia re	7	5	16	30	31	31

Sie ist Anlass für folgenden Arbeitsauftrag, der genauso präzise wie offen ist.

A

Arbeitsauftrag 2

Erfindet eine Sortiergröße – besser noch: viele Sortiergrößen – mit der Eigenschaft: Je größer die Sortiergröße, desto größer der Zweifel an der Güte des Laplace-Modells!

Wie Abb. 3-4 zeigt, überraschen Schülerinnen und Schüler ab Klassenstufe 8/9 mit konstruktiven Ideen, wenn man ihnen etwas Zeit zum Nachdenken lässt. Falls quadratische Funktionen „schon dran waren", wird neben der Summe s der betraglichen Abweichungen vom erwarteten Wert 20 oft auch die Sortiergröße q genannt, die durch das Quadrieren große Abweichungen stärker „bestraft" als s. Die Division $t=\frac{q}{20}$ macht q numerisch handlicher. Dass es sich hierbei um Chiquadrat (χ^2) handelt, wird man beiläufig erwähnen.

	Luise linksherum						Antonia rechtsherum					
	30	19	14	42	14	1	7	5	16	30	31	31
s: Summe aller |Abweichungen| vom Sollwert	64						64					
q: Summe aller Abweichungsquadrate	1018						752					
t: q/20 (chi²)	50.9						37.6					
u: max - min	41						26					
g: größte |Abweichung| vom Sollwert 20	22						15					
a: Anzahl der " Ausreißer "	3						5					

Abb. 3-4: Vorschläge für geeignete Sortiergrößen

Vielleicht wird man auch ergänzen, dass das (analog zu g gebildete) Abweichungsmaß

$ks=\max(|H(X\leq 1)-20|+|H(X\leq 2)-40|+\cdots+|H(X\leq 6)-120|)$

von den berühmten Statistikern Kolmogoroff/Smirnoff erfunden wurde.

Die erfundenen Größen sortieren den Zweifel ähnlich. Das zeigen die letzten fünf Spalten T … X von Abb. 3-3, die für jede Häufigkeitsverteilung die Position angeben, auf der sie landet, wenn man nach der jeweiligen Größe sortiert. Damit sind alle Sortiergrößen sinnvoll. Die Schülerinnen und Schüler nehmen im Sinne von Abb. 1.1 mit: „Mathe hat etwas mit uns zu tun". Das gilt auch für den folgenden Arbeitsauftrag 3.

3.4 Die Sortiergrößen werden Testgrößen

A

Arbeitsauftrag 3:
Betrachtet eine Sortiergröße, etwa g, s oder t, und einigt euch in eurer Gruppe auf eine Obergrenze, also einen „Benchmark", ab dem ihr „starke Zweifel" an der Fairness des Bleistift-Würfels für gerechtfertigt haltet. Ihr könnt dazu die in Abb. 3-2 vorgeschlagenen „Bauchgefühl-Einschätzungen" zurate ziehen und ggf. in eurer Gruppe modifizieren.

Naturgemäß differieren die innerhalb der Gruppen ausgehandelten Benchmarks von Gruppe zu Gruppe ein wenig. Diese Unterschiede sind Anlass für den folgenden Arbeitsauftrag.

A

Arbeitsauftrag 4:
Würfelt mit echten, dann mit computersimulierten Spielwürfeln 120-mal und sucht für jede der Sortiergrößen g, s und t nach einer Obergrenze, die nur selten (in 5 % aller Fälle) überschritten wird.

Die Verlangsamung durch das händische Würfeln und das Berechnen der verschiedenen Sortiergrößen und die dabei ablaufenden Gespräche in einer Atmosphäre emotionaler Eingebundenheit sind sinnvoll investierte Unterrichtszeit. Computersimulationen, bei denen die Schwankungen der Sortiergrößen durch Boxplots (mit Ausreißern) veranschaulicht werden, ergänzen (notfalls ersetzen) diese Experimente.

Die Experimente (Abb. 3-5) zeigen: Bei 120 Würfen eines Laplace-Würfels gilt fast immer (in ca. 95 % aller Fälle) $g \leq 11$, $s \leq 30$ und $t \leq 11$. Dadurch, dass in der Computersimulation neben den Sortiergrößen auch die zugehörige Häufigkeitsverteilung zu sehen ist, entwickelt sich ein Gefühl dafür, wie „krass" die Verteilungen aussehen, die mit $s > 30$, $g > 11$, $t > 11$ die kritischen Grenzen überschreiten. Durch folgende – auch in der „scientific community" nur ausgehandelte – Vereinbarung werden die Sortiergrößen zu Testgrößen:

i

Offiziell bezweifeln Statistiker die Fairness des Würfels erst dann, wenn die Testgröße die kritische Grenze überschreitet. Man spricht dann von einer statistisch signifikanten Abweichung (der Wirklichkeit vom Modell).

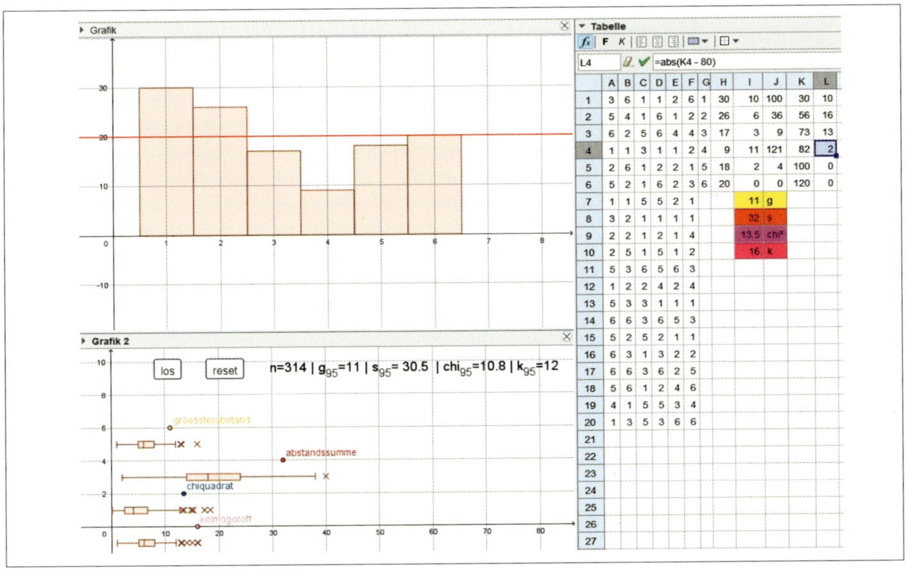

Abb. 3-5: Die abgebildete Häufigkeitsverteilung signalisiert starke Zweifel an der Güte des Laplace-Modells. Die Window-Shuttle-Technik, durch welche (rechts) die Urliste, (links oben) die zugehörige Verteilung, (rechts unten farbig markiert) die aktuellen Sortiergrößen, über die Boxplots (links unten) auch im Vergleich zu allen bisherigen Sortiergrößen gleichzeitig sichtbar sind und miteinander vernetzt werden, ist lernpsychologisch genial (03-bleistift-simulation.ggb).

Insgeheim zweifelt man natürlich auch schon dann, wenn die Testwerte erhöht sind. Im Schülerslang: „je höher der Testwert, desto größer der Zweifel", und wenn man sensibel mit der Sprache umgeht und den beim Bleistiftrollen „gefühlten Zweifel" als Begriff pflegt, kommt niemand auf die (absurde) Idee, nach der Wahrscheinlichkeit zu fragen, mit der ein verwendeter Würfel „laplacesch" ist (vgl. auch 3.7). Es geht einzig und allein um die Einschätzung, wie gut „für den Hausgebrauch" das Laplace-Modell für das „Würfelobjekt" taugt.

Und das wäre die Antwort, die das Würfeln mit Bleistiften auf die von Amrhein u. a. aufgezeigten Interpretationsprobleme statistischer Aussagen liefert, nicht erst kurz vor dem Abitur, sondern im Sinne einer langfristigen Prävention – schon in Klasse 8. Gleichzeitig ist dies ein grandioser Brückenschlag zwischen beschreibender und beurteilender Statistik, bei dem sich Boxplots zur Beurteilung des Verhaltens von Sortiergrößen als sehr hilfreich erweisen.

Im Normalfall kann man sich in der Sekundarstufe I mit dem festen Stichprobenumfang n = 120 begnügen. Wie reizvoll eine Erhöhung sein kann, zeigt Abschnitt 3.5.

Tipp: Wer ohne experimentellen Mehraufwand im Sinne „realistischen Mathematikunterrichts" erforschen möchte, ob bzw. wie sich die Rollrichtungen gegenseitig kompensieren, zerlegt die vorliegenden Ergebnisse der 120 Rechts- und Links-Rollversuche in je zwei 60er-Serien, um sie dann zu 120er-Serien mit gleichviel Rechts- und Linksdrehungen zu kombinieren. Die Testgrößen werden dadurch i. d. R. tendenziell etwas kleiner, es wäre aber weit verfehlt, von einem Ausgleich zu sprechen. Die Rollrichtungen kompensieren sich bei realen Stiften nicht.

3.5 Stichprobenumfang und Hauptsatz der beurteilenden Statistik

Wir blicken nochmals zurück auf die Bewertungen der Bleistift-Daten: Wegen der „etwas erhöhten" Testwerte waren Felix' leichte Zweifel an der Güte des Laplace-Modells bei seinen rechtsherum Ergebnissen sicher gerechtfertigt.

Was wäre, wenn Felix seinen Stift sehr viel öfter (statt 120 z. B. 480-mal) rollen würde? Würden sich die leichten Zweifel an der Brauchbarkeit des Laplace-Modells zu massiveren Zweifeln verfestigen? Wieder eine gute Frage!

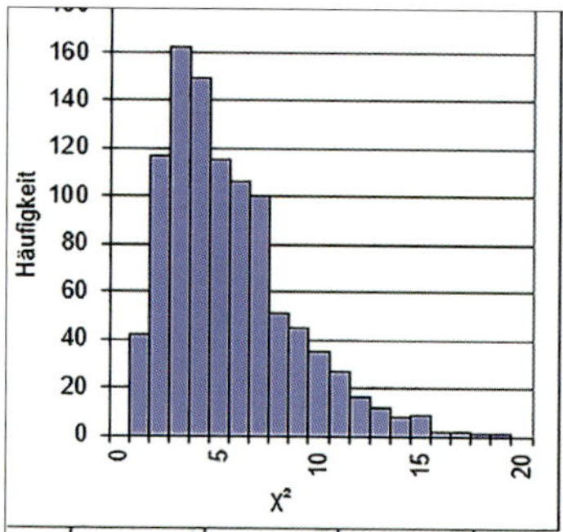

	1	2	3	4	5	6	Σ (H-n/6)²/(n/6)	Σ|H-n/6|	MAX|H-n/6|	MAX(H)-MIN(H)	#≤0.5*(n/6)+#≥(1.5*n/6)	MAX|H(X≤i)-i*(n/6)|
480	1/6	1/6	1/6	1/6	1/6	1/6	t	s	g	u	a	ks
					95%-Quantile ->		11	62	22	36	0	25
1	75	70	79	96	81	79	4.8	34.0	16	26	0	16
2	66	76	80	86	88	84	4.1	36.0	14	22	0	18
3	70	86	79	73	70	102	9.6	56.0	22	32	0	22
4	68	88	99	75	83	67	9.7	60.0	19	32	0	15
5	75	93	76	84	74	78	3.3	34.0	13	19	0	8
6	90	81	84	76	63	86	5.7	42.0	17	27	0	15
7	76	92	76	75	87	74	3.6	38.0	12	18	0	8

Abb. 3-6: 03-bleistift-simulation.xlm liefert in Zeile 4 die 95 % Quantile der Sortiergrößen für beliebige Stichprobenumfänge (markierte Zelle).

Aber bevor Felix weiterrollt, werden die Sortier- bzw. Testgrößen an den neuen Versuchsumfang 480 angepasst: Bei s, t, und u wird der Sollwert 20 durch 80 ersetzt und bei a erhöhen Schülerinnen und Schüler die Ausreißer-

Grenzen 10 bzw. 30 ohne Zögern proportional zum vierfachten Versuchsumfang auf 40 bzw. 120.

Erneute Simulationen zeigen: Der kritische 95 %-Wert zu t bleibt unverändert bei 11, bei s erhöht er sich von 30 auf 62, bei *g* von 11 auf 22 und bei u von 18 auf 36. Aber dass es nun keinen einzigen Ausreißer (das sind jetzt Werte unter 80 oder über 120) gibt, erweckt großes Staunen – und öffnet die Perspektive auf Kap. 4 ($\frac{1}{\sqrt{n}}$-Gesetz).

Natürlich werden nun die Ergebnisse realer Rollversuche mit vierfachem Versuchsumfang mit Spannung erwartet.

n	1	2	3	4	5	6	t	s	g	u	a	ks
120	18	21	26	17	11	27	9.0	28.0	9	16	0	7
120	19	17	25	19	12	28	8.2	26.0	8	16	0	8
120	30	15	28	14	12	21	14.5	38.0	10	18	0	13
120	16	31	20	19	11	23	11.4	28.0	11	20	0	7
480	83	84	99	69	46	99	25.3	90.0	34	53	0	26

Und tatsächlich ergeben sich für Felix (re) auch in den drei folgenden 120er-Serien erhöhte Sortiergrößen, die den Zweifel schüren. Fasst man die Häufigkeiten aber zu einem 480er-Versuch zusammen, signalisieren alle Testgrößen ganz massive Zweifel. Und damit hat man den Einfluss des Stichprobenumfangs wirklich erlebt:

> Ein hoher Stichprobenumfang wirkt wie ein Vergrößerungsglas, das auch kleine, vielleicht für den Alltagsgebrauch gar nicht so entscheidende Abweichungen zum Modell hervortreten lässt.

Wenn jetzt auch Anne und Lukas das Bedürfnis verspüren, weiter zu würfeln, ihre Stifte also durch das stochastische Vergrößerungsglas ... vielleicht sogar durch das statistische Mikroskop mit n = 800 ... zu analysieren, ist der Funke „realistischen“ Mathematikunterrichts im Sinne Freudenthals übergesprungen ... Und man formuliert den „Hauptsatz der beurteilenden Statistik“ .

> **„Hauptsatz der beurteilenden Statistik“**
> Wenn man den Stichprobenumfang groß genug macht (also genau genug hinsieht), dann kann man jede Hypothese bezweifeln.

3.6 Kontrapunkt

Was dabei herauskommen kann, wenn man das Bleistiftwürfeln nicht als authentisches Fallbeispiel zur Begriffsbildung nutzt, sondern in den Dienst standardisierter Signifikanztestaufgaben stellt, bestätigen die Bedenken, die zur Petition (Amrhein u. a. 2019) führten:

A

Zweiseitiger Signifikanztest

Aufgabe: Ein Bleistift wird auf dem Tisch gerollt. Man vermutet, dass die beschriftete Seite mit der Wahrscheinlichkeit $p = \frac{1}{6}$ oben liegen bleibt.
Jana testet dies, indem sie ihren Bleistift 300-mal rollt. Dabei zählte sie 35 Versuche mit der beschrifteten Seite nach oben. Spricht dieser Test gegen die obige Vermutung?

Abb. 3-7: https://www.schule-bw.de/faecher-und-schularten/mathematisch-naturwissenschaftliche-faecher/mathematik/unterrichtsmaterialien/sekundarstufe2/stochastik/testen/einf_signtest.jpg (16.04.2022)

Lösung: Eine Rechnung ergibt: 36 liegt außerhalb des 2σ Intervalls [38; 62]. Damit wird die Vermutung $p = \frac{1}{6}$ unwahrscheinlich. $p = \frac{1}{6}$ wird verworfen. Wir können aber nicht sicher sein, dass die Vermutung falsch ist. Denn in etwa 5 % aller Fälle können durchaus weniger als 38 oder mehr als 62 Treffer auftreten.
Wenn wir also behaupten, aufgrund unseres Tests wäre die Vermutung $p = \frac{1}{6}$ widerlegt, so irren wir uns mit einer Wahrscheinlichkeit von etwa 5 %. Genauer gilt: $P(\text{Irrtum}) = P(X < 38) + P(X > 62) = 0.052$.

Die gut gemeinte Warnung „Wir können nicht sicher sein, dass $p = \frac{1}{6}$ falsch ist“ führt in die Sackgasse. Tatsächlich kann man sogar absolut sicher sein, dass $p = \frac{1}{6}$ nicht gilt. Um das sagen zu können, hätte Jana ihren Bleistift nach dem Hauptsatz nicht einmal rollen müssen. Und die verkürzte Aussage: Wenn wir $p = \frac{1}{6}$ verwerfen, irren wir mit 5.2 % wird dahingehend gedeutet, dass wir uns mit der Wahrscheinlichkeit von 94.8% nicht irren, also die Entscheidung richtig ist. Und diese Deutung ist fatal, denn Tests machen keine quantitativen Aussagen über subjektive Sicherheiten, mit denen Hypothesen gelten, sondern nur über Wahrscheinlichkeiten für (kritische) Ereignisse bei unterstellter Gültigkeit von Hypothesen, die eigentlich keinen Anwender interessieren. Und wenn man Signifikanztests nur in Form von Routineaufgaben durchrechnen lässt, wird man Buth (2003, S. 30) zustimmen müssen:

> „Also gehören Signifikanztests in den Papierkorb, und zwar auf allen drei Ebenen: in der Mathematik, in den anwendenden Disziplinen und im Mathematikunterricht."

3.7 Resümee

Das Bleistiftrollen eignet sich hervorragend als authentisches Fallbeispiel zum Sammeln von Grunderfahrungen beurteilender Statistik – und zwar schon in der Sekundarstufe I.

- Es zeigt, dass auch höchst plausible Laplace-Wahrscheinlichkeiten nur Hypothesen sind. Damit ist das Bleistiftrollen nicht nur kognitiv, sondern auch emotional aktivierend.
- Der Auftrag, intuitiv gefühlte Zweifel mathematisch zu sortieren, verkoppelt Intuition mit Präzision. Er führt zum selbstständigen (!) Entdecken und Erproben von Sortiergrößen, die durch das Vereinbaren kritischer Schranken allesamt sinnvolle Testgrößen werden. Kinder erleben sich als „Mathematik schaffende" im Sinne von Abb. 1-1.
- Das Bleistiftrollen hat gegenüber dem Münzenwerfen den Vorteil, dass es eine Vielzahl sinnvoller Sortier- (und damit Test-)Größen zu entdecken gibt. Und es gibt keine Münzen, bei denen das Laplace-Modell ähnlich eindrucksvoll versagt wie bei den handelsüblichen Sechskantbleistiften.[6]
- Wenn eine Testgröße Zweifel an der Modellgüte signalisiert, weisen i. d. R. auch alle anderen erhöhte Werte auf, die aber nicht notwendig über den jeweiligen kritischen Grenzen liegen müssen. Man erlebt somit, dass Tests keine ja/nein Urteile über Hypothesen fällen, sondern ausschließlich behutsam zu interpretierende Anhaltspunkte zur Bewertung der Modellgüte liefern.
- Und man erlebt: Es spielt eine erhebliche Rolle, ob man das Modell mit Augenmaß ($n=120$), durch eine Lupe ($n=480$) oder durch ein Mikroskop ($n=1920$) – bei dem auch irrelevante kleine Abweichungen der Realität vom Modell signifikant werden – prüft.

6 Wenn man Münzen senkrecht um die eigene Achse kreiseln lässt statt sie zu werfen, werden aber auch hier kleinste Asymmetrien deutlich sichtbar. Es gibt US-Pennys, die mit > 80%iger Wahrscheinlichkeit auf der Seite Zahl landen (vgl. Riemer u. a. 2024).

4 Das empirische Gesetz der großen Zahlen: Prognoseintervalle und das $\frac{1}{\sqrt{n}}$-Gesetz

Darum geht es – das Wichtigste in Stichworten

- Modelle sind Menschenwerk. Sie lassen sich nur „an die Realität herantragen", nicht aber aus ihr „extrahieren".
- Die $\frac{1}{\sqrt{n}}$-Interpretation des empirischen Gesetzes der großen Zahlen bereitetet in der Sekundarstufe I den Übergang zu zweiseitigen Hypothesentests und Konfidenzintervallen der Sekundarstufe II vor.
- Die Tatsache, dass sich Zufallsschwankungen bei vervierfachtem Versuchsumfang halbieren, entdeckt man im Rahmen beschreibender Statistik mit Boxplots als Naturgesetz. Damit weitet sich das bisher durch (Anti-)Proportionalitäten geprägte Weltbild auf faszinierende Weise.
- Beim Werfen von Münzen gibt es (im Gegensatz zum Rollen von Bleistiften) nur eine Testgröße, deren kritische Grenzen lassen sich dafür aber in Abhängigkeit vom Stichprobenumfang n geschlossen angeben.

Experimente

- ausgedachte Häufigkeiten mit realen vergleichen
- Vorzeichentest bei Gewichtsangaben
- Ellenlänge = Fußlänge?
- Zeitschätzung
- Schreiben – Laufen – Händefalten
- Genauigkeit des Peilens über den Daumen

4.1 Viele kurze Versuche statt eines langen

Die Probleme, die sich im Unterricht ergeben, wenn man versucht, Wahrscheinlichkeit als objektiv existierende Größe aus einer unendlich langen Versuchsserie „zu extrahieren", sind gewaltig (vgl. Kap. 2-3 und Abb. 4-1). Viel sinnvoller als das empirische Gesetz der großen Zahlen im Sinne des *starken* Gesetzes über eine unendlich lange Versuchsserie zu deuten ist die Interpretation im Sinne des *schwachen* Gesetzes über viele kurze Zufallsversuche.

Starkes Gesetz der großen Zahlen

Die Wahrscheinlichkeit P, dass bei einem Bernoulliversuch die Folge h_n der relativen Häufigkeiten gegen die Trefferwahrscheinlichkeit p konvergiert, beträgt 1.

Es gilt $P(\lim_{n \to \infty} h_n = p) = 1$.

Schwaches Gesetz der großen Zahlen

Die Wahrscheinlichkeit P, dass bei einem Bernouliversuch die relative Häufigkeit h_n in der Nähe der Trefferwahrscheinlichkeit p liegt, konvergiert mit wachsendem Versuchsumfang n gegen 1.

Es gilt $\lim_{n \to \infty} P(|h_n - p| < \varepsilon) = 1$.

Man erforscht bei vorgegebenem Modell (einer gegebenen Laplace-Wahrscheinlichkeit) die Abnahme der Zufallsschwankungen relativer Häufigkeiten mit wachsendem Versuchsumfang und entdeckt mithilfe von Boxplots schon im Rahmen beschreibender Statistik das Naturgesetz:

Naturgesetz

Die Zufallsschwankungen halbieren sich, wenn man den Versuchsumfang vervierfacht. Kurz: „Viermal so viel, doppelt genau".

Dabei nutzt man die Boxenlänge (also den Quartilabstand) als empirisches Streuungsmaß, dessen Sinn „hier liegt die Hälfte der Daten" sich im Gegensatz zur Standardabweichung (vgl. Kap. 6) sofort aus der Definition ergibt.

Ab Klasse 9 beschreibt man diesen Zusammenhang dann mit Wurzelfunktionen. Man formuliert das $\frac{1}{\sqrt{n}}$-Gesetz, das in der Sekundarstufe II mit der Standardabweichung der Binomialverteilung und ggf. der Ungleichung von Tschebyscheff abgesichert wird.

Es dient als Grundlage für zweiseitige Signifikanztests und Konfidenzintervalle.

Formulierungsprobleme, die entstehen, wenn man von der Realität *(einer langen Versuchsserie)* ausgeht, nicht vom Modell.

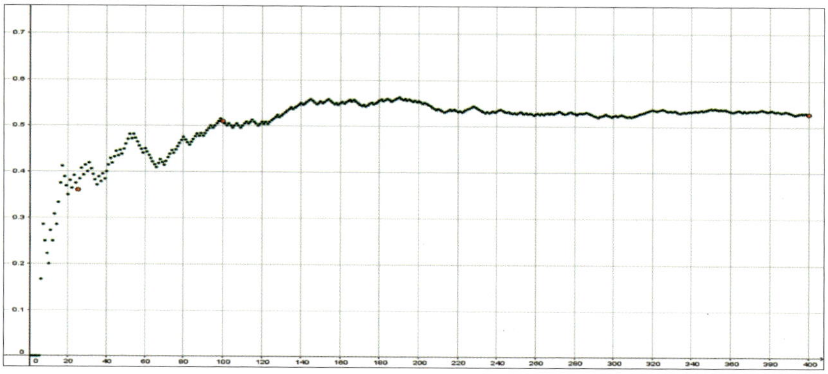

Abb. 4-1: Entwicklung der relativen Häufigkeit bei 400 Würfen einer Laplace-Münze

(a) „Die in *einer langen* Versuchsreihe beobachtete relative Häufigkeit ist ein Schätzwert für die Wahrscheinlichkeit. Der Schätzwert ist umso genauer, je länger die Versuchsserie ist." (Heerd 2014, S. 62).

(b) „Wenn ein Zufallsexperiment sehr *oft* durchgeführt wird, dann stabilisiert sich die relative Häufigkeit der Ergebnisse um einen festen Wert P(A). Dieser Wert heißt Wahrscheinlichkeit des Ergebnisses A." (Pallack 2014, S. 100).

Wie die Grafik zeigt, ist die Aussage (a) in vielen Fällen falsch. Dort liegt die relative Häufigkeit nach 100 Würfen einer Laplace-Münze deutlich näher bei der Wahrscheinlichkeit $\frac{1}{2}$ als nach 400 Würfen. Besser als von einem genaueren Schätzwert wäre es, im Sinne nicht quantifizierter subjektiver Wahrscheinlichkeiten von einem wachsenden Vertrauen in die Güte der konkreten Schätzung zu sprechen. Bei (b) verschmelzen Modell- und Realitätsebene.

4.2 Der Fundamentalsatz

Im Folgenden wird ein Unterrichtsgang im Sinne von L. Sachs als Fallbeispiel aufbereitet, wobei der Dreischritt Spekulieren – Experimentieren – Reflektieren wieder einen Spannungsbogen garantiert. Das Spekulieren beginnt mit dem Gedankenexperiment „Kopfmünzeln":

Spekulieren

A

„Wirf in Gedanken eine faire Münze 25-mal und notiere, wie oft dabei die Seite Wappen plausiblerweise auftreten könnte. Wiederhole das Gedankenexperiment insgesamt viermal. Notiere deine absoluten Häufigkeiten hinter deinem Namen in Spalte B einer gemeinsamen Tabelle wie in Abb. 4-2a.
Wiederhole das Gedankenexperiment für 100 und 400 Münzwürfe in den Spalten C und D."

Visualisieren

Tabelle — E2: =B2 / E$1

	A	B	C	D	E	F	G
1		25	100	400	25	100	400
2	bernd 1	15	17	75	0.6	0.17	0.19
3	bernd 2	13	31	200	0.52	0.31	0.5
4	bernd 3	19	68	150	0.76	0.68	0.38
5	bernd 4	9	48	260	0.36	0.48	0.65
6	denise 1	14	56	220	0.56	0.56	0.55
7	denise 2	8	39	239	0.32	0.39	0.6
8	denise 3	9	41	179	0.36	0.41	0.45
9	denise 4	13	63	211	0.52	0.63	0.53

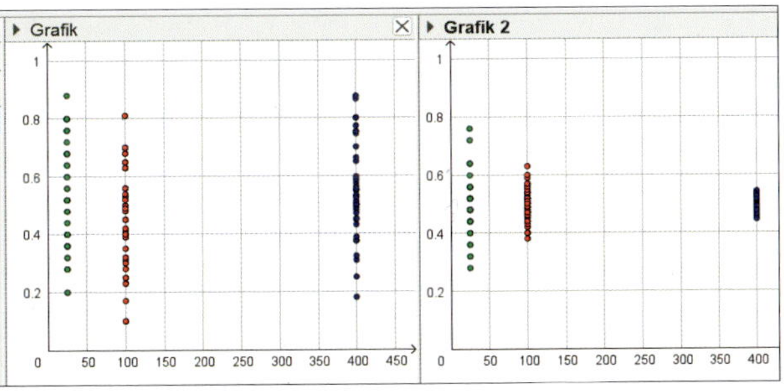

Abb. 4-2: a Ausgedachte absolute/relative Häufigkeiten, b ausgedachte Schwankungen, c reale Schwankungen (kopfmuenzeln-mit-simulation.ggb)

Die zu den ausgedachten *absoluten* Häufigkeiten gehörenden *relativen* Häufigkeiten werden nach der Phase des Spekulierens als Punktwolken über den Stellen n = 25, n = 100 und n = 400 veranschaulicht.

Beim Schätzen der *absoluten* Häufigkeiten wird vielfach eine Proportionalität unterstellt: Bei vierfachem Versuchsumfang vervierfachen sich auch die Zufallsschwankungen (vgl. die entsprechende Intuition zum Sortieren des Zweifels beim Bleistiftrollen mithilfe der Sortiergröße a in Abschnitt 3.5). Diese Intuition führt zu konstanten Schwankungen der *relativen* Häufigkeiten um 0.5 und die Punktwolken sehen dann in aller Regel aus wie in Abb. 4-2b. Beim Versuch, die Information des Diagramms 4-2b in Worte zu fassen, ergeben sich meist engagierte Diskussionen, weil das Diagramm der ebenso vorhandenen Vorstellung „Je mehr, desto genauer" zu widersprechen scheint.

Experimentieren

Zur Klärung der Widersprüche befragt man die Realität, indem man in Kleingruppen zunächst händisch „münzelt", dabei erlebt, wie sich die Schwankungen der relativen Häufigkeiten von n = 25 auf n = 100 tatsächlich entwickeln … und das Erlebte durch Computersimulation auch für n = 400 oder n = 1600 absichert. Besonders einfach gelingt die Simulation, indem man die Zelleninhalte der ausgedachten absoluten Häufigkeiten mit Zufallszahlen füllt. Dann steht in Zelle D2 von Abb. 4-2a beispielsweise der GeoGebra-Befehl = ZufallszahlBinomialverteilt (0.5, 400).

Reflektieren

Wie ein Vergleich von Abb. 4-2b mit Abb. 4-2c zeigt, zerbrechen die Primärintuitionen an der Realität. Die Schwankungen der relativen Häufigkeiten um die Wahrscheinlichkeit $p = 0.5$ werden mit wachsendem Versuchsumfang n kleiner.

Und das ist die Stelle, an der beschreibende Statistik greift: Wenn man die Punktwolken durch Boxplots veranschaulicht, wie auf der rechten Seite von Abb. 4-3, und die Länge der Box, also den Quartilabstand, als Maß für die Zufallsstreuung verwendet, entdeckt man ab Klasse 7 den Fundamentalsatz der Statistik.

Fundamentalsatz der Statistik

Eine Vervierfachung des Versuchsumfanges n (von 25 auf 100 und von 100 auf 400) halbiert die Zufallsstreuung der relativen Häufigkeiten um die Wahrscheinlichkeit $p = \frac{1}{2}$.

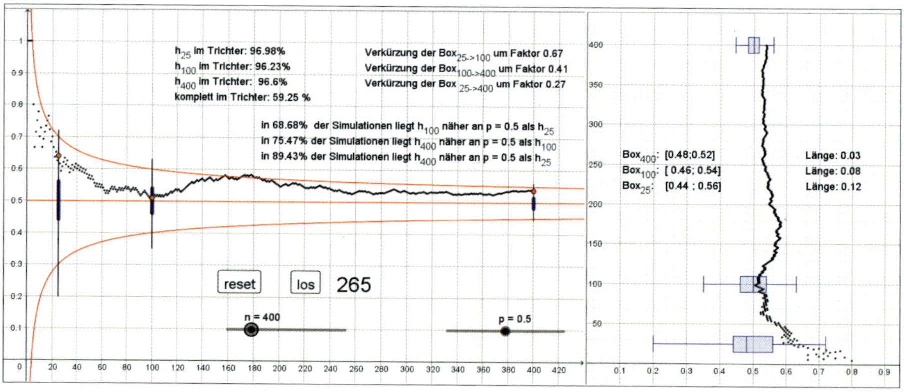

Abb. 4-3: Simulationen zum empirischen Gesetz der großen Zahlen (gesetz-der-grossen-zahlen.ggb)

So verkürzt sich in den 265 Versuchsserien von Abb. 4-3 die Länge der Box

- von $n = 25$ auf $n = 100$ um den Faktor 0.67;
- von $n = 100$ auf $n = 400$ um den Faktor 0.41;
- von $n = 25$ auf $n = 400$ um den Faktor 0.27.

Max formuliert das entdeckte Naturgesetz kurz und knackig so: „Viermal so viel, doppelt genau." Und eine Variation von p zeigt, dass diese Beziehung auch für $p \neq \frac{1}{2}$ gilt.

4.3 $\frac{1}{\sqrt{n}}$-Gesetz

Wenn sich bei Vervierfachung des Versuchsumfanges die Schwankungsbreite um die Wahrscheinlichkeit halbiert, muss der Kehrwert der Quadratwurzel dahinterstecken. Ab Klasse 9 kennt man die Quadratwurzelfunktion. Man zeichnet die Graphen zu $f_{\pm}(n) = \frac{1}{2} \pm \frac{1}{\sqrt{n}}$ wie in Abb. 4-3 links und entdeckt durch Auszählen, dass die relative Häufigkeit für jeden festen Versuchsumfang n, also an jeder Stelle der Rechtsachse von Abb. 4-3, fast immer (in ca. 95 % aller Fälle) im Intervall $I_n = [0.5 - \frac{1}{\sqrt{n}};\ 0.5 + \frac{1}{\sqrt{n}}]$ liegt. Vor dem nächsten Versuch wird man also die Prognose wagen, dass die relative Häufigkeit in I_n liegen wird. Deswegen spricht man vom Prognoseintervall (für relative Häufigkeiten). Diese Beobachtung führt zur zentralen Faustregel.

Faustregel

Wenn man eine Laplace-Münze n-mal wirft, wird die relative Häufigkeit für Kopf fast immer im Prognoseintervall $[0.5 - \frac{1}{\sqrt{n}};\ 0.5 + \frac{1}{\sqrt{n}}]$ liegen. Andernfalls spricht man von einer statistisch signifikanten Abweichung.

Wenn man bei der Wahrscheinlichkeitsangabe p = 0.5 unsicher ist und eine relative Häufigkeit h beobachtet hat, die außerhalb von $[0.5 - \frac{1}{\sqrt{n}};\ 0.5 + \frac{1}{\sqrt{n}}]$ liegt, hat man Grund zu bezweifeln, dass p = 0.5 ein gutes Modell ist.

Dabei ist der informelle Vorspann *„Wenn man unsicher ist"* für ein intuitives Verständnis der Aussage sehr wichtig. Er deutet schon in der Sekundarstufe I an, dass der Kontext sehr wichtig ist – und er verweist auf die Vorsicht, die Statistiker beim Interpretieren von Testergebnissen walten lassen – ganz im Sinne von Amrhein u. a.

Wenn man ganz ehrlich ist, wird (jenseits von Rechenaufgaben) kein Mensch daran zweifeln, dass $p(\text{Kopf}) = \frac{1}{2}$ *für einen Euro* ein gutes Modell darstellt, wenn sich bei 100 Münzwürfen 65-mal Kopf zeigte und die relative Häufigkeit damit außerhalb des Intervalls [0.4; 0.6] lag. Ganz anders sieht das aus, wenn der rollende Bleistift 65-mal auf der „oberen" Hälfte mit der Aufschrift „Faber-Castell" hielt. Bei dem Euro ist man sich nach wie vor sehr sicher, beim Bleistift aber nicht. Und das macht den didaktischen Wert der Zufallsgeräte aus.

In der Sekundarstufe II erweitert man das $\frac{1}{\sqrt{n}}$-Gesetz auf Wahrscheinlichkeiten $p \neq \frac{1}{2}$, bei denen sich das Prognoseintervall etwas verkleinert:

$\frac{1}{\sqrt{n}}$-Gesetz

Falls die Wahrscheinlichkeit den Wert p hat, liegt die relative Häufigkeit $h = \frac{X}{n}$ fast immer (mit ca. 95 %[7] Sicherheit) im Prognoseintervall

$$\left[p - 2\frac{\sqrt{p(1-p)}}{\sqrt{n}};\, p + 2\frac{\sqrt{p(1-p)}}{\sqrt{n}}\right] \subseteq \left[p - \frac{1}{\sqrt{n}};\, p + \frac{1}{\sqrt{n}}\right].$$

Es wird umso kürzer, je weiter sich p von $\frac{1}{2}$ entfernt.

Für $p = \frac{1}{6}$ hat der Verkürzungsfaktor gegenüber $p = \frac{1}{2}$ den Wert 0.75.

Nach dem Prinzip „keep it small and simple“ ist in der Sekundarstufe I die Beschränkung auf $p = \frac{1}{2}$ völlig ausreichend, weil sie alles Wesentliche enthält und sich in Kombination mit dem Vorzeichentest (vgl. 4.4.1–4.4.3) viele Anwendungen erschließen.

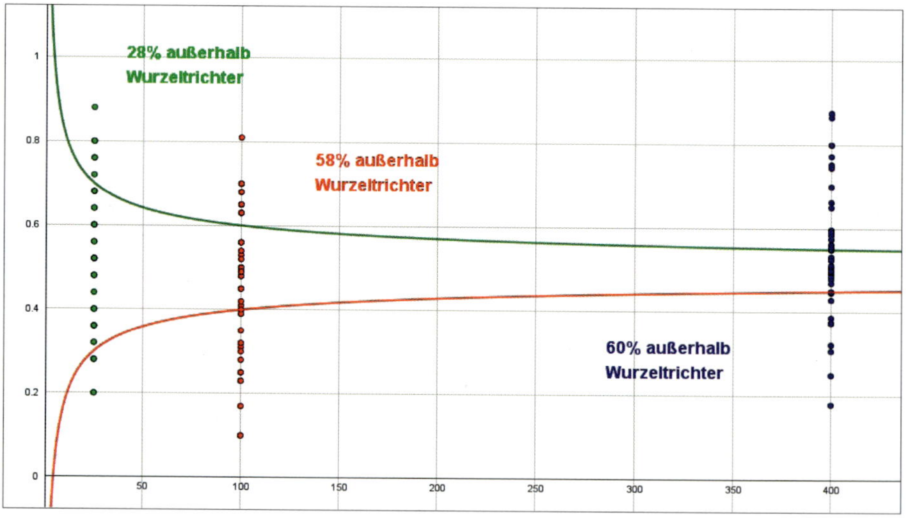

Abb. 4-4: Die intuitiven Schätzungen der relativen Häufigkeiten wie in Abb. 4-2 gehen weit über den Trichter hinaus.

7 „Genau“ 95 % ergibt sich, wenn man 1.96σ wählt. Bei 2σ ergibt sich genauer 95.455 %.

4.4 Experimente

Wie oben dargelegt, eignen sich die Boxplots hervorragend, um bei gegebenen Laplace-Wahrscheinlichkeiten den Zufallsschwankungen quantitativ „auf die Schliche“ zu kommen. Anschließend gestattet das $\frac{1}{\sqrt{n}}$-Gesetz über den Vorzeichentest in Verbindung mit dem Median (auch bei stetigen Zufallsgrößen wie Länge, Gewicht oder Zeit), die Güte von Modellen schon in der Sekundarstufe I zu beurteilen. Es hilft damit, die Trennung von beschreibender und beurteilender Statistik zu überwinden. Einige Beispiele sollen das belegen.

4.4.1 Gewichte (Vorzeichentest)

In der beurteilenden Statistik wird die Güte von Modellen beurteilt. Das einfachste normative Modell ist die Inhaltsangabe auf einer Verpackung, bei den Nougatstücken aus Abb. 4-5 sind das 10 g.

Abb. 4-5: Nougat Minis, Sollgewicht 10 g

Wenn man das Mittel als *Median* interpretiert, müsste die Hälfte der Verpackungen übergewichtig („+“) und die Hälfte untergewichtig („–“) sein, denn auch bei maschineller Abfüllung wird das Nenngewicht *nie ganz genau* angenommen, wenn man es auf einer *sehr* genauen Waage prüft.

Mit dieser Interpretation kann man die Gewichtsangabe dann nicht nur mit Mitteln der beschreibenden Statistik (durch Mittelwert, Säulendiagrame, Boxplots, Streudiagramme) prüfen, sondern auch die Hypothese $p(+)=0.5$ mithilfe des $\frac{1}{\sqrt{n}}$-Gesetzes.

Spekulieren

Hanno hat 96 Nougatstückchen (das sind 8 Tüten à 12 Stück) besorgt. Die sollen ausgewogen werden. Nach dem $\frac{1}{\sqrt{n}}$-Gesetz wird man

- bei mehr als $0.5+\frac{1}{\sqrt{96}}=60.2\,\%$ (also 61 oder mehr) übergewichtigen Stücken $p(+)=0.5$ anzweifeln dürfen und sich über einen kulanten Produzenten freuen.
- Aber auch wenn weniger als $0.5-\frac{1}{\sqrt{96}}=38.8\,\%$ (also 38 oder weniger) Stücke übergewichtig sein sollten, wird man $p(+)=0.5$ bezweifeln und ggf. auf eine kulante Entschädigung hoffen.

Experimentieren

Wie man Abb. 4-6 entnimmt, waren 90 der 96 Stücke (93.75 %) übergewichtig. Es liegt also eine statistisch signifikante Abweichung nach oben vor.

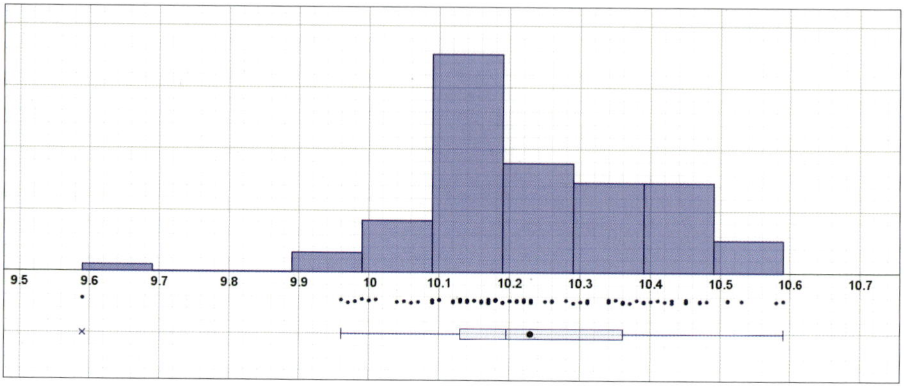

Abb. 4-6: Gewichte von 96 Nougatstücken. Median und arithmetisches Mittel liegen hier bei 10.2 g. (vgl. auch baeren-10 g.ggb, nougat-10 g.ggb)

Reflektieren

Man darf p(+)=0.5 bezweifeln und sich über einen kulanten Produzenten freuen. Dass sich die Kulanz bei 2 % Übergewicht, also zwei Extrapralinen beim Kauf von 100, in Grenzen hält, macht den Unterschied zwischen inhaltlicher Relevanz und statistischer Signifikanz schon in der Sekundarstufe I deutlich!

In Kap. 8 werden Gewichtsangaben im Zusammenhang mit einseitigen Signifikanztests, dem Eichzeichen ℮ und vorgeschriebenen Toleranzen vertieft.

4.4.2 Größenvergleich (Vorzeichentest)

Elle und Fuß sind bei verschiedenen Menschen unterschiedlich lang. Deshalb wurde zur Längenmessung 1799 der Meter erfunden. Aber stimmt es, dass bei jedem Menschen Ellen und Füße gleich lang sind? Gute Frage, bei deren Beantwortung nicht nur beschreibende und beurteilende Statistik ineinandergreifen, sondern ähnlich wie bei den Nougatstücken aus 4.4.1 auch der Unterschied zwischen Signifikanz und Relevanz begreifbar wird.

Fuß genauso lang wie Elle (Medizin, Menschen, Körper)

https://www.gutefrage.net/frage/fuss-genau-solang-wie-elle

Es gibt verschiedene Körpermaße, die proportional zueinander sind, z. B. die Länge von Fuß zu Unterarm oder die Spannweite der Arme zur Körpergröße. Also haben deine Freunde recht. Kleine Abweichungen sind aber durchaus möglich, also keine Bedenken :).

Abb. 4-7: „Gute Frage"

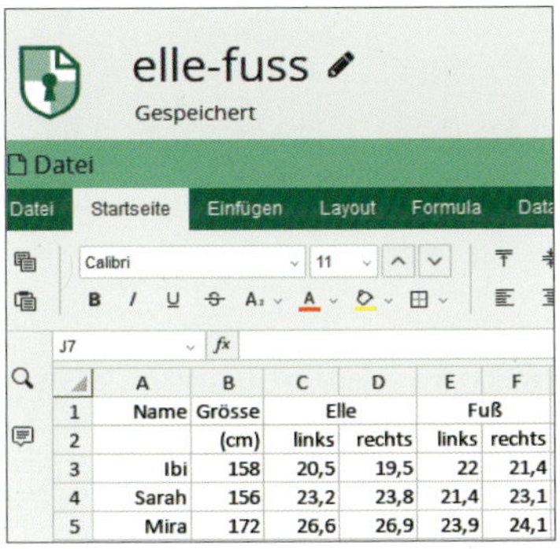

	A	B	C	D	E	F
1	Name	Grösse	Elle		Fuß	
2		(cm)	links	rechts	links	rechts
3	Ibi	158	20,5	19,5	22	21,4
4	Sarah	156	23,2	23,8	21,4	23,1
5	Mira	172	26,6	26,9	23,9	24,1

Abb. 4-8: Datenerhebung

Im Rahmen einer vorbereitenden Hausaufgabe vermessen Schülerinnen und Schüler durch Markieren auf einer Papierunterlage nicht nur ihre eigenen (rechten und linken) Ellen und Füße, sondern auch die von Eltern, Bekannten, Freunden – und zwar millimetergenau! Auf dieser ungewohnten Genauigkeitsskala erlebt man als Vorbereitung auf stetige Zufallsgrößen, dass (genau wie bei den Nougatstückchen auf Analysewaagen) gleiche Messwerte in der Praxis nicht vorkommen – und wenn doch, nimmt man einen spitzeren Bleistift und misst auf halbe Millimeter genau.

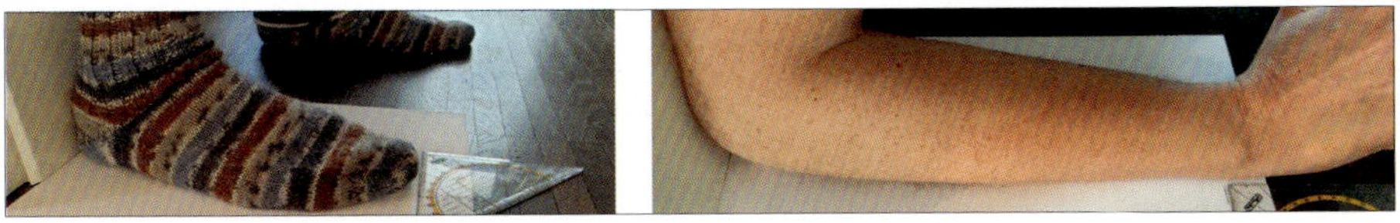

Abb. 4-9: Durch Anlegen an der Wand lassen sich Ellen- und Fußlängen genau messen.

Die Messwerte werden in einer gemeinsamen Kalkulationstabelle (elle-fuss.ggb ⬇) festgehalten. Wenn Elle und Fuß „gleich lang" wären, müsste die Differenz Ellenlänge – Fußlänge mit der Wahrscheinlichkeit 50 % positiv (+) und mit 50 % negativ (–) sein. Man sollte nur dann daran zweifeln, dass die Gleichheit ein gutes Modell darstellt, wenn der Anteil h(+) längerer Ellen außerhalb des Intervalls $[0.5-\frac{1}{\sqrt{n}};\ 0.5+\frac{1}{\sqrt{n}}]$ liegt. Tatsächlich war bei 55 von 82 Personen die rechte Elle länger als der rechte Fuß, und $h_{rechts}(+)=0.67$ lag oberhalb des Prognoseintervalls [0.39; 0.61], ebenso auf der linken Seite. Damit rechtfertigt die Untersuchung Zweifel an der Gleichheit. Ellen sind statistisch signifikant länger als Füße. Das spiegelt sich auch in Abb. 4-10a wider.

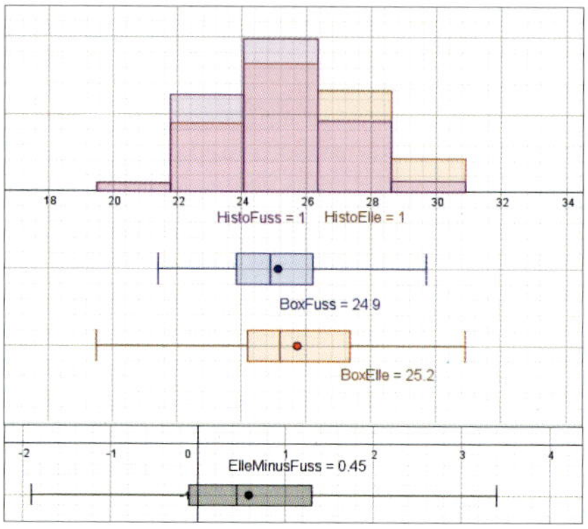

Abb. 4-10 a, b: Ellen sind etwas länger als Füße

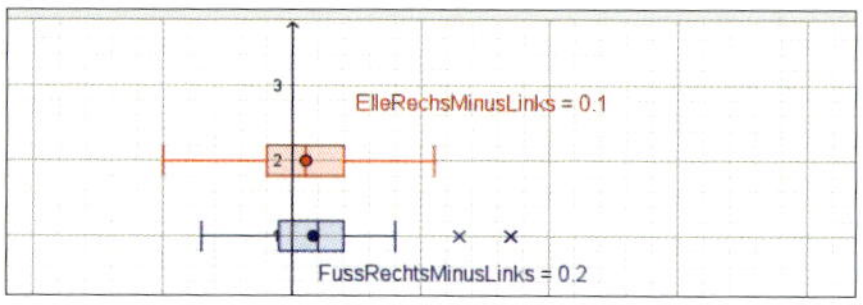

Abb. 4-10c: Füße und Ellen sind rechts im Mittel ca. 2 mm länger (elle-fuss.ggb).

Abb. 4-10b entnimmt man, dass Ellen im Mittel 5 mm länger sind als Füße. Verglichen mit ca. 25 cm sind die Abweichungen damit eher irrelevant. Und Abb. 4-10c zeigt, dass sowohl Füße als auch Ellen rechts länger sind als links, die Unterschiede sind auch hier signifikant, aber mit 2 mm irrelevant.

4.4.3 Minutenschätzung: Lernen aus Erfahrung

Das folgende, auch in großen Hörsälen leicht realisierbare Experiment steht paradigmatisch für die Beantwortung der Frage, ob sich „irgendetwas" statistisch signifikant verbessert hat.

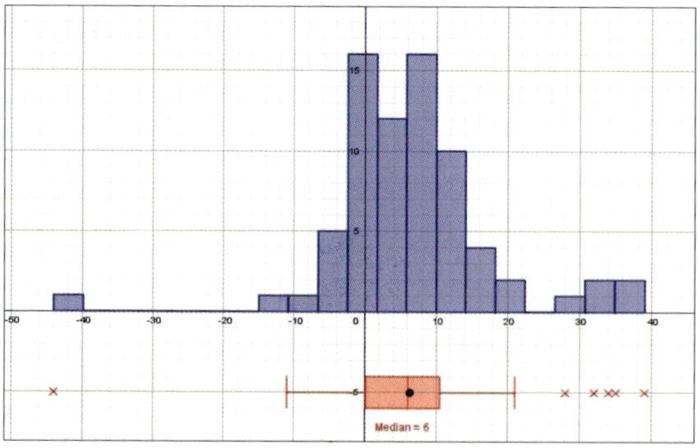

Abb. 4-11: Im Mittel verbessert man sich bei Wiederholung der Minutenschätzung um ca. 6 Sekunden (minutenschaetzen.ggb).

Es geht um die Schätzung der Dauer einer Minute. Das Experiment verläuft – in absolut konzentrierter (!) Stille – wie folgt: Jede(r) legt seinen Kopf auf den Tisch. Nach einem Countdown 3-2-1-0 wird durch den Versuchsleiter eine (an die Wand projizierte) Stoppuhr gestartet. Jeder hebt genau dann den Kopf, wenn er nach seinem individuellen Zeitgefühl glaubt, dass eine Minute verstrichen ist und notiert nach einem Blick auf die Uhr, um wie viel Sekunden er sich verschätzt hat. Wenn alle fertig sind, wird das Experiment wiederholt. Wenn die zweite Abweichung von der Minute kleiner ist als die erste, hat man sich verbessert (+). In dem in Abb. 4-11 ausgewerteten Versuch mit 73 Versuchspersonen gab es 52 Verbesserungen und 16 Verschlechterungen. Die 5 Personen ohne Veränderung reduzieren den effektiven Stichprobenumfang auf 68. Die relative Verbesserungshäufigkeit 0.76 liegt oberhalb des Prognoseintervalls $[0.5-\frac{1}{\sqrt{68}}; 0.5+\frac{1}{\sqrt{68}}]=[0.379; 0.621]$ von $p=0.5$.

Man darf die Hypothese, dass man sich je mit der Wahrscheinlichkeit 50 % verbessert bzw. verschlechtert, bezweifeln. Man sagt: Die Versuchsgruppe hat sich „statistisch signifikant" verbessert. Der Median der Verbesserung beträgt 6 s, das arithmetische Mittel 6.23 s. Und man wird die Verbesserungen auch als relevant bezeichnen dürfen.

4.4.4 Exkurs: Das $\frac{1}{\sqrt{n}}$-Gesetz und der zweiseitige Signifikanztest

In den Abiturprüfungsaufgaben vieler Bundesländer werden Signifikanztests standardmäßig mit absoluten Häufigkeiten und der Binomialverteilung „durchgerechnet".

Das „Prüfen" hypothetischer Wahrscheinlichkeiten mit dem $\frac{1}{\sqrt{n}}$-Gesetz entspricht dem zweiseitigen Signifikanztest auf Signifikanzniveau $\alpha=4.55\,\% \approx 5\,\%$, wobei statt der Binomialverteilung die 2σ-Regel als Näherung zum Einsatz kommt. (Zum 5 %-Signifikanzniveau würde das 1.96σ Intervall gehören, vgl. Fußnote 7). Das soll mit den Daten des Zeitschätzungsexperiments aus 4.4.3 erläutert werden:

Beim zweiseitigen Signifikanztest auf dem 4.55 %-Signifikanzniveau sorgt man durch Ablesen in Tabellen dafür, dass unterhalb der linken und oberhalb der rechten ganzzahligen Grenze je höchstens $\frac{\alpha}{2}=2.275\,\%$ Wahrscheinlichkeit liegt.

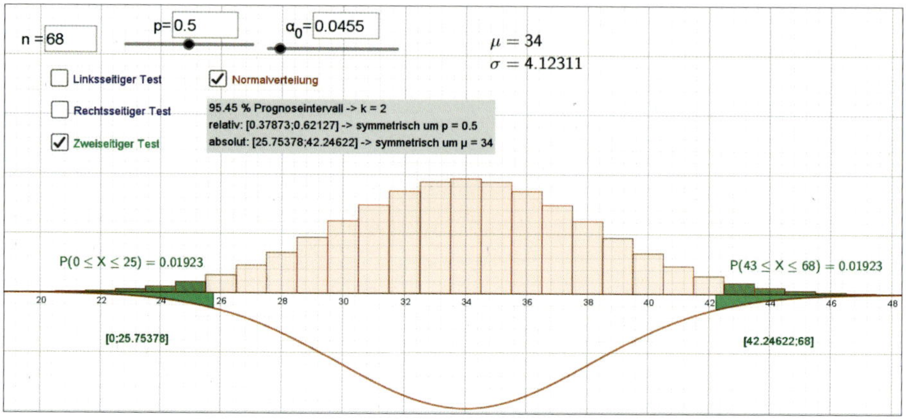

Abb. 4-12: Berechnung des 95.45 %-Prognoseintervalls für absolute Häufigkeiten. Der Übersichtlichkeit wegen wurde die Normalverteilung nach unten gespiegelt. Durch Veränderung der Parameter erkennt man, dass sich die Ergebnisse i. d. R. nur marginal unterscheiden (signifikanztest-tool.ggb).

Wie der obere Teil von Abb. 4-12 veranschaulicht, ergibt sich dabei [26; 42]. Das 2σ-Prognoseintervall der absoluten Häufigkeiten um den Erwartungswert μ mit $\mu = n \cdot p = 68 \cdot 0.5 = 34$ und $\sigma = \sqrt{68 \cdot 0.5 \cdot 0.5} = 4.12$ liefert mit [25.75; 42.25] im unteren Teil von Abb. 4.12 (mit der nach unten gespiegelten Gauß-Glocke) einen Näherungswert hierfür, was hier wegen der Ganzzahligkeit auf das gleiche Intervall [26; 42] hinausläuft.

Die absolute Häufigkeit (52 Verbesserungen in 68 Versuchen) liegt aber genau dann rechts von [25.75; 42.25], wenn die relative Häufigkeit rechts von $[\frac{25.75}{68}; \frac{42.25}{68}] = [0.5 - \frac{1}{\sqrt{68}}; 0.5 + \frac{1}{\sqrt{68}}]$, also rechts des $\frac{1}{\sqrt{68}}$-Prognoseintervalls der relativen Häufigkeiten liegt.

4.4.5 Schreiben – Laufen – Hände falten

Wenn man die Hände faltet, liegt entweder der rechte oder linke Daumen oben. Beim Treppensprint beginnt man entweder mit dem rechten oder dem linken Fuß. Liegt bei Personen, die rechts schreiben, beim Falten der Hände bevorzugt der rechten Daumen oben? Starten sie beim Treppensteigen bevorzugt mit dem rechten Fuß? Auch solche Fragen lassen sich zeitökonomisch mit beschreibender Statistik beantworten und mit dem $\frac{1}{\sqrt{n}}$-Gesetz in Verbindung bringen. Abb. 4-13 entnimmt man: Wegen $\frac{98}{169} = 0.5798 > 0.5 + \frac{1}{\sqrt{169}} = 0.5769$ beten Rechtshänder signifikant häufiger mit dem linken Daumen oben. Wegen $\frac{200}{300} = 0.666 > 0.5 + \frac{8}{\sqrt{33}} = 0.5577$ starten sie auf der Treppe signifikant häufiger mit rechts.

		Daumen		
		R	L	
Schrei-	R	71	103	174
ben	L	11	4	15
		82	107	189

		Fuß		
		R	L	
Schrei-	R	200	100	300
ben	L	27	25	52
		227	125	352

Abb. 4-13: treppensteigen.xlsx, haendefalten.xlsx

4.4.6 Pi mal Daumen

Durch Anpeilen über den Daumen bestimmt man aus der Ferne die unbekannte Breite eines Objekts nach dem Strahlensatz gemäß der Formel
(*) $\text{Objektbreite} = \frac{\text{Daumenbreite}}{\text{Armlänge}} \cdot \text{Abstand}$

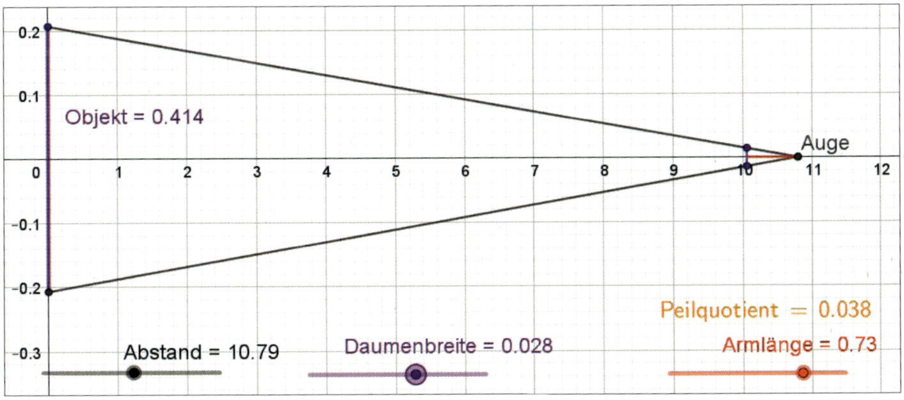

Abb. 4-14-a: strahlensatz.ggb

Das Verfahren ist aber ungenau, sonst würde das Sprichwort „über den Daumen gepeilt“ oder „Pi mal Daumen“ nicht für grobes Abschätzen stehen.

Die Frage „Wie ungenau?“ macht den Strahlensatz zur realistischen Mathematik im Sinne Freudenthals. Sie lässt sich mit beschreibender Statistik beantworten – und die Hypothese, es könnte sich um ein DIN-Format handeln, bei dem die längere Seite l das $\sqrt{2}$-fache der kürzeren k beträgt, schlägt die Brücke in die beurteilende Statistik.

Abb. 4-14-b-c-d: Strahlensatz „handlungsorientiert“. Ulla ist Linkshänderin. Sie peilt mit dem rechten Daumen und dem rechten Auge.

Vorbereitung

Als Objekt wird ein rechteckiges Blatt Papier unbekannter Größe an der Wand fixiert. Die längere Seite l liegt horizontal, die kürzere k vertikal. Zusätzlich wird ein Bandmaß orthogonal zur Wand auf dem Boden fixiert. Bei der Größenordnung DIN-A3 reichen 15 Meter.

Experiment

Jeder geht mit ausgestrecktem Arm längs des Bandmaßes so lange vor bzw. zurück, bis die Daumenbreite die längere (horizontale) Seite l des Blattes genau abdeckt. Der Abstand L, in dem das passiert, wird am Bandmaß abgelesen. Ebenso verfährt man mit der kürzeren Seite k (Abstand K). Während des Peilens misst ein Partner die Armlänge (das ist der Abstand zwischen Auge und gestrecktem Daumen) und anschließend auch die Breite des Daumens.

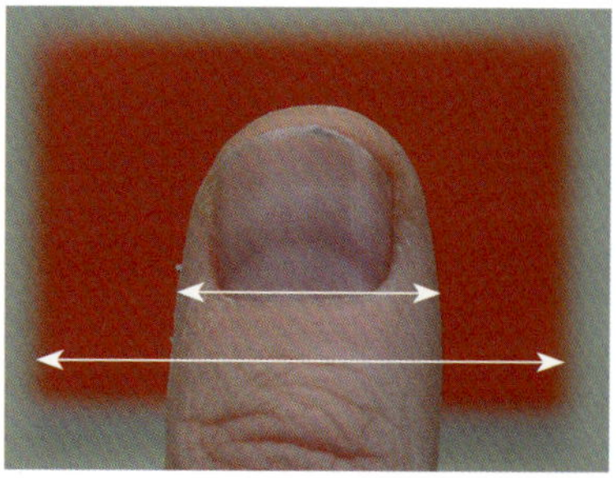

Abb. 4-15: Der Daumen muss an der breitesten Stelle (kurzer Pfeil) das Blatt (langer Pfeil) genau abdecken.

Auswertung

Jeder Versuchsteilnehmer berechnet mit (*) aus den gemessenen Abständen L, K und dem persönlichen Peilquotienten $q = \frac{\text{Daumenbreite}}{\text{Armlänge}}$ seinen Schätzwert für Seitenlängen l, k des angepeilten Blattes – und auch das Seitenverhältnis l/k. Alle Schätzwerte werden in einer gemeinsamen Tabelle gesammelt und mitsamt Mittelwert und Median visualisiert.

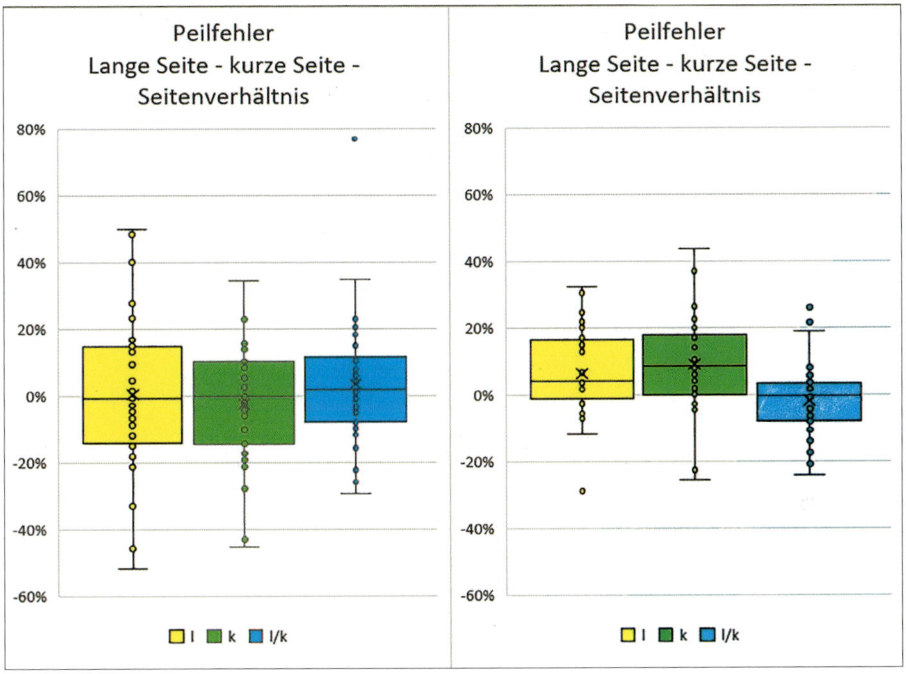

Abb. 4-16a, b: Verteilung der prozentualen Fehler beim Messen der langen, der kurzen Seite eines DIN-A3-Blattes und des Seitenverhältnisses $\sqrt{2}$ aus der Ferne bei n = 39 bzw. n = 30 Messungen. Abb. 10-4b zeigt übrigens, dass sich die Peilquotienten und die Peilwinkel hervorragend durch eine Normalverteilung beschreiben lassen (daumenpeilen.xlsx).

Der Spannungsbogen schließt sich, wenn nach getaner Arbeit die tatsächlichen Seitenlängen des Blattes ausgemessen und mit den Prognosen verglichen werden. Die in Abb. 4-16b und c dargestellten prozentualen Abweichungen der Prognosen von der Realität beantworten die Frage nach der Genauigkeit der Daumenpeil-Methode mit „ca. ±20 %“. Aber natürlich ist auch diese Antwort nur „über den Daumen gepeilt“.

Vorzeichentest

Bei einer ordnungsgemäßen Versuchsdurchführung sollten sich Unter- und Überschätzungen sowohl der Seitenlängen wie auch der Seitenverhältnisse die Waage halten. Für die Wahrscheinlichkeit zu großer Schätzwerte sollte also gelten $p(+) = \frac{1}{2}$.

Diese Hypothese prüft man mit dem $\frac{1}{\sqrt{n}}$-Gesetz: So sollte bei einer Stichprobe der Größe 39 die relative Häufigkeit der Überschätzungen im Intervall $[0.5 - \frac{1}{\sqrt{39}}; 0.5 + \frac{1}{\sqrt{39}}] = [0.34; 0.66]$, liegen. Wie Abb. 4-16b zeigt, war dies bei einem DIN-A3-Blatt mit den relativen Häufigkeiten 0.46 bzw. 0.56 der Fall.

In der Stichprobe aus Abb. 4-16b mit $n = 30$ Teilnehmern wurden beide Seitenlängen wegen eines systematischen Fehlers signifikant überschätzt: Die Armlänge wurde nicht während des Peilens gemessen, sondern danach am lang ausgestrecktem Arm. Tatsächlich winkeln aber viele Menschen beim Peilen den Arm ein wenig an, was die effektive Armlänge reduziert und damit zu einer Überschätzung der Längen führt. Auf die Schätzwerte der Seitenverhältnisse $\frac{l}{k} = \frac{q \cdot L}{q \cdot K} = \frac{L}{K}$ hat die Verkürzung aber keinen Einfluss, weil sich fehlerhafte Peilquotienten bei der Verhältnisbildung neutralisieren. Das belegt die rechtsstehende Box in Abb. 4-16b.

Das Daumenpeilen weiterdenken

Man lässt ein „DIN A3-Blatt“ vermessen, dessen kürzere Seite (heimlich, weil das niemand merkt) um 2 cm verkürzt wurde. Ob sich die heimliche Verkürzung im Experiment als statistisch signifikante Abweichung vom DIN-A3 Soll (42 cm × 29.7 cm) nachweisen lässt? Wieder eine spannende Frage!

Sie lässt sich auch ohne neue Datenerhebung beantworten, indem man in der Auswertungsdatei die angenommenen Maße des Blattes im Nachhinein so lange variiert, bis die Abweichungen von den Messwerten signifikant werden. Und damit landet man dann unbewusst bei der Bestimmung von Konfidenzintervallen für die unbekannten Kantenlängen – und dem folgenden Kapitel.

4.5 Datenerhebungen planen – ein Exkurs

Lehrpläne fordern das „sorgfältige Planen von Datenerhebungen“. Wer die Praxis kennt, weiß, dass eine solche Forderung weltfremd ist: Meist werden Daten spontan erhoben und erst im Nachhinein erkennt man, was man hätte besser machen sollen.

Ein Paradebeispiel dafür ist die oben erwähnte Verfälschung der Peilquotienten, wenn der Partner die Armlänge nicht während des Peilens misst, sondern danach.

Auch wenn Schülerinnen und Schüler beim Minutenschätzen ihre Messwerte direkt nach dem Ablesen der Stoppuhr notieren, werden Mitschülerinnen und Mitschüler durch Schreibgeräusche oder klickende Kugelschreiber abgelenkt bzw. informiert, dass andere glauben, die Minute sei schon vorbei. Das verfälscht die Daten wegen fehlender Unabhängigkeit der Ergebnisse ungemein. Jeder darf also erst dann notieren, wenn auch der letzte seinen Kopf zum Ablesen der Stoppuhr erhoben hat. Das kann mitunter sehr lange dauern, was nicht nur für Heiterkeit sorgt, sondern auch die Bedeutung von Antennen oder Ausreißern in Boxplots erlebbar macht.

Und beim Treppensteigen kann die Vorab-Information, worum es bei dem Experiment geht, die Ergebnisse verfälschen. Es macht daher Sinn, das Experiment mit einer Stoppuhr in einen anderen Kontext (Geschwindigkeit, sportliche Leistung beim Treppensteigen) zu stellen, damit die Versuchsteilnehmer nicht darüber nachdenken, mit welchem Fuß sie die erste Stufe nehmen. Auch wird ein Geländer oder eine „Wendelung“ der Treppe die Ergebnisse möglicherweise beeinflussen. Empfehlenswert ist eine gerade Treppe ohne Geländer. Die folgende Versuchsanleitung entstand im Anschluss an einen Pilotversuch:

Man kann beim Treppensteigen (aufwärts und abwärts) den rechten oder den linken Fuß zuerst aufsetzen. Forschungsfrage: Wie hängt die „Füßigkeit“ mit der Rechts- oder Linkshändigkeit zusammen? Die Antwort könnt ihr nur durch Datensammeln finden.
Um authentische und unverfälschte „harte“ Daten zu erhalten, solltet ihr verschleiern, worum es geht. Tut so, als ginge es um Geschwindigkeiten.
Haltet deswegen Stoppuhren bereit! Und das macht jeder von euch:
Bitte fünf Personen, eine gerade Treppe zu steigen, ohne sich am Geländer festzuhalten
(1) erst in normalem Schritttempo aufwärts – Pause
(2) dann in normalem Schritttempo abwärts – Pause
(3) dann möglichst schnell aufwärts – Pause
(4) dann möglichst schnell abwärts.

Dabei stehen beide Füße des „Probanden“ beim Start parallel zueinander auf dem Boden, also noch nicht auf der ersten Treppenstufe und du zählst jeweils vor Start der Stoppuhr 3-2-1-Los. Anschließend lässt du die Person ihren Namen auf das Protokollblatt schreiben und hältst fest, mit welcher Hand (R/L) geschrieben wurde.
Miss auch die Stufenhöhe und die Anzahl der Stufen und notiere deine Messergebnisse wie folgt in einer Tabelle.

Proband			aufwärts normal		abwärts normal		aufwärts sprint		abwärts sprint		Unterschrift	eingetragen
Vorname	Stufenzahl	Stufenhöhe	Fuß (R/L)	Zeit (s)	Fuß (R/L)	Zeit (s)	Fuß (R/L)	Zeit (s)	Fuß (R/L)	Zeit (s)	(R/L)	von
Lorenz	10	18	R	4.34	L	4.94	R	2.83	L	2.9	R	Dimitar
Franz	10	18	R	4.85	R	4.46	R	2.67	R	2.3	L	Dimitar
Tina	10	18	L	4.08	R	4.21	L	2.33	L	2.23	L	Dimitar
Elif	10	18	R	5.4	R	5.81	R	3.41	R	3.56	R	Dimitar
Floris	10	18	L	5.04	R	4.45	R	2.76	L	2.41	R	Dimitar
Nicole	10	20.5	L	5.68	R	5.79	L	3.56	L	3.2	R	Lukas
Nina	10	20.5	R	6.1	R	6.58	R	3.98	R	3.87	R	Lukas

Abb. 4-17: So wird das Treppensteigen protokolliert.

4.6 Resümee

- Wenn man Boxplots nutzt, um Zufallsschwankungen zu messen, lässt sich das empirische Gesetz der großen Zahlen ab Klasse 7 als Naturgesetz wie folgt formulieren:
  Bei *gegebener Wahrscheinlichkeit* p nehmen die Zufallsschwankungen der relativen Häufigkeiten mit wachsender Versuchszahl ab. Sie halbieren sich, wenn man den Versuchsumfang vervierfacht.
- Sobald man ab Klasse 9 Wurzeln kennt, lässt sich der Zusammenhang als $\frac{1}{\sqrt{n}}$-Gesetz präzisieren. Für $p = 0.5$ ist die Formulierung besonders einprägsam:
- Fast immer liegt die relative Häufigkeit im (~95 %) Prognoseintervall

  $$\left[0.5 - \frac{1}{\sqrt{n}}; 0.5 + \frac{1}{\sqrt{n}}\right].$$

- Daraus ergibt sich in der Sekundarstufe I das „*Konzept des Bezweifelns*" als elementare Vorstufe des zweiseitigen Hypothesentests:
  Wenn man unsicher ist, sollte man bezweifeln, dass $p = 0.5$ ein gutes Modell darstellt, wenn die relative Häufigkeit außerhalb (oder nah am Rand) des Prognoseintervalls liegt.
- Über den Median und den Vorzeichentest erschließt sich hiermit eine Vielzahl von Fragestellungen, die beschreibende und beurteilende Statistik miteinander verknüpfen.
- In der Sekundarstufe II begründet man die Formel des Prognoseintervalls

  $$\left[p - 2\frac{\sqrt{p(1-p)}}{\sqrt{n}}; p + 2\frac{\sqrt{p(1-p)}}{\sqrt{n}}\right] \subseteq \left[0.5 - \frac{1}{\sqrt{n}}; 0.5 + \frac{1}{\sqrt{n}}\right]$$

  für beliebiges p mithilfe von Binomialverteilungen und nutzt sie zur Konstruktion von Konfidenzintervallen.

5 Konfidenzintervalle

Darum geht es – das Wichtigste in Stichworten

- Im Konfidenzintervall sammelt man „vertrauenswürdige“ Hypothesen, die man nach einem Experiment nicht zu bezweifeln braucht. Konfidenzintervalle sind zufallsabhängig.
- Konfidenzintervalle übertragen die Idee der Messungenauigkeit von der Geometrie in die Stochastik. Dabei bestimmt der Versuchsumfang die Genauigkeitsskala, auf der man misst: Augenmaß – Zollstock – Mikroskop.
- Die Grundvorstellung, dass es viele „nahe beieinanderliegende“ Wahrscheinlichkeiten bzw. Wahrscheinlichkeitsverteilungen gibt, die zu den beobachteten relativen Häufigkeiten passen, wurde beim Würfeln mit Quadern (Kap. 2) vorbereitet.

Experimente

- Würfeln mit flachen Legosteinen („Legomünzen“)
- Stichproben mit Löffeln stechen

5.1 Wie unterrichtet man Konfidenzintervalle?

Der Begriff des Konfidenzintervalls ist durch Alltagsvorstellungen bestens vorbereitet. Grundschulkinder teilen (wie in 2.1 erläutert) ihre subjektive Einschätzung von Chancen dadurch mit, dass sie sich im Klassenzimmer mit ihren Füßen auf einer Skala zwischen völlig unmöglich (0 %) und absolut sicher (100 %) positionieren. Dabei sind die Positionen nie wirklich eindeutig, was ganz plastisch schon durch die Breite der Schuhe zum Ausdruck kommt. Sie erleben dabei, dass mit der Einnahme einer Position eigentlich ein Intervall – ein präformales Konfidenzintervall – gemeint ist, in dem man die Chance vermutet.

Es ist ein Leichtes, diese intuitiven Vorerfahrungen mithilfe von Legomünzen, so nennen wir flache Lego-Steine, die normierter sind als Reißzwecken, zu aktivieren. Im Folgenden kommt wieder der Dreischritt Spekulieren-Experimentieren-Reflektieren zum Einsatz.

5.1.1 Spekulieren

„Was ist beim Würfeln von Legomünzen wahrscheinlicher, Fußlage oder Kopflage?“ Gute Frage!

„Fußlage ist wahrscheinlicher als Kopflage, weil zur Fußlage eine deutlich größere Auflagefläche gehört und damit eine hohe Stabilität garantiert ist“, sagen die einen. „Ganz im Gegenteil! Kopflage (Noppen unten) ist wahrscheinlicher, weil die Noppen schwer sind“, sagen die anderen.

Damit steht wieder eine interessante – vor allem aber experimentell beantwortbare – Frage im Raum. „Realistischer Mathematikunterricht" im Sinne Freudenthals, da wir von vornherein auf das Unmögliche verzichten, darauf nämlich, die Wahrscheinlichkeit „genau" bestimmen zu wollen.

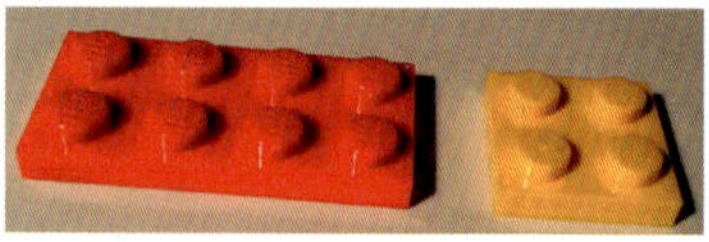

Abb. 5-1: Legomünzen in Fußlage (F)

Durch die Aufforderung „Notiere ein Intervall, indem du (vor jeglichem Experiment) p(Fußlage) vermutest", wird der Begriff des Konfidenzintervalls als *Intervall von Wahrscheinlichkeiten* intuitiv verankert und vom bereits gesicherten Begriff des Prognoseintervalls als *Intervall relativer Häufigkeiten* abgegrenzt.

Unterschiedliche Einschätzungen sorgen auch hier für Spannung. So entschieden sich in Abb. 5-2 fünf von 23 Personen für Konfidenzintervalle komplett unterhalb von 0.5, und 6 von 23 entschieden sich für komplett oberhalb von 0.5 liegende Intervalle.

"Bauch" - Konfidenzintervall					
min	max	unter 0.5	linkslastig	rechtslastig	über 0.5
		5	8	4	6
0,4	0,52		1		
0,55	0,7				1
0,55	0,65				1
0,35	0,45	1			
0,4	0,55		1		
0,4	0,5		1		
0,37	0,47	1			
0,5	0,6			1	
0,45	0,6			1	
0,6	0,7				1

Abb. 5-2: In welchem Bereich vermutest du die Wahrscheinlichkeit für Fußlage? Ein Meinungsbild.

5.1.2 Experimentieren/Reflektieren

Jede(r) „würfelt" mit seiner Legomünze 100-mal und prüft anschließend erst mit Bauchgefühl, dann mit Prognoseintervallen, ob die Versuchsergebnisse schon Anlass liefern, p(F) = 0.5 zu bezweifeln … und dann p(F) = 0.4 bzw. p(F) = 0.3 bzw 0.7.

Antonias h = 0.35 und Mirjams h = 0.47 dienen als Beispiele: Das Prognoseintervall zu p = 0.5 enthält gemäß Abb. 5-3b nur Mirjams relative Häufigkeit 0.47, das zu p = 0.3 enthält nur Antonias 0.35. Das Prognoseintervall zu p = 0.4 enthält beide relativen Häufigkeiten. Antonia braucht weder p = 0.3 noch 0.4 zu bezweifeln, Mirjam weder p = 0.4 noch 0.5. Für Antonia sind damit mindestens die Wahrscheinlichkeiten aus [0.3; 0.4], für Mirjam mindestens die aus [0.4; 0.5] vertrauenswürdig. Aber wo liegen die Vertrauensgrenzen genau? Gute Frage!

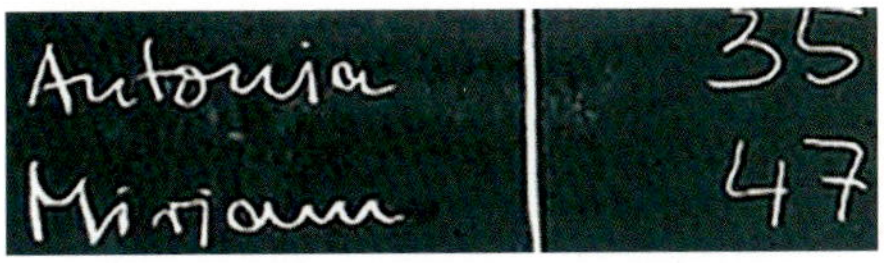

(a) Fußlage bei 100 Würfen

p	0	0.1	0.2	0.3	0.4	0.5	0.6	0.7	0.8	0.9	1
bis	0.000	0.160	0.280	0.392	0.498	0.600	0.698	0.792	0.880	0.960	1.000
von	0.000	0.040	0.120	0.208	0.302	0.400	0.502	0.608	0.720	0.840	1.000
100				A	A M	M					

(b) Prognoseintervalle

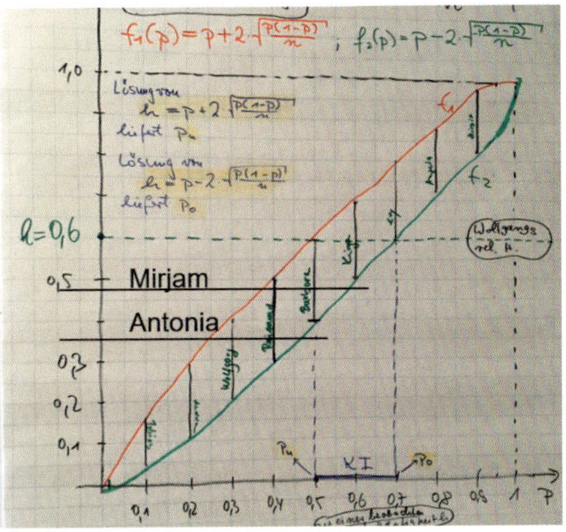

(c) Kooperativ erstelltes Plakat

Abb. 5-3: Händisch erstellte Konfidenzellipse. Die (vertikalen) Prognoseintervalle tragen die Namen der „Berechner". Antonia und Mirjam können die zu ihren relativen Häufigkeiten gehörenden (horizontalen) Konfidenzintervalle ablesen.

5.2 Konfidenzellipse kooperativ

Sinnstiftend ist an dieser Stelle arbeitsteilige Kooperation: Die Wahrscheinlichkeiten 0, 0.1, 0.2, ..., 0.9, 1 werden an Gruppen verteilt, die die zugehörigen Prognoseintervalle berechnen, vertikal über der zugeteilten Wahrscheinlichkeit auf ein gemeinsames Plakat übertragen und sich dabei gegenseitig korrigieren, da die Intervalle zusammenpassen müssen. Es entsteht eine Ellipse. An der kann jeder mittels einer horizontal eingezeichneten Gerade die zu seiner relativen Häufigkeit gehörenden Wahrscheinlichkeiten ablesen, die nicht bezweifelt werden müssen. Die bilden dann das vom jeweiligen Versuchsergebnis abhängige Konfidenzintervall.

Das Plakat ist gerade wegen seiner Unzulänglichkeit und der mit der händischen Erstellung einhergehenden Verlangsamung hilfreich für Sinn stiftende Diskussionen. Und es stachelt (selbst ohne Arbeitsauftrag) dazu an, die „genauen" Grenzen des horizontal liegenden Konfidenzintervalls zu suchen:

- Meistens geschieht das zunächst durch systematisches Probieren verschiedener p-Werte (wie bei der Intervallschachtelung zu $\sqrt{2}$) mithilfe der zuvor händisch genutzten Prognoseintervall-Grenzen

  $f_{\pm}(p) = p \pm 2\,\frac{\sqrt{p(1-p)}}{\sqrt{n}}$.

- Erst im Nachhinein wird entdeckt, dass man viel schneller und genauer zum Ziel kommt, wenn man die Gleichungen $p \pm 2\frac{\sqrt{p(1-p)}}{\sqrt{n}}=h$ bei gegebenem h (numerisch) nach p auflöst.

Antonia löst zur Berechnung der linken Grenze $p+2\frac{\sqrt{p(1-p)}}{\sqrt{100}}=0.35$ und zur Berechnung der rechten $p-2\frac{\sqrt{p(1-p)}}{\sqrt{100}}=0.35$ nach p auf.

Sie erhält das Konfidenzintervall [0.262; 0.449]. Mirjam erhält [0.373; 0.569]. Unterschiedliche Erfahrungen führen zu unterschiedlichen Erwartungen und unterschiedlichen Konfidenzintervallen – getreu dem Motto: „Wahrscheinlichkeit entsteht, wenn aus Erfahrung Erwartung wird."

5.3 Formeln – Rechenwerkzeuge

Wenn man die Gleichungen $p \pm 2\frac{\sqrt{p(1-p)}}{\sqrt{n}}=h$ umstellt und quadriert, erhält man nach Lösung einer (länglichen) quadratischen Gleichung das „exakte" Konfidenzintervall nach Wilson.

$$I=\left[\frac{h+\frac{2}{n}-2\sqrt{\frac{1}{n^2}+\frac{h\cdot(1-h)}{n}}}{\frac{4}{n}+1};\frac{h+\frac{2}{n}+2\sqrt{\frac{1}{n^2}+\frac{h\cdot(1-h)}{n}}}{\frac{4}{n}+1}\right].$$

Für großes n ergibt sich hieraus die von Taschenrechnern angebotene Wald'sche Näherung:

$$I\approx\left[h-2\frac{\sqrt{h(1-h)}}{\sqrt{n}};h+2\frac{\sqrt{h(1-h)}}{\sqrt{n}}\right]\subseteq\left[h-\frac{1}{\sqrt{n}};h+\frac{1}{\sqrt{n}}\right].$$

Die Abschätzung $[h-\frac{1}{\sqrt{n}};h+\frac{1}{\sqrt{n}}]$ bietet sich dabei (in Analogie zum $\frac{1}{\sqrt{n}}$-Gesetz) als Faustformel für Überschläge an.

Im Unterricht bietet sich ergänzend zur numerischen Lösung der Gleichungen der Einsatz von Software an, die nicht nur rechnet, sondern den Zusammenhang zwischen Prognose- und Konfidenzintervallen auch visuell unterstützt und das kooperative Ellipsenzeichnen perfektioniert.

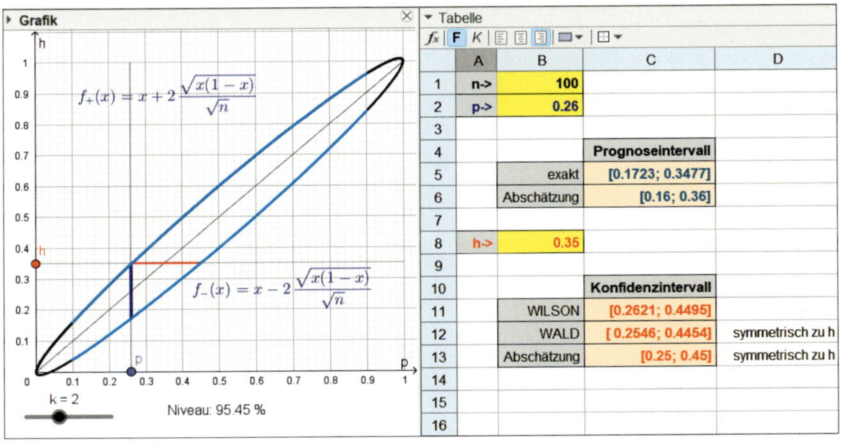

Abb. 5-4: Das horizontale rote Konfidenzintervall hängt von der zufälligen relativen Häufigkeit h = 0.35 ab. Das zu p = 0.26 gehörige vertikale blaue Prognoseintervall enthält h = 0.35 nicht. Daher liegt p = 0.26 nicht im Konfidenzintervall zu h = 0.35. In den schwarzen Rändern der Konfidenzellipse ist die Laplace-Bedingung $\sqrt{n \cdot p \cdot (1-p)} > 3$ nicht erfüllt (prognose-konfidenzintervall-tool.ggb).

5.4 Konfidenzintervalle freirubbeln

Alternativ zum händischen Vorgehen ist auch hier das Blackbox-Whitebox-Prinzip zielführend: Man präsentiert ein vorgefertigtes Produkt (Blackbox), das mit Sinn gefüllt werden muss und damit zur Whitebox wird:

In Abb. 5-5 wird die von Sarah beobachtete relative Häufigkeit h = 0.40 als Punkt im Intervall [0; 1] markiert. Eine Wahrscheinlichkeit p samt zugehörigem (blauem) Prognoseintervall wird langsam auf der Rechtsachse von links nach rechts verschoben und genau dann durch einen eingeblendeten „Zwillingspunkt" dupliziert, wenn die relative Häufigkeit h im Prognoseintervall der Wahrscheinlichkeit p liegt, wenn also das probierte p zum beobachteten h „passt".

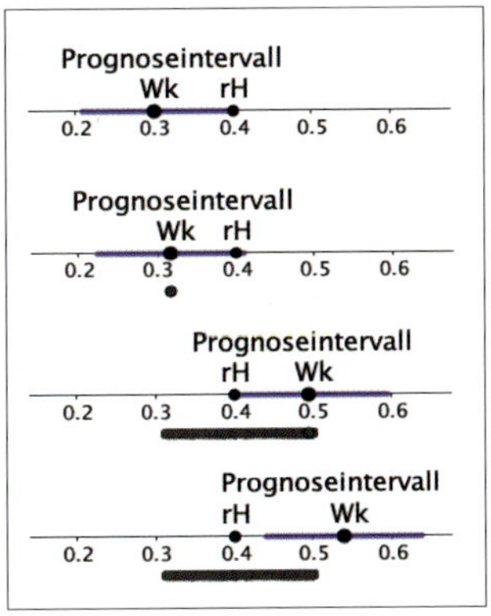

Abb. 5-5: konfidenzintervall-freirubbeln.ggb

Zu jeder relativen Häufigkeit h wird so ein Intervall, das Konfidenzintervall, „freigerubbelt".

Das langsame „Punkt-für-Punkt"-Freirubbeln regt die Begriffsbildung „Konfidenzintervall" an und führt zu einer begrifflich sauberen Definition. Die gewollte numerische Ungenauigkeit wird wieder als Motivationsanker für die Entwicklung einer Formel genutzt.

A

Eine Aufgabenstellung sieht wie folgt aus:

- Beobachtet wurde bei 100 Versuchen die relative Häufigkeit h = 0.4.
- Hannah: „Das Prognoseintervall um p beweist: Ich darf bezweifeln, dass diese relative Häufigkeit von p = 0.3 stammt. Überprüfe durch Nachrechnen."
- Niko: „Wenn ich p auf 0.31 erhöhe, signalisiert der eingeblendete schwarze Zwillingspunkt unterhalb, dass Zweifel nicht mehr gerechtfertigt sind. Das gilt auch gerade noch für p = 0.5." Überprüfe Nikos Aussage durch Nachrechnen und durch Kontrollen auch für einige andere Wahrscheinlichkeiten, dass das Programm korrekt arbeitet.
- Durch Verschieben von p entsteht ein Intervall, das genau diejenigen Wahrscheinlichkeiten enthält, die man nach der Beobachtung von h nicht zu bezweifeln braucht. Es heißt Konfidenzintervall zu h.
- Begründen Sie: Die Grenzen des Konfidenzintervalls sind die Lösungen der Gleichungen

$$0.4 = p \pm 2\frac{\sqrt{p(1-p)}}{\sqrt{n}}.$$

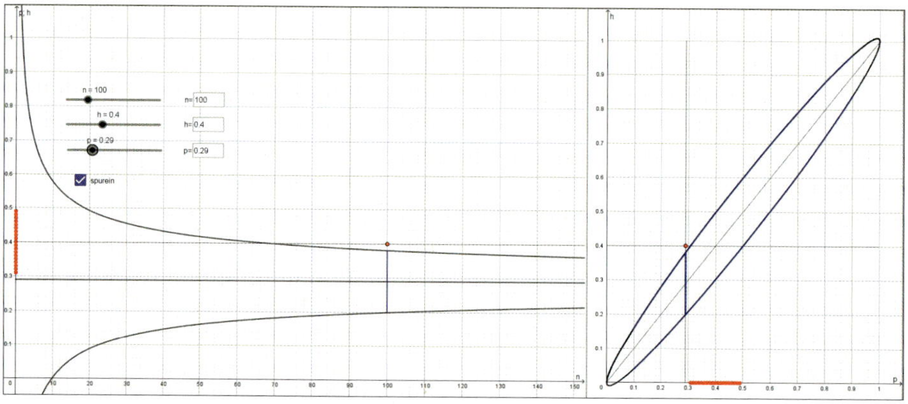

Abb. 5-6: Prognoseintervall (blau) abhängig von n (links), Prognoseintervall abhängig von p (rechts) (wurzeltrichter-ellipse.gbb)

5.5 Dualität

Natürlich haben nicht nur Antonia, Mirjam und Sarah ihre 4er-Legomünzen 100-mal geworfen. Was dabei herauskommt, wenn jeder/jede Gruppe/alle zusammen das zugehörige Konfidenzintervall berechnen, zeigt Abb. 5-7, bei der man die (versuchsweise angesetzte) Wahrscheinlichkeit p auf der Hochachse verschieben kann.

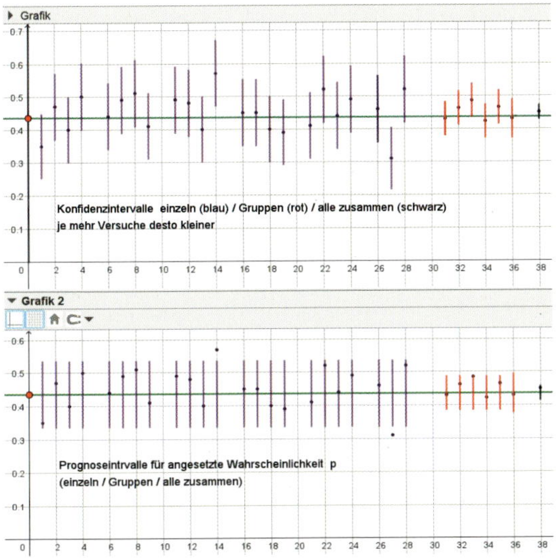

Antonia	35	65	K			
Mirjam	47	53	K			
Sarah	40	60	K			
Julia	50	50	?	43%	57%	K
Julia	44	56	K			
Sophia	49	51	K			
Salvatore	51	49	F			
Theresa	41	59	K	46%	54%	K
Jana	49	51	K			
Alicia	48	52	K			
Luisa	40	60	K			
Lea Maria	57	43	F	49%	52%	K
María	45	55	K			
Thomas	45	55	K			
Carmen	40	60	K			
Moritz	39	61	K	42%	58%	K
Lara	41	59	K			
Peer	52	48	F			
Anna-Sophie	44	56	K			
Johanna	49	51	K	47%	54%	K
Sebastian	46	54	K			
Catrina	31	69	K			
Carina	52	48	F	43%	57%	K
Summe	1035	1265	K	45%	55%	K

Abb. 5-7: (legomuenze-dualitaet.ggb) 23 × 100 Häufigkeiten von Kopf-/Fußlage. oben: Konfidenzintervalle, unten: Prognoseintervalle zu p = 0.44. Weitere Versuche lieferten mit 1793-mal Fußlage in 4097 Würfen einer 4er-Legomünze für p(Fußlage) das Konfidenzintervall [0.422; 0.453].

Die markierte Wahrscheinlichkeit p(Fußlage) = 0.44 wird von „fast" allen (blauen) Konfidenzintervallen überdeckt, nur nicht von Lea-Marias, das liegt wegen h(Fußlage) = 0.57 komplett „darüber" – und Catrinas mit h(Fußlage) = 0.31 liegt komplett darunter. Aber die (roten) Konfidenzintervalle aller sechs Gruppen überdecken 0.44 und auch das Konfidenzintervall des Plenums mit 2300 Versuchen. Damit ist p(Fußlage) = 0.44 ein gutes Modell für die 4er-Legomünze. Gleiches gilt für 0.43 oder 0.45 ... oder alle Wahrscheinlichkeiten des 95.4 %-Konfidenzintervalls [0.42936; 0.47082] ... sofern sie – unter uns gesagt – nicht allzu sehr am Rande liegen. Das vernetzende an der Grafik ist, dass – wenn man die Wahrscheinlichkeit p auf der Hochachse verschiebt – die Dualität zwischen Prognose- und Konfidenzintervallen erlebbar wird:

> Genau dann liegt eine (angenommene) Wahrscheinlichkeit p im Konfidenzintervall einer beobachteten relativen Häufigkeit h, wenn die relative Häufigkeit im Prognoseintervall der Wahrscheinlichkeit p liegt.

Zu begründen, dass das keine Zauberei ist, sondern an der Definition des Konfidenzintervalls liegt, ist für Lernende erfahrungsgemäß herausfordernd.

Alternativ zur Vorgabe $n=100$ kann man individuell so lange würfeln lassen, bis das Bauchgefühl sich „eindeutig“ für $p(\text{Fuß})>0.5$ oder $p(\text{Fuß}) < 0.5$ entscheidet ... und vergleichen, wer von beiden schneller an $p(\text{Fuß})=0.5$ zweifelt: das Bauchgefühl oder das 95.4 %-Prognoseintervall.

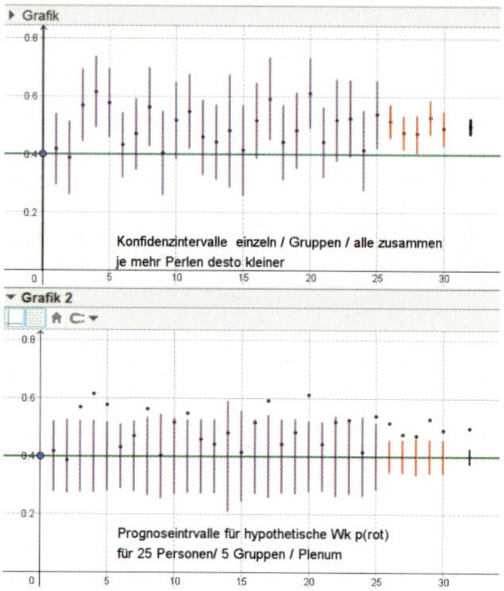

Abb. 5-8: loeffelstichproben-dualitaet.ggb mit einem Löffel gestochene Perlenstichproben unterschiedlicher Größe, oben: Konfidenzintervalle, unten: Prognoseintervalle zu $p = 0.4$.

Wenn jeder statt Legomünzen zu werfen mit dem Löffel eine Probe aus einem Pott mit Perlen sticht und neben der Stichprobengröße n (das ist die Anzahl der gestochenen Perlen) auch die Anzahl r der „roten“ Perlen zählt und aus n und r sein Konfidenzintervall für p(Rot) berechnet, lässt sich der entstehende Spannungsbogen dadurch auflösen, dass man den tatsächlichen Anteil roter Perlen durch Nachzählen bestimmt.

Die Tatsache, dass 5 Schülerinnen und Schüler beim Zählen von 4000 Perlen zu fünf verschiedenen Ergebnissen kommen, relativiert natürlich auch hier wieder die Idee, dass man selbst Laplace-Wahrscheinlichkeiten in der Praxis durch Abzählen tatsächlich genau bestimmen kann. Schnell verschwindet bei einigen Tausend Perlen ein kleiner Teil der Wahrscheinlichkeit unauffindbar auf dem Fußboden. Realistische Mathematik!

Abb. 5-9: Echte Stichproben sticht man mit dem Löffel.

Der abgebildete Pott wurde mit zwei roten und je einer gelben bzw. grünen Tausenderpackung Bügelperlen befüllt. Aber Verpackungsroboter zählen noch deutlich nachlässiger bis 1000 als Fünftklässler!

Ein weiterer Vorteil der Löffelstichproben besteht darin, dass die Strichproben unterschiedlich groß ausfallen und man trefflich über Konsequenzen bei den Prognose- und Konfidenzintervallen streiten kann.

5.6 Resümee

- Das Prognoseintervall zu einer gegebenen Wahrscheinlichkeit enthält relative Häufigkeiten. Es ist zur Wahrscheinlichkeit symmetrisch.
- Da die Wahrscheinlichkeit meist nicht gegeben ist, sondern den Status eines mehr oder weniger brauchbaren Modells der Wirklichkeit besitzt (die man bezweifelt, wenn eine relative Häufigkeit außerhalb des Prognoseintervalls liegt), sammelt man nach Beobachtung einer zufälligen relativen Häufigkeit alle die Wahrscheinlichkeiten, die nicht bezweifelt zu werden brauchen, im Konfidenzintervall.
- Das Konfidenzintervall ist damit genauso zufallsabhängig wie die relative Häufigkeit, aus der es berechnet wurde. Es ist (außer für $h = 0.5$ „ein wenig") unsymmetrisch zur beobachten relativen Häufigkeit.
- Die Länge eines Konfidenzintervalls veranschaulicht die Genauigkeitsskala, auf der man arbeitet (Wahrscheinlichkeiten „misst").
- Wenn eine hypothetische Wahrscheinlichkeit knapp außerhalb des Konfidenzintervalls liegt, kann sie trotzdem ein sehr gutes Modell sein, z. B. dann, wenn das Konfidenzintervall wegen eines hohen Versuchsumfangs sehr klein, die Abweichung trotz statistischer Signifikanz also irrelevant ist.

6 Standardabweichung – Rekursion

Darum geht es – das Wichtigste in Stichworten

- Stellenwert der Standardabweichung σ im Statistik-Curriculum
- Absicherung des $\frac{1}{\sqrt{n}}$-Gesetzes mit der Binomialverteilung
- rekursive Berechnung von Summenverteilungen, invertierte Baumdiagramme
- Additivität der Varianz $V = \sigma^2$
- erzeugende Funktionen

Experimente

- Audio-Tests
- Küchenmaße
- Wartezeiten

6.1 Binomialverteilung, Sigmaregeln

Die folgende Abbildung steht im Zentrum eines jeden Stochastik-Grundkurses:

Sigmaregeln

Für eine binomialverteilte Zufallsgröße X mit den Parametern n und p, dem Erwartungswert $\mu = n \cdot p$ und der Standardabweichung $\sigma = \sqrt{n \cdot p \cdot (1-p)}$ erhält man folgende Näherungen:

1. $P(\mu - \sigma \le X \le \mu + \sigma) \approx 68{,}3\%$
2. $P(\mu - 2\sigma \le X \le \mu + 2\sigma) \approx 95{,}4\%$
3. $P(\mu - 3\sigma \le X \le \mu + 3\sigma) \approx 99{,}7\%$
4. $P(\mu - 1{,}64\sigma \le X \le \mu + 1{,}64\sigma) \approx 90\%$
5. $P(\mu - 1{,}96\sigma \le X \le \mu + 1{,}96\sigma) \approx 95\%$
6. $P(\mu - 2{,}58\sigma \le X \le \mu + 2{,}58\sigma) \approx 99\%$

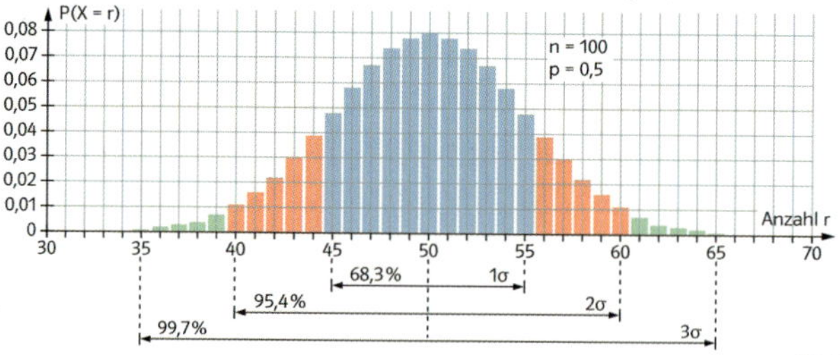

Fig. 2

p = 0,4			
n	P_σ	$P_{2\sigma}$	$P_{3\sigma}$
200	0,652	0,949	0,997
400	0,668	0,954	0,997
600	0,682	0,954	0,997
800	0,670	0,953	0,997
1000	0,683	0,951	0,997
1200	0,669	0,952	0,997
1400	0,687	0,954	0,997
1600	0,680	0,956	0,997
1800	0,676	0,954	0,997
2000	0,674	0,953	0,997
MW	0,674	0,953	0,997

Fig. 1

Abb. 6-1: Visualisierung der Sigmaregeln und der Glockenform der Binomialverteilung in einem Schulbuch (Quelle: Lambacher-Schweizer ISBN: 978-3-12-735441-6, S. 288)

Sie zeigt, dass die Konturen der Säulendiagramme von Binomialverteilungen glockenförmig sind. Der Erwartungswert $\mu = n \cdot p$ und die Standardabweichung $\sigma = \sqrt{n \cdot p \cdot (1-p)}$, haben die Bedeutung von Lageparametern, die beim händischen Skizzieren der „Histogramm-Konturen“ helfen:

μ ist die Maximalstelle und die Interpretation als Erwartungswert macht insbesondere dann keine Probleme, wenn μ ganzzahlig ist, bei $\mu \pm \sigma$ liegen die „Wendestellen der glockenförmigen Kontur“[7], innerhalb der Wendestellen liegt die Trefferzahl mit ca. 68 % Wahrscheinlichkeit.

Einen Eindruck von der Güte der angegebenen Näherungen erhält man durch numerische Kontrollrechnungen mithilfe der Binomialverteilung, die jedes elektronische Rechenhilfsmittel kennt.

p											
0.4											
n	μ	sigma	1-Sigma-Intervall		P_σ	2-Sigma-Intervall		$P_{2\sigma}$	3-Sigma-Intervall		$P_{3\sigma}$
200	80	6.93	73.07	86.93	0.652	66.14	93.86	0.949	59.22	100.78	0.997
400	160	9.80	150.20	169.80	0.668	140.40	179.60	0.954	130.61	189.39	0.997
600	240	12.00	228.00	252.00	0.682	216.00	264.00	0.954	204.00	276.00	0.997
800	320	13.86	306.14	333.86	0.670	292.29	347.71	0.953	278.43	361.57	0.997
1000	400	15.49	384.51	415.49	0.683	369.02	430.98	0.951	353.52	446.48	0.997
1200	480	16.97	463.03	496.97	0.669	446.06	513.94	0.952	429.09	530.91	0.997
1400	560	18.33	541.67	578.33	0.687	523.34	596.66	0.954	505.01	614.99	0.997
1600	640	19.60	620.40	659.60	0.680	600.81	679.19	0.956	581.21	698.79	0.997
1800	720	20.78	699.22	740.78	0.676	678.43	761.57	0.954	657.65	782.35	0.997
2000	800	21.91	778.09	821.91	0.674	756.18	843.82	0.953	734.27	865.73	0.997

Abb. 6-2: Wahrscheinlichkeiten der 1-; 2-; 3-Sigma-Intervalle: ~68.3 %; ~95.4 %, ~99.7 %

Da sich die Wahrscheinlichkeiten nicht ändern, wenn man bei der Näherung $P(np - k\sqrt{np(1-p)} \leq X \leq np + k\sqrt{np(1-p)}) \approx 68.3\,\%;\ 95.4\,\%;\ 99.7\,\%$ für $k = 1;\ 2;\ 3$ in der Klammer durch n teilt, ergibt sich für die relativen Trefferhäufigkeiten $\overline{X} = \frac{X}{n}$

$$P\left(p - k\,\frac{\sqrt{p(1-p)}}{\sqrt{n}} \leq \overline{X} = \frac{X}{n} \leq p + k\,\frac{\sqrt{np(1-p)}}{\sqrt{n}}\right) \approx 68.3\%;\ 95.4\%;\ 99.7\% \text{ für } k = 1;\ 2;\ 3$$

Max notiert in seinem Merkheft fachsprachlich nicht ganz sauber, aber einprägsam:

„Die Säulendiagramme der absoluten Häufigkeiten werden immer breiter und flacher, sie laufen nach rechts weg, wenn man n erhöht. Die Säulendiagramme der relativen Häufigkeiten laufen nicht mehr weg, sie konzentrieren sich bei p.“

7 Diese Formulierung versteht sich allegorisch, da die Normalverteilung in Grundkursen nicht thematisiert wird.

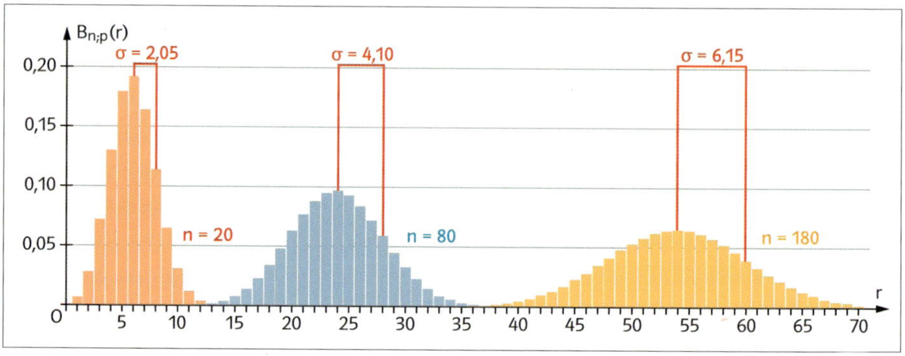

Abb. 6-3: Säulendiagramme der absoluten Häufigkeiten.

Damit ist das in der Sekundarstufe I experimentell entdeckte $\frac{1}{\sqrt{n}}$-Gesetz abgesichert.

Im einem *Minimalcurriculum*, das sich auf Binomialverteilungen beschränkt, ist „Standardabweichung" damit nicht mehr als eine Bezeichnung für den Term $\sqrt{np(1-p)}$.

Der Beweis, dass sie sich aus der Formel (3) $\sigma = \sqrt{\Sigma_i (x_i - \mu)^2 p(i)}$ ergibt, wenn man $x_i = i$, $\mu = np$ und $p(i) = B_{n;p}(i)$ einsetzt, bringt keinen Erkenntniszuwachs.

Zudem überzeugt die Begründung des Quadrierens und anschließenden Wurzelziehens in Abb. 6-4 nicht. Man muss dazu Summenexperimente wie in 6.2 thematisieren.

Boxplots sind für Schülerinnen und Schüler sinnvoll, weil sie Fragen beantworten und leicht interpretierbare Informationen liefern: In der Box liegt die mittlere Hälfte der Daten.
Im Gegensatz dazu werfen die Formeln der Standardabweichung mehr Fragen auf als sie beantworten. Dass das Quadrieren die Abweichungen der Daten vom Mittelwert $\bar{x}$ positiv macht und dafür sorgt, dass sie sich nicht gegenseitig kompensieren, ist nachvollziehbar.
Aber die übliche Begründung für den Wurzelterm „damit die Einheiten stimmen, wenn die Daten z. B. in cm gemessen werden", führt zur Gegenfrage: Warum nicht einfach mit Beträgen rechnen?

(1) $s = \sqrt{\Sigma_i \frac{1}{n}(x_i - \bar{x})^2}$ (2) $s = \sqrt{\Sigma_i (x_i - \bar{x})^2 h(x_i)}$ (3) $\sigma = \sqrt{\Sigma_i (x_i - \mu)^2 p(i)}$

Abb. 6-4: Die Formel für die Standardabweichung lässt sich im Rahmen beschreibender Statistik nicht überzeugend begründen. Dafür braucht es Summenexperimente wie in 6.2, einen Forschungsauftrag wie in 6.4 – oder einen Sprung in die Regressionsrechnung (Kap. 11).

6.2 Summenexperimente: Ein Blick hinter die Kulissen

Statt Münzen zu werfen, rollen wir nun Würfel, statt Treffer zu zählen, summieren wir Punkte. Dem Motto entsprechend „Wer Münzen wirft und Würfel rollt, der spielt mit wichtigen Modellen“, stellen wir uns dabei vor, dass der Erwartungswert μ (beim Laplacewürfel ist $\mu = 1 \cdot \frac{1}{6} + 2 \cdot \frac{1}{6} + \dots + 6 \cdot \frac{1}{6} = 3.5$) für den *exakten* Wert einer Größe steht, etwa eine Länge in Metern oder einen Spritverbrauch (in Litern auf 100 km) … und deuten die gewürfelten Punkte als – mit zufälligen Fehlern behaftete – Werte, die mal unter, mal über dem „wahren“ Wert (dem Erwartungswert) liegen. „Mittelwerte streuen weniger um den wahren Wert als einzelne Messwerte“, sagt unser Bauchgefühl. Das ist der Grund für die alltägliche Omnipräsenz von Mittelwerten. Und dem Zusammenhang kommt man durch das Würfeln z. B. mit folgenden Objekten, auf die Schliche.

K13 {=SUMME(J4:J11*K4:K11)}

	A	B	C	D	E	F	G	H	I	J	K
1											
2		"Münze"		4 "Münzen"		Würfel		Quader		Mutter	
3	i	p(i)	$(i-\mu)^2p(i)$	p(i)	$(i-\mu)^2p(i)$	p(i)	$(i-\mu)^2p(i)$	p(i)	$(i-\mu)^2p(i)$	p(i)	$(i-\mu)^2p(i)$
4	0	q	$(p-0)^2q$	$1p^0q^4$	$(0-4p)^2 \cdot p^0q^4$					0.02	12.25
5	1	p	$(1-p)^2p$	$4p^1q^3$	$(1-4p)^2 \cdot 4p^1q^3$	0.17	6.25	0.11	6.25	0.02	6.25
6	2			$6p^2q^2$	$(2-4p)^2 \cdot 6p^2q^2$	0.17	2.25	0.08	2.25	0.02	2.25
7	3			$4p^3q^1$	$(3-4p)^2 \cdot 4p^3q^1$	0.17	0.25	0.31	0.25	0.44	0.25
8	4			$1p^4q^0$	$(4-4p)^2 \cdot p^4q^0$	0.17	0.25	0.31	0.25	0.44	0.25
9	5					0.17	2.25	0.08	2.25	0.02	2.25
10	6					0.17	6.25	0.11	6.25	0.02	6.25
11	7									0.02	12.25
12	μ	p		4p		3.5		3.5		3.5	
13	σ^2		$p \cdot q$		$4p \cdot q$		2.92		1.89		1.05
14	σ		$\sqrt{(p \cdot q)}$		$\sqrt{(4p \cdot q)}$		1.71		1.37		1.02

Abb. 6-5: Die in Zelle K13 eingeblendete Formel zeigt die Berechnung der Varianz eines „Schraubenmutterwürfels“ mit den Seiten 0 … 7. Wenn man die Schraubenmutter „platt“ macht, wird sie zur Münze, wenn man sie lang macht, zum Würfel.

Zum Studium von Mittelwerten braucht man die Wahrscheinlichkeitsverteilungen der Punktsummen, für die es keine Binomialverteilungsformel mehr gibt. Man kann sie aber rekursiv berechnen. Schülerinnen und Schüler finden schnell heraus, wie das geht, wenn man (wieder dem Blackbox-Whitebox-Prinzip folgend) eine Tabelle wie Abb. 6-6 vorgibt und fragt: „Wie ergibt sich die Wahrscheinlichkeitsverteilung der dreifachen Punktsumme in Spalte D aus der Verteilung der zweifachen Punktsumme in Spalte C?“ – oder noch konkreter: „Wie berechnet die Tabellenkalkulation die Wahrscheinlichkeit $P(S_3 = 10)$ dafür, dass man nach 3 Würfen eines Schraubenmutterwürfels die Punktsumme 10 erhält, aus der Wahrscheinlichkeitsverteilung der Punktsumme S_2 nach 2 Würfen?“

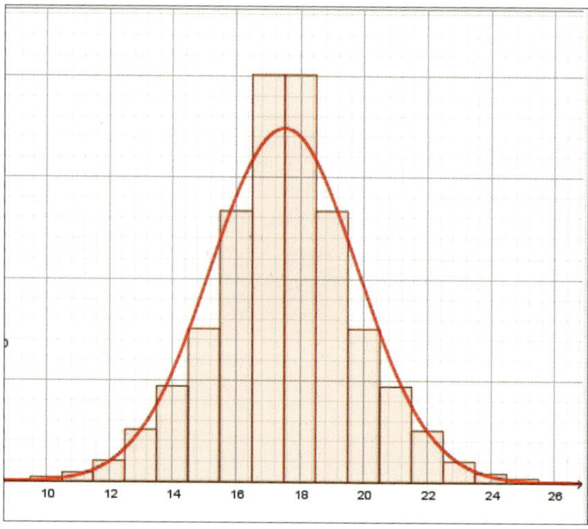

D14 =C14 \$B\$4 + C13 \$B\$5 + C12 \$B\$6 +

	A	B	C	D	E	F
1	μ	3.5	7	10.5	14	17.5
2	σ	1.025	1.449	1.775	2.049	2.291
3		$X = S_1$	S_2	S_3	S_4	S_5
4	0	0.02	0	0	0	0
5	1	0.02	0.001	0	0	0
6	2	0.02	0.001	0	0	0
7	3	0.44	0.018	0.001	0	0
8	4	0.44	0.036	0.002	0	0
9	5	0.02	0.036	0.003	0	0
10	6	0.02	0.213	0.014	0.001	0
11	7	0.02	0.39	0.037	0.002	0
12	8		0.213	0.048	0.004	0
13	9		0.036	0.123	0.012	0.001
14	10		0.036	0.273	0.031	0.002
15	11		0.018	0.273	0.051	0.005
16	12		0.001	0.123	0.09	0.01
17	13		0.001	0.048	0.185	0.026

Abb. 6-6: Rekursive Berechnung von Summenverteilungen, hier für eine Schraubenmutter mit 8 Seiten, die mit den Augenzahlen 0 ... 7 beschriftet und mit den Wahrscheinlichkeiten aus der Tabellenspalte B belegt sind (faltung-rekursiv.ggb und faltung-rekursiv.xlsx).

Als Antwort entdecken und begründen Schülerinnen und Schüler folgende Rekursionsformel, die sich als eine Kombination aus Pfad- und Summenregel entpuppt: $P(S_3{=}10) = P(S_2{=}10) \cdot p(0) + P(S_2{=}9) \cdot p(1) + \ldots + P(S_2{=}3) \cdot p(7)$:

Entweder hatte man nach 2 Würfen 10 Punkte und im dritten Wurf kamen 0 Punkte dazu oder man hatte nach 2 Würfen 9 Punkte und im dritten Wurf kam ein Punkt dazu ... oder man hatte nach zwei Würfen 3 Punkte und im dritten Wurf kamen 7 Punkte hinzu. Allgemein gilt die „Faltungsformel“ $P(S_n{=}x) = P(S_{n-1}{=}x) \cdot p(0) + P(S_{n-1}{=}x-1) \cdot p(1) + \ldots + P(S_{n-1}{=}x-7) \cdot p(7)$. Bei der Rekursion, also der Vorstellung davon, wie die nächste Verteilung aus der vorhergehenden berechnet wird, handelt es sich um eine fundamentale Idee, die auch in der Bayes'schen Statistik trägt, wenn man studiert, wie hinzukommende Informationen eine bestehende subjektive Wahrscheinlichkeitsverteilung verändert und ebenso bei der rekursiven Berechnung von Markoffketten.

	$X = S_1$	S_2	Pfad	S_3	a-post
0	0.02	0		0	
1	0.02	0.001		0	
2	0.02	0.001		0	a-post
3	0.44	0.018	0.02	0.001	0.001
4	0.44	0.036	0.02	0.002	0.003
5	0.02	0.036	0.02	0.003	0.003
6	0.02	0.213	0.44	0.014	0.344
7	0.02	0.39	0.44	0.037	0.629
8		0.213	0.02	0.048	0.016
9		0.036	0.02	0.123	0.003
10		0.036	0.02	0.273	0.003

Abb. 6-7: Invertiertes Baumdiagramm/ Faltung

In all diesen Fällen wird die Rekursion durch invertierte Baumdiagramme visualisiert, die zurückschauen und die Wahrscheinlichkeiten sammeln, die in einem „Punkt" zusammenfließen. (Normale Baumdiagramme schauen nach vorne, sie verteilen Wahrscheinlichkeiten.)

Zeile 1 der Tabelle aus Abb. 6-6 zeigt: Der Erwartungswert μ ist proportional zur Summandenzahl n, Zeile 2 zeigt: Die Standardabweichung σ ist proportional zur Wurzel aus n: (*) $\mu_n = n \cdot \mu$, $\sigma_n = \sqrt{n} \cdot \sigma$.

Durch Abändern der Ausgangsverteilung in Spalte B der Kalkulationstabelle werden die fließenden Übergänge zur Binomialverteilung deutlich: Setzt man $p(1) = p$ („Trefferwahrscheinlichkeit") und $p(0) = 1 - p = q$ („Nietenwahrscheinlichkeit"), dann realisiert die Tabelle die rekursive Berechnung der Binomialverteilung $B_{n;p}(x) = p \cdot B_{n-1;p}(x-1) + q \cdot B_{n-1;p}(x)$ und die Formeln $\mu_n = n \cdot p$ und $\sigma_n = \sqrt{n \cdot p \cdot (1-p)}$ ergeben sich als Spezialfälle von (*).

Die Schraubenmutter lässt sich in Gedanken aber auch zu einem Laplacewürfel verformen, indem man die Wahrscheinlichkeiten der „flachen" Seiten 3, 4 auf 0 setzt. Oder man geht in Spalte B von einem Vierfachmünzwurf $B_{4;p}$ aus und erhält in Spalte F automatisch $B_{20;p}$. Restlos überzeugend wird die Standardabweichung σ für Schülerinnen und Schüler dadurch, dass sie mit $\varphi_{\mu;\sigma}$ den Term der zugehörigen Glockenkontur liefert und damit die erstaunliche Universalität des zentralen Grenzwertsatzes in einem einzigen Tabellenblatt greifbar macht. Die Sigmaregel $P(n\mu - 2\sqrt{n}\,\sigma \leq S \leq n\mu + 2\sqrt{n}\,\sigma) \approx 95.4\,\%$ bestätigt man durch Auszählen der Tabellenspalten – und wenn man in der Klammer durch n teilt, erhält man für den Mittelwert $\overline{S}$ der Punktsumme $P(\mu - 2\frac{\sigma}{\sqrt{n}} \leq \overline{S} \leq \mu + 2\frac{\sigma}{\sqrt{n}}) \approx 95.4\,\%$.

Damit schließt sich der Bogen zur eingangs erwähnten Omnipräsenz der Mittelwerte, die auch beim Messen unbekannter Größen die Messgenauigkeit verdoppeln, wenn man den Stichprobenumfang vervierfacht.

Erfahrungsgemäß steigert das Erstaunen über die „erlebten" Zusammenhänge die Bereitschaft, in die Tiefe zu gehen und auch formale Darstellungen wie die Beweisskizze aus Abb. 6-8 zur Additivität der Varianz beim Summieren unabhängiger Zufallsgrößen zu entschlüsseln.

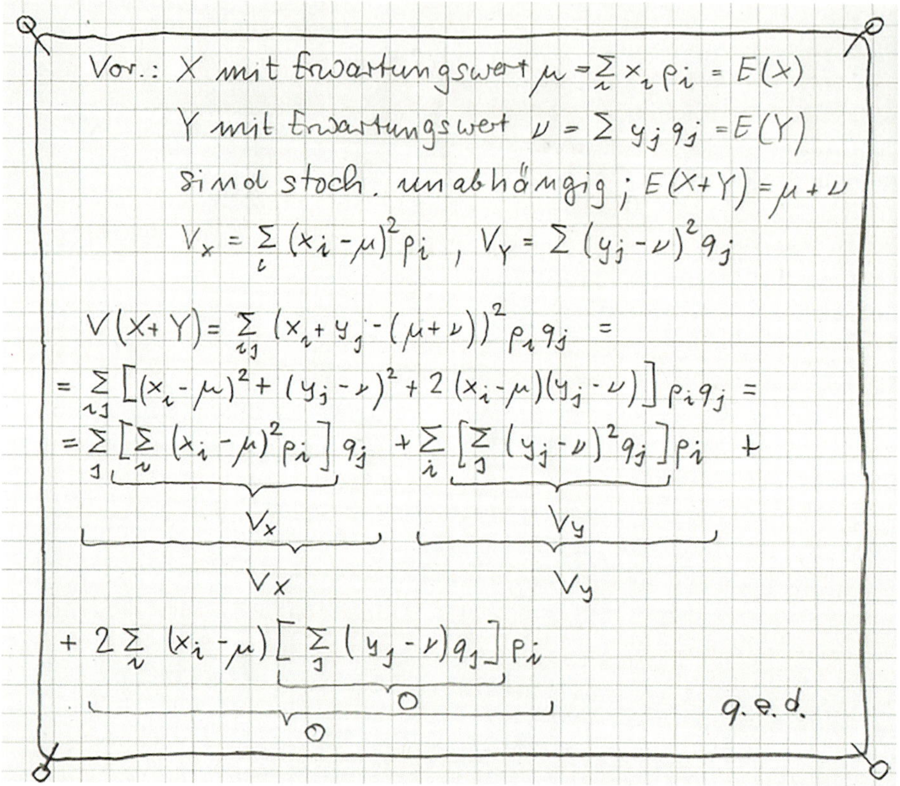

Abb. 6-8: Beweisskizze zur Additivität der Varianz

Das gilt auch für den folgenden Brückenschlag zur Analysis, der durch die Verfügbarkeit entsprechender elektronischer Rechenhilfsmittel sehr attraktiv geworden ist.

6.3 Vertiefung: Rekursion und erzeugende Funktionen

Inhaltlich haben Polynome nichts mit Wahrscheinlichkeitsverteilungen zu tun. Aber wenn man Polynome miteinander multipliziert, verhalten sich die Koeffizienten von der algebraischen Struktur her genau wie die Wahrscheinlichkeitsverteilungen beim Falten.

Wenn man beispielsweise dem Bernoulliexperiment mit Trefferwahrscheinlichkeit p (also der Binomialverteilung $B_{1;p}$) das Polynom $ef_1(x) = qx^0 + px^1$ zuordnet, ist dessen dritte Potenz
$ef_3(x) = ef_1{}^3(x) = (qx^0 + px^1)^3 = q^3x^0 + 3pq^2x^1 + 3p^2qx^2 + p^3x^3$.

Die Koeffizienten dieses Polynoms sind die zu $B_{3;p}$ gehörenden Wahrscheinlichkeiten.

Da Rechenhilfsmittel wie GeoGebra Polynome auch symbolisch miteinander multiplizieren und die Koeffizienten in Listen „einsammeln" können, berechnen sie auch Faltungen von Wahrscheinlichkeitsverteilungen, mit denen man dann die Summenverteilungen genauso bequem mit den zugehörigen Normalverteilungen vergleichen und die Güte der Sigmaregeln kontrollieren kann wie bei der Binomialverteilung.

In GeoGebra verfährt man für den Schraubenmutterwürfel wie folgt: Man definiert mit den Wahrscheinlichkeiten aus Spalte B von Abb. 6-6 das Polynom $ef_1(x) = \mathbf{0.02}x^0 + \mathbf{0.02}x^1 + \mathbf{0.02}x^2 + \mathbf{0.44}x^3 + \mathbf{0.44}x^4 + \mathbf{0.02}x^5 + \mathbf{0.02}x^6 + \mathbf{0.02}x^7$ und speichert seine Koeffizienten – und auch die Koeffizienten seiner Potenzen – in Listen: l1=Koeffizienten(ef_1), l2=Koeffizienten($ef_1^{\,2}$), l3 = Koeffizienten($ef_1^{\,3}$), die man zur Prüfung der Sigmaregeln weiter verarbeiten oder auch als Verteilungen grafisch darstellen kann. Und das ist dann ohne Rekursion genauso komfortabel wie das Arbeiten mit der Binomialverteilung.

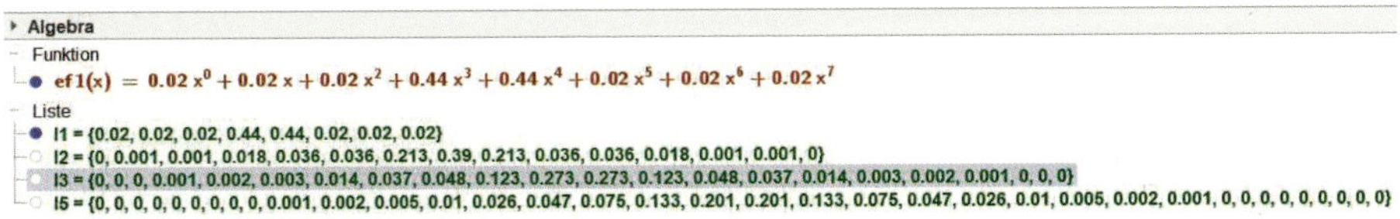

Abb. 6-9: Das Potenzieren erzeugender Funktionen mit anschließendem „Einsammeln" der Koeffizienten liefert die Summenverteilung (also die Spalten der Rekursionstabelle aus Abb. 6-6) (faltung-mit-erzeugender-funktion.ggb).

6.4 Audiotest, Abstandssummen und der zentrale Grenzwertsatz

Wie gut lassen sich unterschiedliche Audio-Qualitäten tatsächlich hören? Diese Frage soll durch ein Experiment beantwortet werden, bei dessen Auswertung die Theorie der Summenexperimente nützlich wird.

6.4.1 Experiment

Ein Versuchsleiter speichert den kurzen Ausschnitt eines Musikstücks als wav-Datei (das ist die höchste Qualitätsstufe) und komprimiert diese anschließend als mp3-Datei mit 64 bit/s (das spart Speicherplatz), 128 bit/s (Standardqualität) und 192 bit/s (hochwertige Qualität).

Dann „würfelt er mit einem Laplace'schen Zufallsgenerator eine Playliste mit 20 Qualitätsstufen aus: Bei „1" wird die wav-Datei, bei „2" die 192er-mp3-Datei, bei „3" die 128er-mp3-Datei und bei „4" die 64er-mp3-Datei in die Playliste eingereiht.

Es ist also für die Zuhörenden nicht bekannt, welche Qualitäten in welcher Reihenfolge in der Playliste stehen. Es kann passieren, dass nicht alle Qualitätsstufen vorkommen, denn jede der Qualitätsstufen wird beim Auswürfeln der Playliste nur mit der Wahrscheinlichkeit $\frac{1}{4}$ ausgewählt.

Das macht das Hörexperiment anspruchsvoll. Eine Kopiervorlage des Testbogens und Audiodateien in vier Qualitätsstufen mit Playlisten finden sich im Download.

	Musikstück 1				Auswertung		
	1 = CD	2 = 192	3 = 128	4 = 64	tatsächlich	r/f (= 0/1)	Abstand D
1							
2							
3							
4							

Abb. 6-10: Audio-Testbogen. In die letzte Spalte kann man bei der späteren Auswertung auch den Abstand zwischen gehörter und tatsächlicher Qualitätsstufe eintragen.

6.4.2 Treffersummen (Binomialverteilung)

Wenn jemand tatsächlich keinen Unterschied hört (in Anlehnung an den Begriff Nullhypothese bezeichnen wir den Kandidaten als Nullhörer), entspricht das Ausfüllen des Testbogens einem zufälligen Ankreuzen. Die Trefferzahl X ist dann $B_{20;\,1/4;}$ binomialverteilt mit dem Erwartungswert 5 (Treffer)[8] und man kann die Trefferzahl zur Beurteilung des Hörvermögens heranziehen. Nach der 2σ-Regel erwartet man dann mit ca. 95 %iger Sicherheit eine Trefferzahl im Intervall [2; 8].

Die Realität in einer Gruppe mit 110 Probanden, der die Cerubino-Arie aus Mozarts Figaro über eine hochwertige Musikanlage zu Gehör gebracht wurde, sieht wie folgt aus:

8 Auch wenn der Kandidat nicht zufällig, sondern systematisch, z. B. immer wav (1) ankreuzt, ist die Treffersumme $B_{20;\,1/4}$ binomialverteilt, weil die Qualitätsstufen zufällig ausgewürfelt wurden.

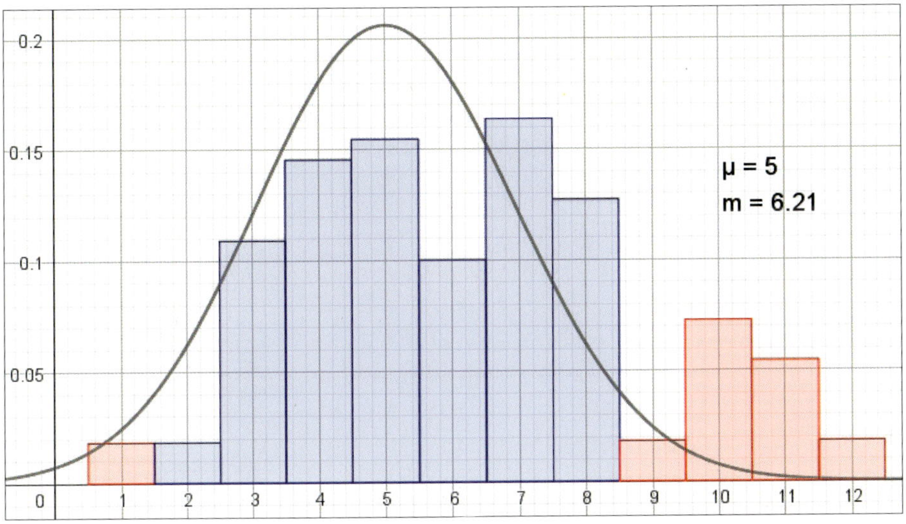

Abb. 6-11: Verteilung der erreichten Trefferzahlen im Vergleich zum Binomialverteilungsmodell $B_{20;\,1/4}$

Die Häufigkeitsverteilung ist gegenüber dem Nullhörermodell $B_{20;\,1/4}$ in Richtung höherer Trefferzahlen verschoben: 18 der 110 Testteilnehmer lagen mit ihren Trefferzahlen oberhalb des 2σ-Intervalls zu $\mu = 5$. Das gibt für diese Personen Anlass, das Nullhörermodell zu bezweifeln (vgl. Abschnitt 4.4.4).

Durch Zusammenfassen von Qualitätsstufen kann man im Rahmen von Übungsaufgaben die Versuchsergebnisse auch Binomialmodellen mit anderen Trefferwahrscheinlichkeiten ($p = \frac{1}{2}$ oder $p = \frac{1}{3}$) gegenüberstellen, ohne dass neue Versuche durchgeführt werden müssen.

6.4.3 Abstandssummen

Schülerinnen und Schüler sind mit dem Zählen der Treffer als Kriterium für gutes Gehör oft unzufrieden, weil jemand, der bei tatsächlicher Qualitätsstufe 1 (wav) die Stufe 2 (mp192) ankreuzt, besser hört als jemand, der die Stufe 4 (mp64) ankreuzt.

Wenn man nur Treffer zählt, wird dieser Unterschied aber nicht berücksichtigt.

Die Lernenden schlagen daher vor, die Abstände zwischen angekreuzter und tatsächlicher Qualitätsstufe zum Kriterium zu machen. Im ersten Fall ist der Abstand $|1-2| = 1$, im zweiten Fall $|1-4| = 3$. Die Abstände werden aufsummiert und ergeben bei 20 Hörproben Abstandssummen zwischen 0 (nur Treffer) und $20 \cdot 3 = 60$ (immer zwei Stufen daneben).

Das ist wie bei der Beurteilung des Laplace-Modells beim Würfeln mit Bleistiften. Auch dort finden sich viele sinnvolle Kriterien zur Beurteilung der Modellgüte.

Die Testbögen werden erneut ausgewertet (letzte Spalte in Abb. 6-10). Um die Ergebnisse bewerten zu können, braucht man aber die Verteilung der Summe aus den 20 Abständen, die zu einem zufällig ankreuzenden Nullhörer gehört.

eine Hörprobe:

Wenn ein Nullhörer die vier Qualitätsstufen mit gleicher Wahrscheinlichkeit zufällig ankreuzt („Zufälligankreuzer"), dann gibt es 16 gleich wahrscheinliche Kombinationen, von denen vier zum Abstand 0, sechs zum Abstand 1, vier zum Abstand 3 und zwei zum Abstand 4 führen. Damit ergibt sich für einen Summanden die Verteilung aus Abb. 6-12 mit $\mu_1 = 1.25$ und $\sigma_1 = 0.9375$.

		angekreuzt			
		1	2	3	4
tat-sächlich	1	0	1	2	3
	2	1	0	1	2
	3	2	1	0	1
	4	3	2	1	0
Abst.	0	1	2	3	
Wk.	0.25	0.375	0.25	0.125	

Abb. 6-12: Verteilung eines Summanden mit $\mu_1 = 1.25$ und $\sigma_1 = 0.9375$

20 Hörproben:

Mithilfe der Programme faltung.ggb oder faltung-mit-erzeugender-funktion.ggb aus Abb. 6-6 bzw. 6-9 erhält man für Zufälligankreuzer die Punktsummenverteilung aus Abb. 6-13, die zum Vergleich auch die Normalverteilung mit $\mu_{20} = 20\,\mu_1 = 25$ und $\sigma_{20} = \sqrt{20} \cdot \sigma_1 \approx 4.1927$ zeigt.

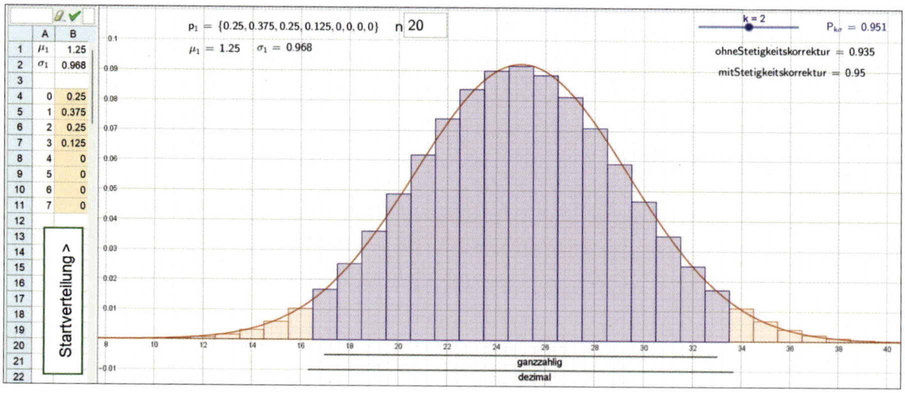

Abb. 6-13: Datei faltung-mit erzeugender-funktion.ggb: Die Wahrscheinlichkeitsverteilung der Abstandssumme eines Zufälligankreuzers mit k · σ-Umgebung (k = 2). Die Abstandssumme liegt mit 95.1 % in [17; 33]. Dadurch, dass die zugehörige Normalverteilung eingeblendet und k variabel ist, visualisiert das Programm auch die Aussage des zentralen Grenzwertsatzes und die Güte der Sigmaregeln auch für beliebig variierbare Startverteilungen.

Danach liegt die Abstandssumme bei Zufälliganakreuzern mit ca. 95 %iger Sicherheit im Intervall [17; 33]. Wie Abb. 6-14 zeigt, gibt es in der Versuchsgruppe etliche Teilnehmer (18 von 110), die deutlich (statistisch signifikant) besser abschneiden als Zufälliganakreuzer, aber nur wenige (3 von 110), die schlechter abschneiden.

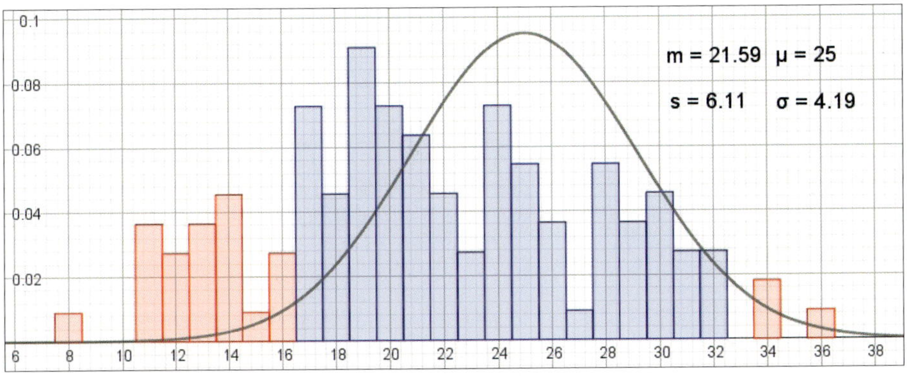

Abb. 6-14: Qualitätsabstandssummen bei 110 Testkandidaten

In der Tat zeigt Abb. 6-14, dass die Verteilung der Abstandssummen (Mittelwert 21.56) verglichen mit der Wahrscheinlichkeitsverteilung von Zufälliganakreuzern (Erwartungswert 25) in Richtung kleinerer Abstände verschoben ist. Die Testgruppe (aus 110 Personen) schneidet insgesamt besser ab als die Hypothese „Zufälliganakreuzer" erwarten lässt.

6.4.4 „Systemankreuzer" und die Tendenz zur Mitte

Ob ein Nullhörer die Testgröße „Abstandssumme" zwischen tatsächlichen und angekreuzten Audioqualitäten durch strategisches Ankreuzen verkleinern kann? Wie sähe die Wahrscheinlichkeitsverteilung der Abstandssummen eines Nullhörers aus, der die Kreuzchen nicht zufällig setzt, wie in 6.4.3 angenommen, sondern als „Systemankreuzer" immer bei wav (1) oder immer bei MP3-194 (2)? Wieder eine gute Frage!

Um darauf eine Antwort zu finden, betrachtet man im oberen Teil von Abb. 6-12 nur die erste bzw. zweite Spalte – und sieht in Abb. 6-15, wie sich dadurch die Wahrscheinlichkeitsverteilung des Abstandes bei einem Musikstück verändert.

Abstand ->	0	1	2	3	μ	σ
Wk. Zufälliganakreuzer	0.3	0.38	0.3	0.13	1.3	0.938
Wk. Wav (1)-Ankreuzer	0.3	0.25	0.3	0.25	1.5	1.25
Wk. 192 (2)-Ankreuzer	0.3	0.5	0.3	0	1	0.5

Abb. 6-15

Wenn man diese in der Datei zu Abb. 6-13 als Startverteilungen nutzt, erhält man die Glocken aus Abb. 6-16 und erkennt: Wer stets Qualitätsstufe 2 ankreuzt, erhält geringere Abstandssummen als ein ZufälliganIkreuzer.

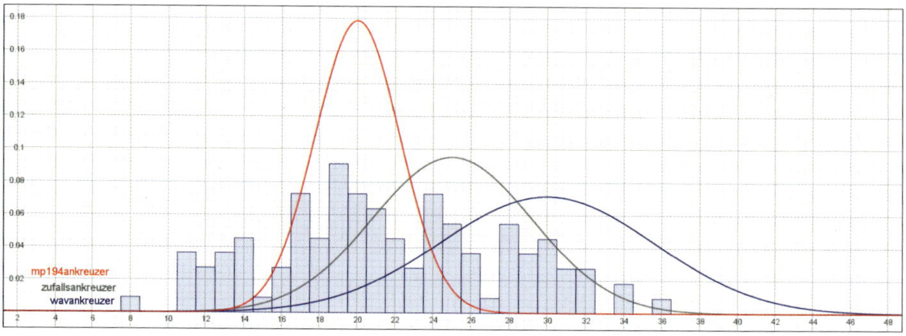

Abb. 6-16: Die Glocken zeigen die Wahrscheinlichkeitsverteilungen der Abstandssummen eines Nullhörers bei unterschiedlichen Antwortstrategien. Die Säulen zeigen die tatsächliche Verteilung zum Vergleich.

Dann liegen die Abstandssummen mit ca. 95 % Wahrscheinlichkeit im Intervall [14; 26]. Durch systematisches Ankreuzen der mittleren Qualitäten (192 oder 128) kann somit auch ein Nullhörer seine Abstandssumme gegenüber einem Zufälligankreuzer verkleinern.

Und tatsächlich zeigt eine Auswertung der Fragebögen (vgl. Abb. 6-17), dass die mittleren Qualitätsstufen intuitiv etwas häufiger angekreuzt wurden.

Damit stellt sich natürlich die Frage, wie viele der 18 „Hörprofis“ mit Abstandssummen unter 17 ihr gutes Ergebnis möglicherweise nur durch häufiges Ankreuzen mittlerer Qualitäten „erschlichen“ haben.

Auf die Trefferzahl wirkt sich die Strategie, „eher die Mitte anzukreuzen“, nicht aus. Deswegen ist die Trefferzahl entgegen der Intuition möglicherweise doch die sinnvollere Testgröße.

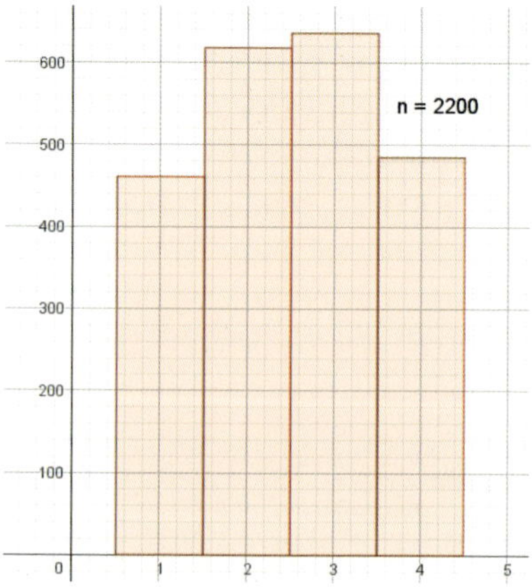

Abb. 6-17:
Die mittleren Qualitätsstufen 2 und 3 wurden häufiger angekreuzt.

6.5 Die Standardabweichung in der beschreibenden Statistik?

Rückblickend erkennt man, dass sich der „tiefere" Sinn der Standardabweichung als Streuungsmaß erst im Rahmen der Wahrscheinlichkeitsrechnung zeigt, nicht im Rahmen beschreibender Statistik. Dort wirft die Formel mehr Fragen auf als sie beantwortet.

Erst wenn man die Theorie kennt, wird deutlich, dass die empirische Standardabweichung $s=\sqrt{\sum_i (i-\overline{x})^2 h(i)}$ den Modellparameter $\sigma=\sqrt{\sum_i (i-\mu)^2 p(i)}$ einer möglicherweise passenden Gauß-Glocke (und damit der möglicherweise passenden Sigmaumgebungen) schätzt, weil aus $\overline{x} \approx \mu$, $h(i) \approx p(i)$ auch $s \approx \sigma$ folgt. Aber in der Regel kennen Schülerinnen und Schüler im Rahmen der beschreibenden Statistik die Normalverteilung noch nicht.

Deswegen ist es zielführend, den Spieß umzudrehen und die gewagte (deswegen in der beschreibenden Statistik meist verschwiegene) Sigmaregel als Hypothese zum Untersuchungsgegenstand zu machen:

A

Hypothese und Forschungsauftrag

Statistiker erwarten „normalerweise" – unter günstigen Umständen – bei glockenförmig verteilten Daten ... etwa 68 % der Daten im Intervall $[\overline{x} - 1s; \overline{x} + 1s]$ und etwa 95 % im Intervall $[\overline{x} - 2s; \overline{x} + 2s]$. Erforscht die Brauchbarkeit dieser Faustregel an Beispielen. Sucht auch nach Beispielen, bei denen die Faustregel „versagt".

Was dabei herauskommen kann, zeigen zwei Beispiele:

6.5.1 Küchenmaße

In Rezepten sind Mengenangaben wie der gestrichene oder der gehäufte Esslöffel, ein Schuss Essig oder ein Stich Butter üblich.

Abb. 6-18 zeigt die Ergebnisse einiger Stichproben (in Gramm) und vermittelt ein Gefühl für die Brauchbarkeit der 68 %-Faustregel. Ergänzend dazu veranschaulicht Abb. 6-19 die Verteilung der gemessenen Gewichte durch Histogramme.

Aber warum sollte man verschweigen, dass GeoGebra den Mittelwert $\overline{x}$ und die Standardabweichung s zum Einblenden „passender Gauß-Glocken" nutzt?

	Zucker		Mehl		Essig	Butter
	gestrichen	gehäuft	gestrichen	gehäuft	Schuss	Stich
s	3.0	4.8	2.5	6.8	6.2	2.8
x_{quer}	5.7	12.1	4.9	12.3	1.3	5.9
x_{quer} - s	8.7	16.9	7.3	19.1	7.5	8.7
x_{quer}+ s	11.6	21.7	9.8	25.9	13.6	11.6
	71.0%	67.3%	74.8%	69.4%	74.5%	70.7%
n	283	284	333	333	128	99

Abb. 6-18: Die 68 %-Faustregel ist recht brauchbar.

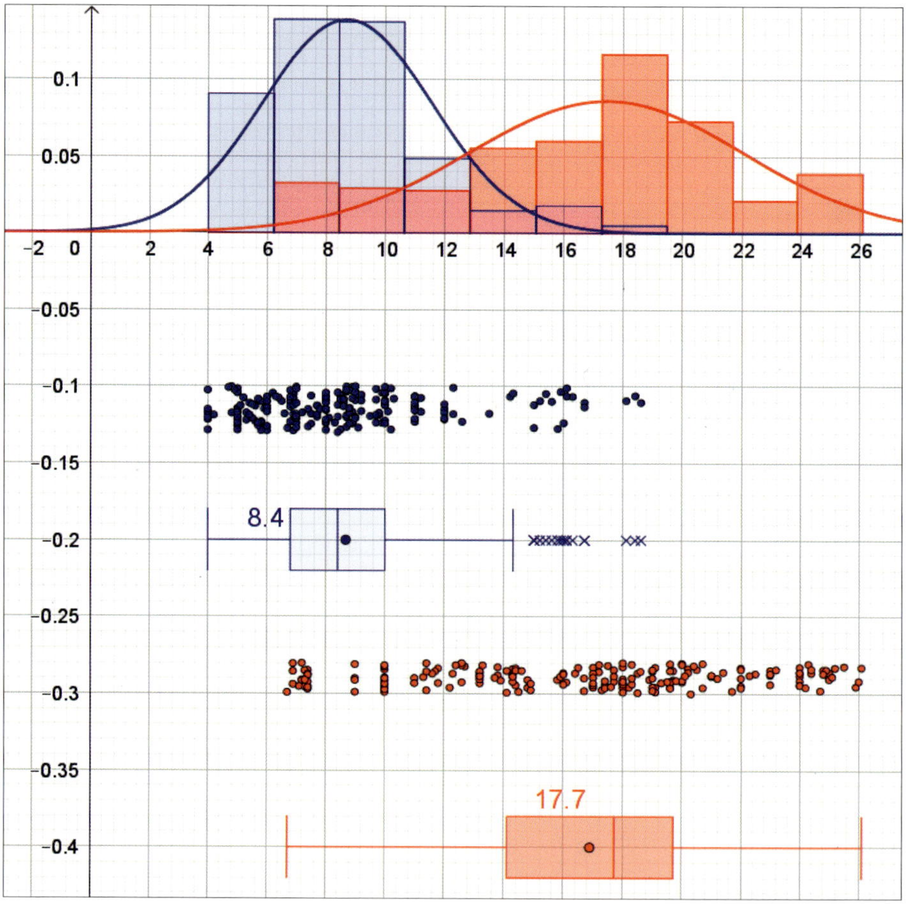

Abb. 6-19: Histogramme zu gestrichenen und gehäuften Löffeln Zucker mit den zugehörigen Gauß-Glocken, die in GeoGebra optional mit gezeichnet werden (zucker-loeffel.ggb)

6.5.2 Wartezeiten

Im Gegensatz zu Küchenmaß-Gewichten haben die Histogramme vieler Wartezeitenverteilungen die Form fallender Exponentialverteilungen. Die Histogramme sind also nicht glockenförmig, die mittlere Wartezeit ist wegen der Ausreißer nach rechts meist deutlich größer als der Median. Die 1s- und 2s-Intervalle überdecken Bereiche, in denen keine Daten mehr liegen können – und die 68 %- bzw. 95 %-Faustregeln bieten keine Orientierung mehr.

Abb. 6-20 zeigt als Beispiel die mit der Rundenzeiten-Stoppuhr (stoppuhr-wartezeiten.ggb) gemessene Verteilung der Wartezeiten auf das jeweils nächste Füllsel „Äh" in einem Erklärvideo. Näheres dazu in Riemer/Herget 2022.

Aber auch die Zeit (gemessen in Monaten), die man Gegenstände (wie etwa das eigene Smartphone, das Fahrrad ...) nutzt, liefert ebenso wie das Warten auf die nächste „6" beim Würfeln, lohnende Beispiele, um die Grenzen der Sigmaregeln erfahrbar zu machen.

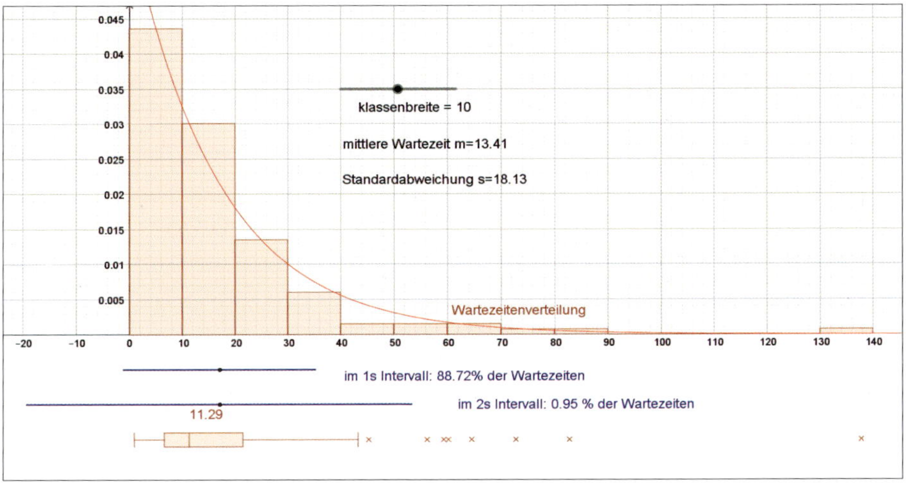

Abb. 6-20: Verteilung der Wartezeit auf das nächste „Äh" in einem Erklärvideo. Wartezeiten sind selten glockenförmig verteilt. Der Boxplot zeigt: Der Median liegt deutlich unter dem Mittelwert (stoppuhr-wartezeiten.ggb).

6.6 Resümee

- Für viele Schülerinnen und Schüler ist „Standardabweichung" nicht mehr als der Name des Terms $\sigma_n = \sqrt{np(1-p)}$. Er hilft, die Kontur der Binomialverteilung $B_{n;p}$ über die Wendestellen $\mu \pm \sigma_n$ zu skizzieren, und die Sigmaregeln ermöglichen Überschlagsrechnungen.

- Erst wenn man „das Universum“ der Binomialverteilung verlässt, benötigt man die Definition $\sigma = \sqrt{\sum_i (i-\mu)^2 p(i)}$. Sie liefert für den Spezialfall $B_{1;\,p}$ mit $\mu = p$, $p(1) = p$ und $p(0) = (1-p)$ die Standardabweichung $\sigma_1 = \sqrt{(0-p)^2(1-p) + (1-p)^2 p} = \sqrt{p(1-p)}$.
- Wenn man dann Summen von Zufallsgrößen betrachtet, entpuppt sich die Formel $\sigma_n = \sqrt{np(1-p)}$ als Spezialfall der Beziehung $\sigma_n = \sqrt{n} \cdot \sigma_1$, welche die Genialität der Standardabweichung markiert.
- Die Formel der empirischen Standardabweichung lässt sich im Rahmen beschreibender Statistik nicht überzeugend begründen. Wenn man sie thematisieren möchte, macht es Sinn, sie zusammen mit der Sigmaregel mitzuteilen und an authentischen Beilspielen erforschen zu lassen, unter welchen Bedingungen oder wie zuverlässig etwa 68 % der Daten weniger als eine Standardabweichung vom Mittelwert abweichen.

7 Lernen aus Erfahrung – Abwägen zwischen Hypothesen nach Bayes

Darum geht es – das Wichtigste in Stichworten

- Die Regel von Bayes arbeitet mit subjektiven Wahrscheinlichkeiten, mit denen man das Vertrauen in verschiedene Hypothesen bewertet.
- Sie beschreibt, wie sich das Vertrauen durch hinzukommende Informationen schrittweise ändert und modelliert damit Lernen aus Erfahrung.
- Invertierte Baumdiagramme, die man leicht „hintereinanderschalten" kann, unterstützen das Verstehen nachhaltig, weil sie das Zusammenspiel von Vertrauens- und Hypothesenwahrscheinlichkeiten veranschaulichen.

Experimente

- Revidieren subjektiver Wahrscheinlichkeiten in authentischen Spielsituationen (Quader gegen Würfel, MiniMax, Ziehen mit versus ohne Zurücklegen ...)

7.1 Bewerten von Hypothesen, Revidieren von Vertrauen

Das Bestimmen eines Konfidenzintervalls lässt sich als Messen einer unbekannten Wahrscheinlichkeit deuten. Die Länge des Konfidenzintervalls entspricht dann dem Messfehler. Mitunter geht es aber gar nicht um das möglichst genaue Messen von Wahrscheinlichkeiten, sondern um das Vertrauen in verschiedene Hypothesen.

Wenn man das *Vertrauen* in die zur Auswahl stehenden Hypothesen durch *subjektive Wahrscheinlichkeiten bewertet,* dann beschreibt die Bayes'sche Regel, wie sich das Vertrauen unter dem Einfluss hinzukommender Informationen („Indizien") ändert. Sie modelliert den Prozess des Lernens aus Erfahrung. Dabei werden die *subjektiven* Wahrscheinlichkeiten, mit denen wir das *Vertrauen in die Hypothesen quantifizieren,* mit den *Hypothesenwahrscheinlichkeiten,* welche relative Häufigkeiten vorhersagen, verrechnet („vermischt", wie in der klassischen Mischungsrechnung vgl. Fußnote 9). Ein Beispiel, auf das wir in 7.5.2 zurückkommen, möge das vorab verdeutlichen:

Hannah hat in einem Spiel eines der folgenden Objekte zum Würfeln aussuchen dürfen.

Abb. 7-1a: subjektive Vertrauenswahrscheinlichkeiten

	Würfel	Quader	Lego 4er
3	17 %	31 %	42 %
4	17 %	31 %	22 %

Abb. 7-1b: Hypothesenwahrscheinlichkeiten

Cihan vertraut (a-priori) darauf, dass Hannah mit 50 % Sicherheit den Quader (Q), mit 40 % den Lego Vierer (L) und nur mit 10 % den Würfel (W) gewählt hat, vielleicht, weil der Würfel für Hannah langweilig ist und sich der Quader aus glattem Ahorn-Holz schön anfühlt. (Bei „blinder" Wahl wäre auf jedes Objekt $\frac{1}{3}$ entfallen.) Hannah würfelt versteckt die 3. Cihan hätte das unter Ausnutzung von Pfad- und Summenregel vorab mit der „totalen" Wahrscheinlichkeit $0.1 \cdot 0.17 + 0.5 \cdot 0.31 + 0.4 \cdot 0.22 = 0.34$ erwartet. Der Anteil, mit dem der Quader zu dieser Wahrscheinlichkeit beigetragen hat, ist

(*) $p_3(Q) = \frac{0.5 \cdot 0.31}{0.1 \cdot 0.17 + 0.5 \cdot 0.31 + 0.4 \cdot 0.42} = 0.46$[9].

Er beschreibt Cihans *a-posteriori* Vertrauen $p_3(Q)$ dafür, dass Hannah zum Würfeln den Quader nutzt. Entsprechend werden in Abb. 7-1c $p_3(W)$, $p_3(L)$ berechnet und im nächsten Schritt, in dem Hannah eine 4 würfelte, dienen die alten a-posteriori- als *neue a-priori*-Wahrscheinlichkeiten. Nach zwei Schritten bewertet Cihan sein Vertrauen in den Quader mit 0.55, wie in der letzten Zeile von Abb. 7-1c (und Zelle C11 von Abb. 7-2) notiert.

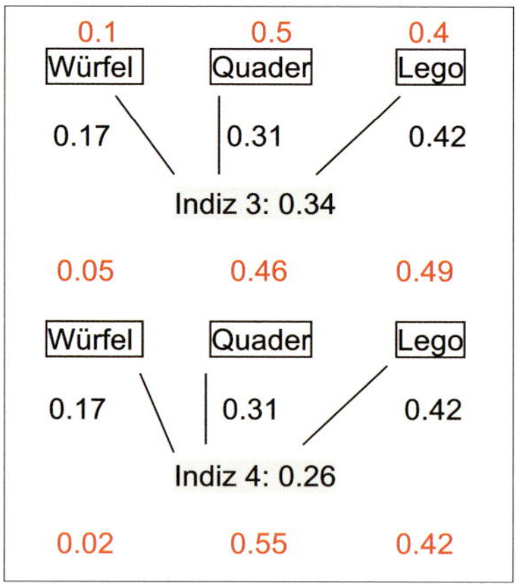

Abb. 7-1c: Invertierte Baumdiagramme lassen sich hintereinanderschalten, wobei die a-posteriori-Wahrscheinlichkeiten des vorherigen zu a-priori-Wahrscheinlichkeiten des folgenden Schrittes werden.

Abb. 7-2 zeigt, wie es mit Hannah und Cihan weiterging – und wie einfach man solche Realexperimente mit transparenten Kalkulationstabellen rechnerisch begleiten kann. Wenn Cihan nach 14 Schritten mit 79 % subjektiver Sicherheit auf den Quader tippen würde, nähme er die damit verbundene 21 %ige Irrtumswahrscheinlichkeit in Kauf.

Erst nachdem man die Zusammenhänge eingesehen hat, wird man die Bayes'sche Regel (*) auch formal mit bedingten Wahrscheinlichkeiten wie folgt notieren:

$$p_3(Q) = \frac{p_{priori}(Q) \cdot p_Q(3)}{p_{priori}(W) \cdot p_W(3) + p_{priori}(Q) \cdot p_Q(3) + p_{priori}(L) \cdot p_L(3)}$$

9 Man mischt (W) 10 Liter 17 %iger, (Q) 50 Liter 31 %iger und (L) 40 Liter 42 %iger Säure. Wie groß ist in der Mischung der Anteil der Säure, der von Q stammt?

Wenn man das Zusammenspiel zwischen den beiden Sorten Wahrscheinlichkeit beim Experimentieren tatsächlich erlebt (das ist dann wieder ein Fallbeispiel im Sinne von L. Sachs), dann versteht man die Allgegenwärtigkeit der Bayes'schen Sichtweise im Alltag – und auch die in Kap. 8 herausgestellten Grenzen, die man beim Interpretieren von Signifikanztests nicht überschreiten sollte.

C10 =F10/$H10

	A	B	C	D	E	F	G	H
1		W	Q	L				
2	1	0.17	0.11	0.09				
3	2	0.17	0.08	0.09				
4	3	0.17	0.31	0.42				
5	4	0.17	0.31	0.22				
6	5	0.17	0.08	0.09				
7	6	0.17	0.11	0.09				
8					die	drei Pfade	zum Indiz	
9	priori->	0.1	0.5	0.4	W	Q	L	total
10	3	0.05	0.46	0.49	0.02	0.16	0.17	0.34
11	4	0.03	0.55	0.42	0.01	0.14	0.11	0.26
12	2	0.06	0.5	0.44	0.01	0.04	0.04	0.09
13	5	0.11	0.45	0.44	0.01	0.04	0.04	0.09
14	6	0.17	0.46	0.37	0.02	0.05	0.04	0.11
15	2	0.29	0.37	0.33	0.03	0.04	0.03	0.1
16	4	0.21	0.49	0.31	0.05	0.12	0.07	0.24
17	3	0.11	0.48	0.41	0.03	0.15	0.13	0.31
18	5	0.19	0.41	0.4	0.02	0.04	0.04	0.09
19	4	0.13	0.51	0.35	0.03	0.13	0.09	0.25
20	6	0.2	0.51	0.29	0.02	0.06	0.03	0.11
21	4	0.13	0.62	0.25	0.03	0.16	0.06	0.26
22	4	0.08	0.72	0.2	0.02	0.19	0.05	0.27
23	4	0.05	0.79	0.16	0.01	0.22	0.04	0.28

Abb. 7-2: Invertierte Baumdiagramme lassen sich leicht hintereinanderlegen, wobei die a-posteriori-Wahrscheinlichkeiten des vorherigen zu a-priori-Wahrscheinlichkeiten des folgenden Schrittes werden. Die „harmlose" numerische Form der Bayes-Formel ist in Zelle C10 eingeblendet (wuerfel-quader-lego-tabelle.ggb).

Wir deuten diese handlungsorientierte „dynamische" Sichtweise auf die Bayes'sche Regel, in der auch Hypothesen über die Quaderwahrscheinlichkeiten eine wichtige Rolle spielen, als Lösung des von H. Dinges (1978) herausgestellten Problems:

> „Der objektivistische Wahrscheinlichkeitsbegriff, der sich an Urne und Glücksrad orientiert, scheint gut geeignet, am Anfang des Stochastikunterrichts zu stehen. Die Bayes'sche Formel passt nicht dazu; sie braucht den subjektiven Wahrscheinlichkeitsbegriff. Die höhere Wahrscheinlichkeitstheorie braucht den Begriff der Hypothese. Ich hoffe, dass Darstellungen der Bayes'schen Regel gefunden werden, die den Ansprüchen der Schule genügen."

Damit unsere Antwort nicht nur den Ansprüchen der Schule genügt, sondern auch zeigt, wie man sie im Rahmen kognitiv aktivierenden Unterrichts problemlösend umsetzen kann, arbeiten wir in 7.3 mit einer Sequenz aus konkreten Aufgabenstellungen.

Den folgenden Exkurs 7.2 kann man getrost überspringen, wenn man sich vorab nicht mit rekursiven Berechnungen von Summenexperimenten beschäftigt hat. Er dient als optionale Verknüpfung mit Kapitel 6.

7.2 Exkurs: Rekursion und invertierte Baumdiagramme

Wenn man gemäß Kap. 6 Wahrscheinlichkeiten zu Summenexperimenten rekursiv mithilfe invertierter Baumdiagramme berechnet hat, dann ist es zur Bayes'schen Regel nur noch ein kleiner Schritt, wie folgendes Beispiel zeigt, das sich auf Abb. 6-7 bezieht.

Max kennt die Wahrscheinlichkeiten der möglichen Punktsummen (0, …, 14) beim Doppelwurf der Schraubenmutter. Auf die Frage, mit welcher Wahrscheinlichkeit Evi nach zwei Würfen die (geheim gehaltene) Punktsumme $S_2=6$ hat, nennt er aufgrund seines Vorwissens „a-priori" $P(S_2=6)=0.213$. Die 15 möglichen Punktsummen haben in diesem Kontext den Status alternativer Hypothesen – und durch 0.213 drückt Max sein Vertrauen in das Zutreffen der Hypothese aus, dass Evi nach 2 Würfen die Punktsumme 6 hatte.

Evi würfelt erneut und verrät nun, dass sie nach 3 Würfen die Augensumme 10 hat. Wie ändert sich durch diese hinzukommende Information (wir sprechen von einem Indiz) für Max die fragliche (subjektivistisch zu interpretierende) Wahrscheinlichkeit, dass Evi nach 2 Würfen 6 Punkte hatte?

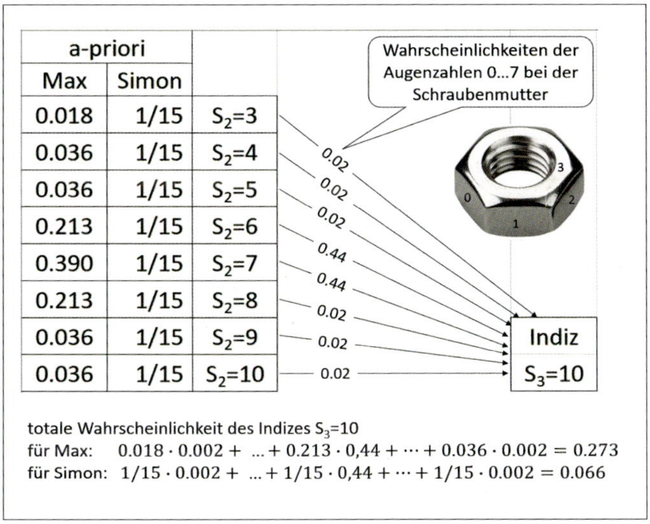

Abb. 7-3: Die rekursiv berechneten Wahrscheinlichkeiten der Punktsummen, hier für $P(S_3=10)$ beim Dreifachwurf der Schraubenmutter lassen sich aus Bayes'scher Sicht als totale Wahrscheinlichkeiten von Indizien deuten.

Antwort: Es gibt 6 Pfade zum mitgeteilten Indiz, deren Wahrscheinlichkeiten sich zu $P(S_3=10)=0.273$ aufsummieren. Man spricht von der totalen Wahrscheinlichkeit des Indizes. Der Pfad über $S_2=6$ trägt mit $0.213 \cdot 0.44=0.094$, also einem Anteil von $\frac{0.094}{0.237}=0.395$ dazu bei. Und dieser Anteil ist aus der Perspektive von Max die Wahrscheinlichkeit dafür, dass die Punktsumme $S_3=10$ über den Knoten $S_2=6$ zustande kam.

Damit hat die hinzukommende Information die Wahrscheinlichkeit $P(S_2=6)$ von a-priori 0.213 auf a-posteriori $P_{S3=10}(S_2=6)=0.395$ erhöht.

Simon, der mit Summenverteilungen nicht vertraut ist, hätte die möglichen Summenwerte 0, ..., 14 nach 2 Würfen a-priori möglicherweise anders, vielleicht mit der Gleichverteilung wie in Abb. 7-1 bewertet und dann das Indiz $S_3=10$ mit der totalen Wahrscheinlichkeit $\frac{1}{15}$ erwartet. Der Anteil, den der Pfad über $S_2=6$ hierzu beisteuert, wäre dann $\frac{1}{15} \cdot \frac{0.44}{1/15}=0.44$.

Für Simon wäre damit die Wahrscheinlichkeit für $S_2=6$ von 0.066 auf $p_{S_3=10}(S_2=6)=0.44$ angestiegen. Das entspricht wegen der von ihm unterstellten a-priori Gleichverteilung genau der Wahrscheinlichkeit dafür, dass Evi im dritten Wurf die 4 dazubekommen hat.

7.3 Einstiegsexperiment

Wie in 7.1 angedeutet, wird die Bayes'sche Regel im Sinne realistischen Unterrichts spannend, wenn man sie über geeignete Aufgaben selbstständig entdecken kann und dabei erlebt, wie „Lernen aus Erfahrung“ funktioniert.

Das folgende Experiment eignet sich ausgezeichnet, weil der Fokus von Anfang an auf subjektiven Wahrscheinlichkeiten liegt, die mit Laplace-Hypothesen kombiniert werden. Der Einsatz einer vorgegebenen Kalkulationstabelle (dreibeutel.ggb) sorgt im Sinne des Blackbox-Whitebox-Prinzips für Zielorientierung.

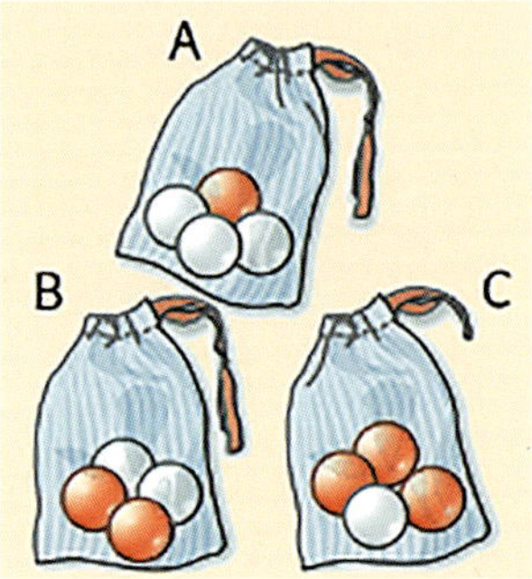

Abb. 7-4: Klett LS9 733991, S. 200

- Evi – so nennen wir die Versuchsleiterin – wählt zufällig einen von drei unterschiedlich gefüllten, äußerlich gleich aussehenden Beuteln A mit $\frac{1}{4}$ bzw. B mit $\frac{1}{2}$ bzw. C mit $\frac{3}{4}$ roten Kugeln. Da sie zufällig zieht, besitzt jeder Beutel die gleiche a-priori-Wahrscheinlichkeit $\frac{1}{3}$. Sie zieht nun aus dem gewählten Beutel eine Kugel, nennt deren Farbe („rot") und legt sie wieder zurück.
- Max: „Rot" spricht am meisten für Beutel C, weil der am meisten rote Kugeln enthält, am wenigsten für Beutel A. Mein Vertrauen in die drei Beutel verändert sich dadurch in Richtung 10 %, 40 %, 50 %.
- Evi zieht erneut aus dem gewählten Beutel: „weiß".
- Max revidiert: „Ich vertraue jetzt am ehesten (mit 60 %) auf Beutel B. A und C bewerte ich je mit 20 %.
- Das Spiel geht weiter wie in Abb. 7-5. Nach 10 Zügen ist sich Max nach Bauchgefühl zu 90 % sicher, dass Evi aus Beutel C mit $\frac{3}{4}$ roten Kugeln zieht.

Nr.	Indiz	A	B	C
0		33,3 %	33,3 %	33,3 %
1	r	10 %	40 %	50 %
2	w	20 %	60 %	20 %
3	w	10 %	40 %	30 %
4	r	20 %	60 %	20 %
5	r	15 %	50 %	35 %
6	r	10 %	40 %	50 %
7	r	5 %	35 %	60 %
8	w	3 %	27 %	70 %
9	r	1 %	19 %	80 %
10	r	1 %	9 %	90 %

Abb. 7-5: Schätzung von Max

Nr.	Indiz	A	B	C
0		33,3 %	33,3 %	33,3 %
1	r	17 %	33 %	50 %
2	w	30 %	40 %	30 %
3	w	45 %	400 %	15 %
4	r	26 %	47 %	26 %
5	r	13 %	47 %	40 %
6	r	6 %	42 %	53 %
7	r	2 %	34 %	64 %
8	w	5 %	49 %	46 %
9	r	2 %	40 %	57 %
10	r	1 %	32 %	68 %

Abb. 7-6: Berechnung nach Bayes

Aufgabe 1
Notiere eine eigene Schätzung. Beschreibe, was sich Max bei seinen Schätzungen gedacht hat und wo du zustimmst, wo du anders schätzen würdest.

7.4 Variieren – Reflektieren

Thomas Bayes, ein 1671 in London geborener Pfarrer, entwickelte einen Algorithmus, mit dessen Hilfe man das *Vertrauen in die Alternativen* unabhängig vom subjektiven Bauchgefühl berechnen kann. Abb. 7–6 zeigt, was der Bayes'sche Algorithmus für die obige Indizienfolge liefert.

Aufgabe 2 (wie Bayes Zeile 1 in Abb. 7-6 berechnet)

a) Vergleiche die Computer-Ergebnisse aus Abb. 7-6 mit deinen eigenen Schätzungen und den Schätzungen von Max (Abb. 7-5). Beschreibe die Beobachtungen, die du machst, wenn du die 10 Indizien in das Computerprogramm (drei-beutel.ggb) in einer veränderten Reihenfolge eingibst.

b) Nicola: „Ich kann die Vertrauenswahrscheinlichkeiten, die das Programm in Zeile 1 von Abb. 7-6 liefert, dadurch begründen, dass ich die Inhalte der drei Beutel A, B und C in Gedanken zusammenschütte." Erkläre, was sich Nicola denkt.

A: ●○○○	B: ●●○○	C: ●●●○

c*) a-priori-Verteilung variieren: Evi bekommt in diesem Aufgabenteil zu ihren drei Beuteln A, B, C einen vierten Beutel der Sorte A hinzu. Wenn sie zufällig auswählt, erwischt sie dann mit Wahrscheinlichkeit 50 % einen der Sorte A und je mit 25 % einen der Sorten B oder C. Sie zieht aus dem gewählten Beutel eine Kugel. Die ist rot. Erkläre, welche Frage die Abbildung 7-7 beantwortet.
Begründe die Zahlenangaben analog zu b).

A ●○○○	A ●○○○	B ●●○○	C ●●●○

	Indiz	A	B	C
0		50.0 %	25.0 %	25.0 %
1	r	29 %	29 %	43 %

Abb. 7-7: Jetzt hat Evi zwei Beutel der Sorte A zur Auswahl

A

Aufgabe 3 (wie Bayes Zeile 2 in Abb. 7-6 berechnet)

Die a-posteriori-„Vertrauenswahrscheinlichkeiten" in der ersten Zeile von Abb. 7-6 lassen sich leicht begründen. Aber wie kommt man auf die Wahrscheinlichkeiten in Zeile 2?

Ramona und Ayse begründen unterschiedlich wie in den Kästen 7-1 und 7-2:

a) Erläutere die Gedankengänge der beiden Schülerinnen und auch, welcher deiner Meinung leichter zu verstehen ist.

b) Begründe analog zu a) auf zwei Wegen die Wahrscheinlichkeiten in Zeile 3 von Abb. 7-6.

c) Kontrolliere nach Ayses Idee, wie man in Abb. 7-6 aus Zeile 5 die Zeile 6 erhält.

d) Kontrolliere nach Ramonas Idee, wie man in Abb. 7-6 die Zahlen in Zeile 6 direkt aus Zeile 0 erhält.

e*) Begründe, warum beide Rechenwege (Ramona: Rückgriff stets auf Zeile 0, Ayse: Rückgriff auf die jeweils vorige Zeile) stets zum gleichen Endergebnis führen müssen. Tipp: Zwei Verteilungen sind gleich, wenn die Verhältnisse entsprechender Wahrscheinlichkeiten übereinstimmen.

Ramona: „Ich gehe aus von Zeile 0:

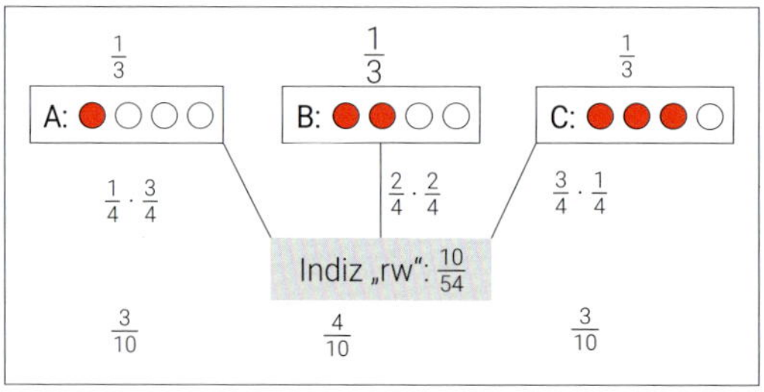

Abb. 7-8a: Invertiertes Baumdiagramm. Ramona startet von der a-priori-Gleichverteilung in Zeile 0 und nutzt das zweistufige (zusammengesetzte) Indiz „rw".

	A: ●○○○	B: ●●○○	C: ●●●○	
a-priori	$\frac{1}{3}$	$\frac{1}{3}$	$\frac{1}{3}$	1
rr	$\frac{1}{3}\cdot\frac{1}{4}\cdot\frac{1}{4}=\frac{1}{48}$	$\frac{1}{3}\cdot\frac{2}{4}\cdot\frac{2}{4}=\frac{4}{48}$	$\frac{1}{3}\cdot\frac{3}{4}\cdot\frac{3}{4}=\frac{9}{48}$	$\frac{14}{48}$
rw	$\frac{1}{3}\cdot\frac{1}{4}\cdot\frac{3}{4}=\frac{3}{48}$	$\frac{1}{3}\cdot\frac{2}{4}\cdot\frac{2}{4}=\frac{4}{48}$	$\frac{1}{3}\cdot\frac{3}{4}\cdot\frac{1}{4}=\frac{3}{48}$	$\frac{10}{48}$
wr	$\frac{1}{3}\cdot\frac{3}{4}\cdot\frac{1}{4}=\frac{3}{48}$	$\frac{1}{3}\cdot\frac{2}{4}\cdot\frac{2}{4}=\frac{4}{48}$	$\frac{1}{3}\cdot\frac{1}{4}\cdot\frac{3}{4}=\frac{3}{48}$	$\frac{10}{48}$
ww	$\frac{1}{3}\cdot\frac{3}{4}\cdot\frac{3}{4}=\frac{9}{48}$	$\frac{1}{3}\cdot\frac{2}{4}\cdot\frac{2}{4}=\frac{4}{48}$	$\frac{1}{3}\cdot\frac{1}{4}\cdot\frac{1}{4}=\frac{1}{48}$	$\frac{14}{48}$

Abb. 7-8b: In einer 12-Feldertafel braucht man nur Zeile 2. Das invertierte Baumdiagramm macht anstelle der nicht benötigten Zeilen 1, 3, 4 die interessierende a-posteriori-Verteilung sichtbar.

Dann erwarte ich, wenn Evi zweimal zieht, das Indiz „rw" mit der „totalen" Wahrscheinlichkeit $P(„rw") = \frac{1}{3}\cdot(\frac{1}{4}\cdot\frac{3}{4}) + \frac{1}{3}\cdot(\frac{2}{4}\cdot\frac{2}{4}) + \frac{1}{3}\cdot(\frac{3}{4}\cdot\frac{1}{4}) = \frac{3}{48} + \frac{4}{48} + \frac{3}{48} = \frac{10}{48}$.
Der Anteil, mit dem Beutel A zum Indiz beiträgt, ist $\frac{3}{10}$, entsprechend bei Beutel B und $\frac{3}{10}$ bei Beutel C. Ich bin mir also zu 40 % sicher, dass Evi aus Beutel B zieht. Damit wird aus der a-priori-Verteilung $(\frac{1}{3}; \frac{1}{3}; \frac{1}{3})$ durch das Indiz „rw" die a-posteriori-Verteilung $(\frac{3}{10}; \frac{4}{10}; \frac{3}{10})$.

Kasten 7-1: Ramonas Antwort

Ayse: Ich gehe aus von Zeile 1:

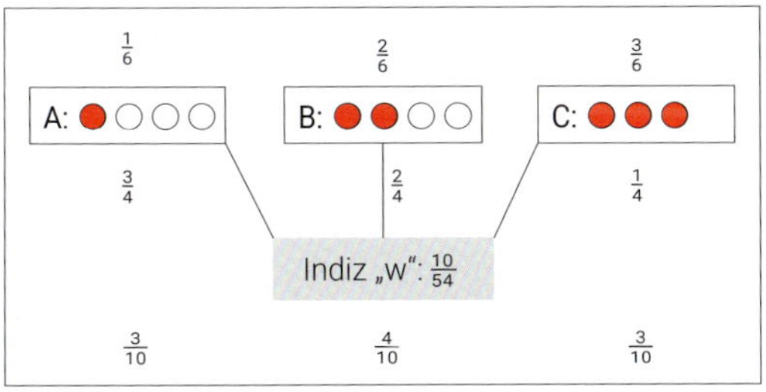

Abb. 7-9a: Ayse startet in der „vorangehenden" Zeile 1.

	A: ●○○○	B: ●●○○	C: ●●●○	
a-priori	$\frac{1}{6}$	$\frac{2}{6}$	$\frac{3}{6}$	1
r	$\frac{1}{6}\cdot\frac{1}{4}=\frac{3}{24}$	$\frac{2}{6}\cdot\frac{2}{4}=\frac{4}{24}$	$\frac{3}{6}\cdot\frac{3}{4}=\frac{9}{24}$	$\frac{14}{24}$
w	$\frac{1}{6}\cdot\frac{3}{4}=\frac{3}{24}$	$\frac{2}{6}\cdot\frac{2}{4}=\frac{4}{24}$	$\frac{3}{6}\cdot\frac{1}{4}=\frac{3}{24}$	$\frac{10}{24}$

Abb. 7-9b: In einer 6-Feldertafel, braucht man nur Zeile 2. Das invertierte Baumdiagramm macht anstelle der nicht benötigten Zeile 1 die interessierende a-posteriori-Verteilung sichtbar.

Dann erwarte ich das Indiz „w" mit der (totalen) Wahrscheinlichkeit
$P(„w") = \frac{1}{6}\cdot\frac{3}{4}+\frac{2}{6}\cdot\frac{2}{4}+\frac{3}{6}\cdot\frac{1}{4} = \frac{3}{24}+\frac{4}{24}+\frac{3}{24} = \frac{10}{24}$. Auf die Pfade entfallen die Anteile $\frac{3}{10}; \frac{4}{10}; \frac{3}{10}$.
Damit wird aus der a-priori-Verteilung $(\frac{1}{6}; \frac{2}{6}; \frac{3}{6})$ in Zeile 1 durch Beobachtung des Indizes „w" die a-posteriori-Verteilung in Zeile 2: $(\frac{3}{10}; \frac{4}{10}; \frac{3}{10})$.

Kasten 7-2: Ayses Antwort

A

Aufgabe 4

a) Maike berechnet, die Wahrscheinlichkeiten in Zeile 6 von Abb. 7-6 mit der Binomialverteilung wie in Abb. 7-10. Erläutere die Idee und prüfe nach, dass ihr Ergebnis stimmt.

b) Berechne die Wahrscheinlichkeiten aus Zeile 10 in Abb. 7-6 mithilfe der Binomialverteilungsidee.

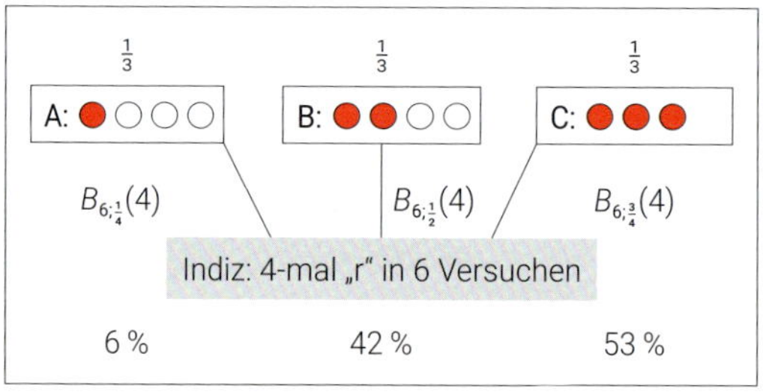

Abb. 7-10: In einem Schritt mit Binomialverteilung

Kasten 7-3: Maikes Idee

A

Aufgabe 5

Das Kalkulationsblatt aus Abb. 7-11 realisiert den Bayes'schen Algorithmus für beliebige (im Bereich B9:B18) veränderbare Indizienfolgen nach der Idee von Abb. 7-9a.

a) Erläutere, wo sich die Rechenschritte aus Abb. 7-6 in der Tabelle wiederfinden.

b) Ändere das Kalkulationsprogramm so ab, dass einer der Beutel (A, B oder C) zufällig ausgewählt und im Bereich B9:B18 zehn zufällige Farben (aus dem gewählten Beutel) eingetragen werden.

c) Nicola tippt nach 10 Versuchen stets auf den Beutel mit der größten Wahrscheinlichkeit.

Schätze mithilfe der Simulation, mit welcher Wahrscheinlichkeit ihr Tipp richtig ist ... und auf welchen Wert die Wahrscheinlichkeit anwächst, wenn man statt 10 Zügen 20 Züge aus dem gewählten Beutel durchführt.

F11 =WENN($B11=$B$3;C10*C$3;0)+WENN($B11=$B$4;C10*C$4;0)

	A	B	C	D	E	F	G	H	I
1			A	B	C				
2			rwww	rrww	rrrw				
3	Indiz	r	0.25	0.5	0.75				
4	Indiz	w	0.75	0.5	0.25				
5									
6		drei Alternativen			Nebenrechnungen				totale
7		Indiz	A	B	C	Pfad 1	Pfad 2	Pfad 3	Wahrsch.
8	0		33.3%	33.3%	33.3%				
9	1	r	17%	33%	50%	0.083	0.167	0.250	0.500
10	2	w	30%	40%	30%	0.125	0.167	0.125	0.417
11	3	w	45%	40%	15%	0.225	0.200	0.075	0.500
12	4	r	26%	47%	26%	0.113	0.200	0.113	0.425
13	5	r	13%	47%	40%	0.066	0.235	0.199	0.500
14	6	r	6%	42%	53%	0.033	0.235	0.298	0.566
15	7	r	2%	34%	64%	0.015	0.208	0.394	0.617
16	8	w	5%	49%	46%	0.018	0.168	0.160	0.346
17	9	r	2%	40%	57%	0.013	0.243	0.346	0.603
18	10	r	1%	32%	68%	0.005	0.202	0.431	0.638

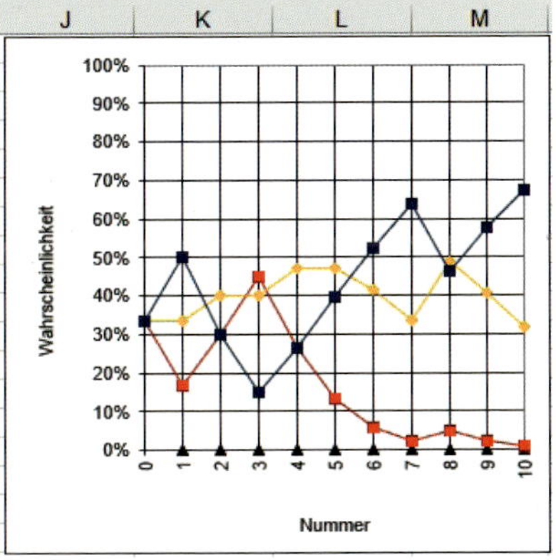

Abb. 7-11: Der Bayes'sche Algorithmus in einer Kalkulationstabelle. Wenn man die Indizien in Spalte B durch einen Zufallsgenerator erzeugt, hat man bei jeder Auffrischung des Kalkulationsblattes ein zehnstufiges Beutelraten simuliert (drei-beutel.xlsx und drei-beutel.ggb).

7.5 Weitere Experimente

Beim Beutelraten geht es um das Abwägen zwischen einzelnen Trefferwahrscheinlichkeiten. Völlig analog kann man aber auch zwischen beliebigen Wahrscheinlichkeitsverteilungen (Hypothesen) abwägen, indem man die Wahrscheinlichkeiten miteinander vergleicht, mit denen die beobachteten Indizien von diesen Hypothesen herrühren. Hier drei Beispiele aus der Unterrichtspraxis:

7.5.1 Beispiel Min-Rot-Max

Hannah zieht zufällig eine der drei Strategiekarten Minimum, Maximum oder Rot, sagt aber nicht, welche Karte sie gezogen hat. Das muss Cihan wie folgt herausfinden: Hannah würfelt mit einem roten und einem weißen Würfel und nennt in Abhängigkeit von der gezogenen Strategiekarte als Indiz stets

- das Minimum der beiden Augenzahlen oder
- das Maximum der beiden Augenzahlen oder
- die Augenzahl des roten Würfels.

B10 =E10 / $H10

	A	B	C	D	E	F	G	H
1		min	rot	max				
2	1	0.31	0.17	0.03				
3	2	0.25	0.17	0.08				
4	3	0.19	0.17	0.14				
5	4	0.14	0.17	0.19				
6	5	0.08	0.17	0.25				
7	6	0.03	0.17	0.31				
8					die	drei Pfade	zum Indiz	
9	priori->	0.33	0.33	0.33	min	rot	max	total
10	3	0.39	0.33	0.28	0.06	0.06	0.05	0.17
11	3	0.45	0.33	0.23	0.08	0.06	0.04	0.17
12	2	0.6	0.3	0.1	0.11	0.05	0.02	0.18
13	6	0.17	0.51	0.32	0.02	0.05	0.03	0.1
14	3	0.21	0.52	0.28	0.03	0.08	0.04	0.16
15	5	0.1	0.5	0.4	0.02	0.09	0.07	0.17
16	5	0.04	0.44	0.52	0.01	0.08	0.1	0.19
17	5	0.02	0.35	0.63	0	0.07	0.13	0.21
18	5	0.01	0.27	0.72	0	0.06	0.16	0.22
19	3	0.01	0.31	0.69	0	0.04	0.1	0.15
20	6	0	0.2	0.8	0	0.05	0.21	0.26
21	3	0	0.23	0.77	0	0.03	0.11	0.14
22	6	0	0.14	0.86	0	0.04	0.24	0.27
23	6	0	0.08	0.92	0	0.02	0.26	0.29

Abb. 7-12 min-rot-max.ggb und min-rot-max-tabelle.ggb

Cihan verwendet die Kalkulationstabelle aus Abb. 7-12 und ist sich nach 14 Indizien (3, 3, 2, ... 6, 6) zu 92 % sicher, dass Hannah Karte Maximum gezogen hatte.

A

a) Kontrolliere und kommentiere die Wahrscheinlichkeiten im Bereich B2:D7.

b) Finde heraus, wie die Kalkulationstabelle arbeitet. Überlege, wie man aus den a-priori-Wahrscheinlichkeiten in B10:D10 mithilfe der Nebenrechnungen in E10:H10 die a-posteriori-Wahrscheinlichkeiten in B11:D11 erhält.

c) Programmiere eine eigene Kalkulationstabelle min-rot-max-tabelle.ggb, wobei die (grau unterlegte) a-posteriori-Wahrscheinlichkeit von dem (variierbaren) Indiz in Spalte A abhängt. Tipp: In Zelle E10 könnte folgender Befehl stehen, den man nach rechts und nach unten kopieren kann:
= Wenn($A10 $\stackrel{?}{=}$ 1, B9 B$2, 0) + Wenn($A10 $\stackrel{?}{=}$ 2, B9 B$3, 0)
+ Wenn($A10 $\stackrel{?}{=}$ 3, B9 B$4, 0) + Wenn($A10 $\stackrel{?}{=}$ 4, B9 B$5, 0)
+ Wenn($A10 $\stackrel{?}{=}$ 5, B9 B$6, 0) + Wenn($A10 $\stackrel{?}{=}$ 6, B9 B$7, 0).

d) Nutzt das Kalkulationsblatt, um das Spiel von Hannah und Cihan in Partnerarbeit nachzuspielen.
e) Simuliert das Partnerspiel, indem ihr in den Bereich A10:A23 einen der folgenden Befehle eintragt: =Min(Zufallszahl(1,6),Zufallszahl(1,6)), =Zufallszahl(1,6) oder =Max(Zufallszahl(1,6), Zufallszahl(1,6)) oder alternativ min-rot-max.ggb nutzt.

7.5.2 Beispiel Quader gegen Würfel

Statt zwischen den drei Strategiekarten kann man Hannah natürlich auch zwischen verschiedenen Würfelobjekten auswählen und Cihan mithilfe der mitgeteilten Augenzahlen herausfinden lassen, mit welchem Objekt Hannah würfelt, wie schon in Kap. 7.1 und Abb. 7-2 beschrieben. Man ersetzt in Abb. 7-12 die Wahrscheinlichkeiten in B2:D7 durch entsprechende Wahrscheinlichkeiten aus Abb. 7-13. Eine Vorlage findet sich in wuerfel-quader-lego.ggb und wuerfel-quader-lego.tabelle.ggb.

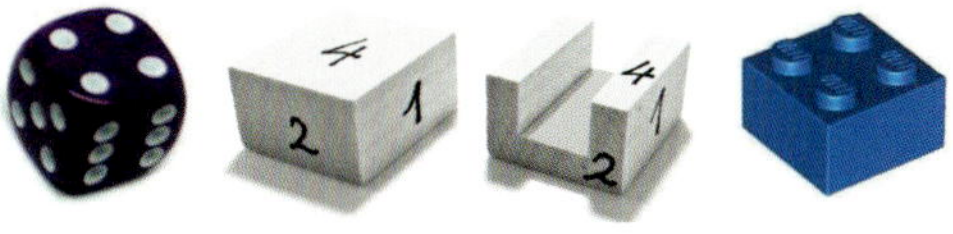

	Würfel	Quader	U	Lego-4er
1	17 %	11 %	11 %	9 %
2	17 %	8 %	8 %	9 %
3	17 %	31 %	22 %	42 %
4	17 %	31 %	40 %	22 %
5	17 %	8 %	8 %	9 %
6	17 %	11 %	11 %	9 %

Abb. 7-13: Quader/U: 1.3 × 2.0 × 2.3 cm³. Beim Lego-4er ist die Augenzahl 4 (Noppen oben) unwahrscheinlicher als 3 (Noppen unten).

7.5.3 Beispiel mit/ohne Zurücklegen

Hannah zieht fünf Kugeln aus einem Beutel mit $\frac{1}{3}$ roten Kugeln, und zwar

- aus Beutel A mit 5 roten und 10 weißen Kugeln ***ohne*** Zurücklegen oder
- aus Beutel B mit 10 roten und 20 weißen Kugeln ***ohne*** Zurücklegen oder
- aus Beutel C mit 5 roten und 10 weißen Kugeln ***mit*** Zurücklegen

und nennt stets die Anzahl der erwischten roten Kugeln, die zwischen 0 und 5 liegt.

Cihan muss herausfinden, nach welchem Verfahren Hannah ihre Anzahlen generiert. Er muss dabei abwägen zwischen den hypergeometrischen Verteilungen, die in den Zellen B2:B7 bzw. C2:C7 von Abb. 7-14 stehen und der Bimomialverteilung in D2:D7.

Da die Verteilungen sich nicht sehr voneinander unterscheiden, braucht man viele Versuche, was das Arbeiten mit Simulationen nahelegt.

B2 =Hypergeometrisch(15, 5, 5, $A2, false)

	A	B	C	D	E	F	G	H
1		A: 5aus15	B: 10aus30	C: B(5,1/3)				
2	0	0.0839	0.1088	0.1317				
3	1	0.3497	0.34	0.3292				
4	2	0.3996	0.36	0.3292				
5	3	0.1499	0.16	0.1646				
6	4	0.0167	0.0295	0.0412				
7	5	0.0003	0.0018	0.0041				
8	nach 100	0.7609	0.2165	0.0226				
9	priori	0.3333	**0.3333**	**0.3333**	Pfad A	Pfad B	Pfad C	total
10	2	0.367	0.3306	0.3024	0.1332	0.12	0.1097	0.3629
11	1	0.3771	0.3303	0.2925	0.1283	0.1124	0.0995	0.3403
12	0	0.2982	0.3387	0.3631	0.0316	0.0359	0.0385	0.1061
13	2	0.3305	0.3381	0.3314	0.1192	0.1219	0.1195	0.3606
14	2	0.3639	0.3354	0.3007	0.1321	0.1217	0.1091	0.3629
15	1	0.3739	0.3351	0.2909	0.1272	0.114	0.099	0.3403
16	2	0.4084	0.3298	0.2618	0.1494	0.1206	0.0958	0.3658
17	2	0.4434	0.3225	0.2341	0.1632	0.1187	0.0862	0.3681
18	0	0.3608	0.3402	0.299	0.0372	0.0351	0.0308	0.1031
19	2	0.3949	0.3355	0.2696	0.1442	0.1225	0.0984	0.3651
20	1	0.4051	0.3346	0.2604	0.1381	0.1141	0.0888	0.3409
21	2	0.4398	0.3273	0.2329	0.1619	0.1204	0.0857	0.368
22	1	0.45	0.3256	0.2244	0.1538	0.1113	0.0767	0.3417
23	2	0.4848	0.316	0.1992	0.1798	0.1172	0.0739	0.3709
24	1	0.4949	0.3137	0.1914	0.1695	0.1074	0.0656	0.3425

Abb. 7-14 hypergeo.ggb und hypergeo-tabelle.ggb

7.6 Invertierte Baumdiagramme, das Robert-Koch-Institut und natürliche Häufigkeiten

A

Die folgende Aufgabe stammt aus einem Info-Flyer des Robert Koch Instituts.
Ein medizinischer Test fällt bei infizierten Personen mit der Wahrscheinlichkeit se = 80 % (Sensitivität) positiv und bei nicht infizierten Personen mit der Wahrscheinlichkeit sp = 98 % (Spezifität) negativ aus. Mit welcher Wahrscheinlichkeit ist eine positiv getestete Person infiziert, wenn p = 0.05 % aller Getesteten infiziert sind?

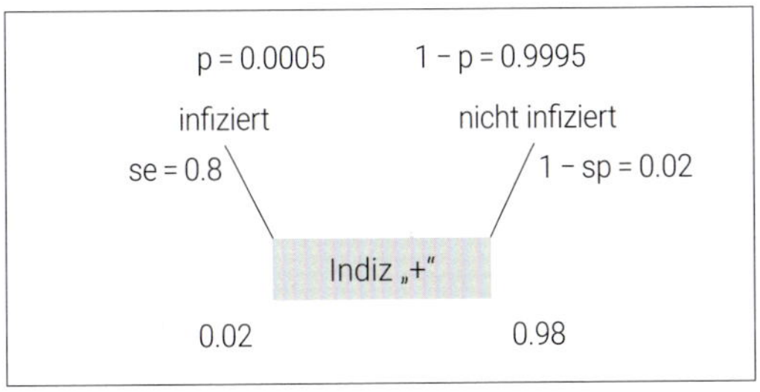

Abb. 7-15: Übersetzung in ein invertiertes Baumdiagramm

	infiziert	nicht infiziert	
a-priori	5	9 995	10 000
+	4	200	204
–	1	9 795	9 796

Abb. 7-16: Übersetzung in natürliche Häufigkeiten

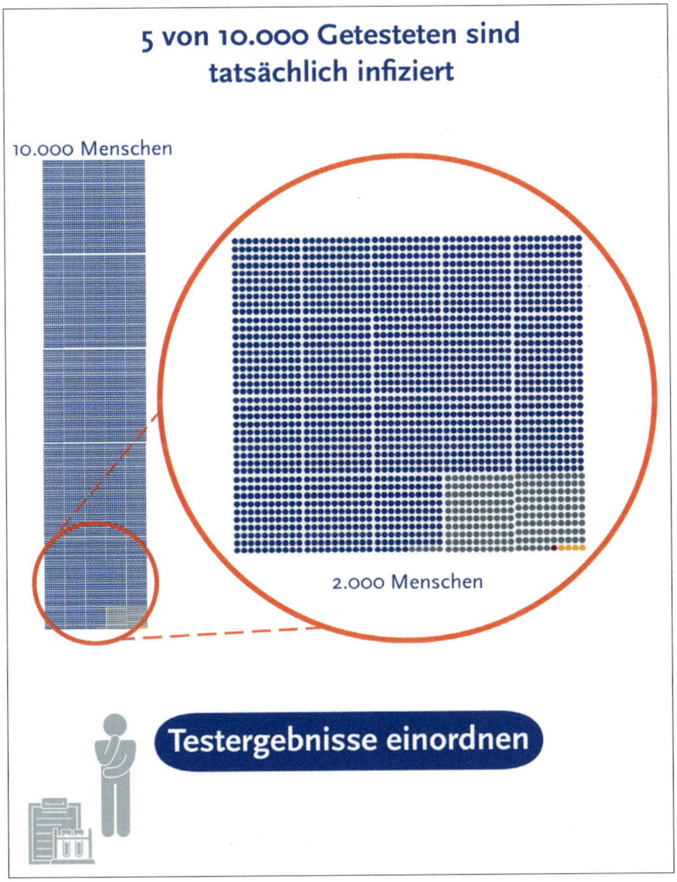

Abb. 7–17: Übersetzung des RKI in ein Piktogramm (https://hno-praxis-in-buer.de/wp-content/uploads/2021/01/Infografik_Antigentest_RKI.pdf, Zugriff: 26.09.2023)

Solche Aufgaben untermauern die alltägliche Relevanz des Bayes'schen Ansatzes. Wie der letzten Zeile des Aufgabentextes zu entnehmen, wird die Prävalenz p, also die a-priori-Wahrscheinlichkeit, infiziert zu sein, in der Regel als Laplace-Wahrscheinlichkeit vorgegeben. Dann kann die Frage nach der Wahrscheinlichkeit einer Infektion im Anschluss an ein positives Testergebnis durch Abzählen beantwortet werden – wie in Abb. 7-17 angedeutet. Man visualisiert 10.000 Personen als Punkte und interpretiert alle Wahrscheinlichkeiten im Laplace'schen Sinn als Anteile an dieser Grundgesamtheit. Von den 204 positiven Testergebnissen gehen (mit 4) nur sehr wenige auf das Konto tatsächlich Infizierter. Überwiegend (200) gehen sie auf das Konto nicht infizierter Personen, bei denen der Test fälschlich anschlug. Die Lösung der Aufgabe, also die Wahrscheinlichkeit, dass eine positiv getestete Person infiziert ist, ergibt sich durch Abzählen, von Punkten zu 4/204 ≈ 2 %.

Diese Darstellung über absolute Häufigkeiten ist intuitiv naheliegend. Sie entspricht beim Beutelraten dem gedanklichen Zusammenschütten der Inhalte aller Beutel und dem Abzählen wie viele rote Kugeln von der Füllung A stammen. In Aufgabe 2b) (S. 99) sind das 1 von 6 und in 2c) 2 von 7 roten Kugeln. Aus der Perspektive invertierter Baumdiagramme würde man die Lösung so kommentieren: Die extrem geringe a-priori Wahrscheinlichkeit 0.05 % einer Infektion sorgt dafür, dass der Pfad über den Knoten „Infektion" nur einen verschwindend kleinen Beitrag zu positiven Testergebnissen leistet.

Ein Patient, der sich auf Verdacht (nach dem Auftreten erster Symptome) testen lässt, wird sich die epidemische Sicht des RKI aber nicht zu eigen machen. Er wird die a-priori-Wahrscheinlichkeit einer Infektion vielleicht auf 10 % veranschlagen – mit der Konsequenz, dass diese nach einem positiven Testergebnis auf bedenkliche 81.6 % ansteigt und sich einem weiteren Test unterziehen. Er ist damit in den sequentiellen Prozess eingestiegen, den man beim Beutelraten „in klinisch sauberer Umgebung" durchlaufen hat. Dabei zeigt sich wieder: Wer würfelt oder Kugeln zieht, der spielt mit wichtigen Modellen und das ist keine „Würfelbudenmathematik".

7.7 Resümee

Beim sequentiellen Beutelraten und den Experimenten aus 7.4 erleben Schülerinnen und Schüler die Bayes'sche Regel in Aktion:

- Sie erleben, wie aus den objektivistischen Laplace-Wahrscheinlichkeiten der ersten Zeile subjektivistisch zu interpretierende Wahrscheinlichkeiten werden, die (als Verhältnisse von Wahrscheinlichkeiten) keine relativen Häufigkeiten vorhersagen, sondern Vertrauen in alternative Hypothesen beschreiben.

- Sie erleben, wie der Bayes'sche Algorithmus die Änderung des Vertrauens modelliert: Wenn Indizien für eine Alternative sprechen, weil sie bei dieser Alternative besonders häufig kommen, steigt das Vertrauen in diese Alternative.
- Sie erleben, wie sich die Änderungen über eine Art „Mischungsrechnung für Wahrscheinlichkeiten" mithilfe umgekehrter Baumdiagramme intuitiv eingängig beschreiben lassen: Die Wahrscheinlichkeiten strömen von den a-priori-Knoten entlang der Pfade in das beobachtete Indiz. Es gilt, die Zuflüsse miteinander ins Verhältnis zu setzen, um herauszufinden, „wo das beobachtete Indiz herkommt".
- Ein invertiertes Baumdiagramm entspricht einer Zeile in einer Mehrfeldertafel. Statt nicht benötigter Zeilen der Mehrfeldertafel wird in invertierten Baumdiagrammen in der letzten Zeile die interessierende a-posteriori-Verteilung dargestellt, die zur a-priori-Verteilung der nächsten Stufe wird. So entstehen bei sequentieller Anwendung der Bayes'schen Regel übersichtliche Kalkulationstabellen, mit deren Hilfe man „Lernprozesse" (das Abwägen zwischen Alternativen) simulieren und modellhaft nachvollziehen kann.
- Einstufige „Bayes-Prozesse" kann man, wenn es sich bei den konkurrierenden Hypothesen nur um unterschiedliche Trefferwahrscheinlichkeiten handelt, für die a-priori Laplace-Wahrscheinlichkeiten vorliegen, durch Abzählen natürlicher Häufigkeiten begründen (vgl. das Beutelraten, Aufgaben 2b) und 2c), wo die Inhalte der Beutel in Gedanken zusammengeschüttet wurden – und die Lösungsvorschläge des RKI bei medizinischen Tests). Ein Verstehen mehrstufiger Prozesse erfordert aber einen Grundvorstellungswechsel, der durch das Stichwort „Mischungsrechnung" umschrieben wird und der sich durch „natürliche Häufigkeiten" nicht mehr abbilden lässt.

8 Signifikanztests

Darum geht es – das Wichtigste in Stichworten

- Signifikanztests sind thematisch deswegen attraktiv, weil sie einfachen Berechnungen zur Binomialverteilung eine wissenschaftspropädeutische Aura verleihen.
- Mit zweiseitigen Signifikanztests sucht man bewertungsfrei gute Modelle, mit einseitigen Signifikanztests sucht man interessengeleitet optimale Entscheidungsstrategien.
- Zur Festlegung der Nullhypothese braucht man dabei Bewertungen von Fehlentscheidungen.
- Bei Aufgaben zu einseitigen Signifikanztests hilft der Blick durch die Brille des zugehörigen zweiseitigen Tests, „prüfungstaktisch versteckte" Interessenlagen zu entschlüsseln.
- Die inhaltliche Bedeutung signifikanter oder nicht signifikanter Testergebnisse erschließt sich ausschließlich in Kontexten, nicht durch das Rechnen eingekleideter Aufgaben.
- Die Bayes'sche Sicht auf einseitige Signifikanztests, bei der man das Vertrauen in die Brauchbarkeit von Hypothesen durch subjektive Bewertungen quantifiziert, offenbart die oft überschätzte Aussagekraft von Signifikanztests und begegnet Fehlvorstellungen.

Experimente

- Verpackungsgewichte mit Eichzeichen – ab Klasse 6
- Trefferverteilungen bei sensorischen Experimenten – ab Klasse 6
- Lernumgebung „Beutelraten": ein Entscheidungs-/Gewinnspiel – ab Klasse 8/9

8.1 Prolog

Lehrgänge zur beurteilenden Statistik starten in der Regel mit einseitigen Signifikanztests nach dem folgenden Muster:

Wissen: Einseitige Hypothesentests

Vermutet man, dass die Trefferwahrscheinlichkeit p einer binomialverteilten Zufallsgröße größer oder kleiner als ein angenommener Grenzwert p_0 ist, so kann man einen **einseitigen Hypothesentest** durchführen. Die Durchführung folgt einem festen Ablauf:

1. Nullhypothese H_0 und Alternativhypothese H_A formulieren
2. Binomialverteilung der Stichprobe für den Grenzwert der Nullhypothese betrachten
3. einen Ablehnungsbereich ermitteln und damit die Entscheidungsregel formulieren
4. das Stichprobenergebnis ermitteln und prüfen, ob die Nullhypothese für die Stichprobe zugunsten der Alternativhypothese abgelehnt werden kann

Fundamente der Mathematik Cornelsen (2021) S. 391.

Zweiseitige Tests dienen als optionale Ergänzung.

Wissen: zweiseitige Hypothesentests durchführen

Sind das Signifikanzniveau S und der Stichprobenumfang n eines zweiseitigen Hypothesentests festgelegt, so führt man die folgenden Schritte durch:

Hypothesen formulieren

Nullhypothese: H_0: $p = p_0$

Alternativhypothese: H_A: $p \neq p_0$

Zufallsgröße X definieren

X: Anzahl der „Treffer": X ist für den Test binomialverteilt mit der Nullhypothese p_0 und n.

Ablehnungsbereich bestimmen

$$A = [0; l] \cup [r; n]$$

$l \in \mathbb{N}$ maximal mit $P(X \leq l) \leq \frac{S}{2}$

$r \in \mathbb{N}$ minimal mit $P(X \geq r) \leq \frac{S}{2}$

Entscheidungsregel formulieren

Beobachtet man höchstens l oder mindestens r Treffer, so wird H_0 für die Stichprobe abgelehnt, ansonsten nicht.

Fundamente der Mathematik Cornelsen (2021) S. 412.

In beiden Fällen wird die Nullhypothese abgelehnt, wenn man ein Stichprobenergebnis beobachtet, das in einem kritischen Bereich liegt, dessen Wahrscheinlichkeit bei Gültigkeit der Nullhypothese H_0 unter dem Signifikanzniveau S (meist 5 % oder 1 %) liegt.

Der Begriff „Nullhypothese" wird trotz seiner zentralen Stellung in Schulbüchern meist nicht definiert. Der im folgenden Beispiel angesprochene Kontext zeigt, welche Rolle Standpunkte oder unterstellte Intentionen bei Hypothesentests spielen.

B

Beispiel nach Stoyan (2011)

Eine Fabrik erzeugt Getränke mit einem Alkoholgehalt von 5 %. Dabei treten beim Alkoholgehalt Schwankungen auf. Die Hypothese H_0, dass der Alkoholgehalt gleich dem Sollwert $p_0 = 0.05$ ist, soll anhand einer Stichprobe überprüft werden. Aufgrund der *Interessenlage* derjenigen Personen, die die Untersuchung vornehmen, sind drei Fälle zu unterscheiden, nämlich:

Die Überprüfung geschieht durch

a) eine Eichkommission, die an einer Abweichung vom Sollwert $p_0 = 0.05$ sowohl nach unten als auch nach oben interessiert ist,
b) eine Verbraucherorganisation, die daran *interessiert* ist, dass tatsächlich die 5 % Alkohol in den Flaschen sind. Sie stellt *misstrauisch* die Frage, ob der wahre Alkoholgehalt kleiner als der Sollwert ist,
c) eine Jugendschutzkommission, die befürchtet, dass zu viel Alkohol in den Flaschen ist, um die Konsumenten möglichst schnell alkoholabhängig zu machen. Sie stellt ebenfalls misstrauisch die Frage, ob der wahre Alkoholgehalt größer als der Sollwert ist.

Die Interessenlagen führen zu folgenden Testverfahren

a) H_0: $p = p_0$ gegen H_1: $p \neq p_0$ (unvoreingenommene Eichkommission),
b) H_0: $p \leq p_0$ gegen H_1 : $p > p_0$ (misstrauische Verbrauchsorganisation),
c) H_0: $p \geq p_0$ gegen H_1 : $p < p_0$ (misstrauische Jugendschützer).

Obwohl der Alkoholgehalt keine Wahrscheinlichkeit ist, veranschaulicht das Beispiel gut, worum es geht, insbesondere die Problematik der in Aufgaben oft unterstellten Interessen: Genau genommen ist nämlich gar nicht klar, mit welchem Ziel die Beteiligten ihre Untersuchungen anstellen. So wünschen sich Jugendschützer, die beruhigt schlafen wollen, niedrige Messwerte unterhalb des Prognoseintervalls zu 0.05. Jugendschützer, die erfolgreich klagen wollen, wünschen sich Messwerte oberhalb des Prognoseintervalls.

Mit welcher Sorte Jugendschützern man es zu tun hat, ist einzig aus dem Signalwort „misstrauisch" zu erraten. Gleiches gilt für die Verbraucherschützer.

Nach dem gesunden Menschenverstand ist der zweiseitige Blick der Eichkommission unabhängig von unterstellten Interessenlagen für Verbraucher- und Jugendschützer gleichermaßen interessant: Sollte der Alkoholgehalt unter dem Prognoseintervall zu 0.05 liegen, werden die Jugendschützer beruhigt schlafen und die Verbraucherschützer klagen, sollte er über dem Prognoseintervall liegen, werden die Jugendschützer klagen und die Verbraucherschützer zufrieden sein. Wir halten fest:

Bei einseitigen Tests ist zur Entschlüsselung von Standpunkten und Interessenlagen der zweiseitige Blick sehr hilfreich. Noch viel hilfreicher ist: Der zweiseitige Blick auf einseitige Signifikanztests lässt den Einfluss des Stichprobenumfangs n hervortreten: Wenn n sehr groß ist, wird das Prognoseintervall sehr klein und wenn dann die Beobachtung ein wenig außerhalb liegt, sind die Abweichungen trotz statistischer Signifikanz inhaltlich in der Regel höchst irrelevant.

Überblick zum Aufbau des Kapitels

Aus diesen Gründen beginnen wir in **8.2** – anders als die meisten Schulbücher – mit zweiseitigen Tests und entwickeln daraus die einseitigen, indem wir Fehlentscheidungen asymmetrisch bewerten. Die Rolle der Nullhypothesen tritt dabei klar hervor.

Wie hilfreich der zweiseitige Blick auf einseitige „eingekleidete" Testaufgaben ist, zeigt Abschnitt **8.3.** Einen Kontrapunkt zu eingekleideten Prüfungsaufgaben setzen wir in **8.4** mit sinnstiftenden Realexperimenten.

Noch faszinierender ist der Start in das Thema über das Entscheidungsspiel aus **8.5**, das durch die Bewertung von Fehlentscheidung zum Gewinnspiel wird und zur Suche nach optimalen Entscheidungsstrategien herausfordert. Beim Spielen *entdecken und nutzen die Lernenden den Begriff der Nullhypothese selbstständig.* Wenn man anschließend aus der Lernumgebung in die Realität wechselt, erkennt man die eingeschränkte Aussagekraft von Signifikanztests, weil die im Gewinnspiel gegebenen Voraussetzungen in der Praxis fehlen.

Damit leistet die spielerische Lernumgebung genau das, was Moßburger (2014) von einem emanzipatorischen Stochastikunterricht fordert: „Aussagen wie – Ich lehne eine Hypothese H_0 auf einem Signifikanzniveau von 5 % ab – werden in unserer Gesellschaft immer wieder dazu benutzt, mathematisch fundierte Erkenntnisse vorzugaukeln. Solange Zahlen für pseudo-mathematische Argumente missbraucht werden, solange sollte der Mathematikunterricht darüber aufklären, wie wenig ein Signifikanztest aussagt."

8.2 Vom Prognoseintervall zum einseitigen Test

Prognoseintervall und zweiseitiger Signifikanztest

Bezogen auf die Wirklichkeit hat eine Wahrscheinlichkeitsangabe $p = p_0$ stets hypothetischen Charakter: p_0 ist ein Modell, das nie genau stimmt, mit dem man die Wirklichkeit aber trotzdem oft gut beschreiben kann. Mit Prognoseintervallen prüft man die Brauchbarkeit (die numerisch nicht quantifizierbare „Vertrauenswürdigkeit") des Modells p_0: Wenn eine beobachtete Häufigkeit nicht im 90 % (95 % bzw. 99 %) Prognoseintervall zu p_0 liegt, bezweifelt man (stark bzw. sehr stark), dass p_0 ein gutes Modell darstellt. Damit hat man inhaltlich einen zweiseitigen Signifikanztest durchgeführt. Es fehlen nur die „Fachvokabeln":

Die Annahme H_0: $p = p_0$ bezeichnet man als *Nullhypothese*, die dann auf dem 10 % (5 %; 1 %) *Signifikanzniveau* zurückgewiesen werden kann, weil die beobachtete Häufigkeit *im Falle der Gültigkeit von H_0* nur selten – mit Wahrscheinlichkeit 10 % (5 %; 1 %) – auftritt.

Im 90 % (95 %; 99 %) Konfidenzintervall sammelt man dann alle vertrauenswürdigen Modelle p, die nicht zurückgewiesen werden können.

Einseitiger Signifikanztest – formal

Wenn die beobachtete Häufigkeit links des 90 % (95 %; 99 %) Prognoseintervalls liegt, dann spricht das natürlich nicht nur gegen $p=p_0$, sondern auch gegen $p \geq p_0$ und man kann dann die Nullhypothese H_0: $p \geq p_0$ – jetzt sogar auf dem 5 % (2.5 %; 0.5 %) Signifikanzniveau – zurückweisen, denn eine solche Beobachtung hätte unter der Voraussetzung, dass $p \geq p_0$ zutrifft (bzw. ein gutes Modell ist), eine Wahrscheinlichkeit von höchstens 5 % (2.5 %; 0.5 %). Wenn die beobachtete Häufigkeit rechts des 90 % (95 %; 99 %) Prognoseintervalls liegt, kann man analog H_0: $p \leq p_0$ auf dem 5 % (2.5 %; 0.5 %) Signifikanzniveau zurückweisen.

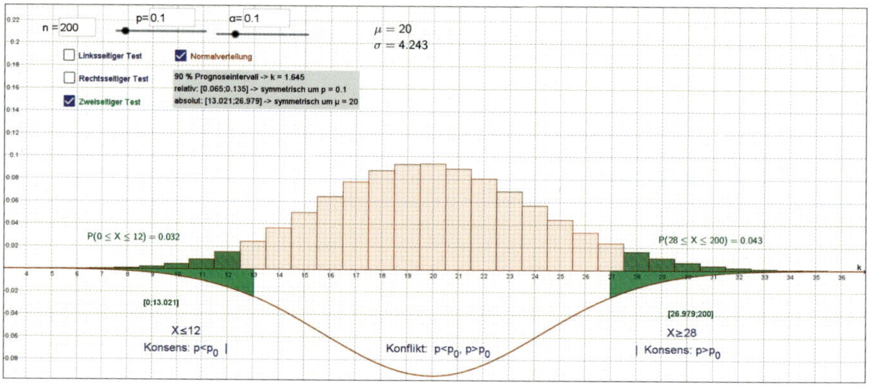

Abb. 8-1: Die Datei signifikanztest-tool.ggb berechnet und visualisiert das 90 %-Prognoseintervall der absoluten Häufigkeiten (zu p = 0.1 und n = 200) oberhalb der Rechtsachse mit der Binomialverteilung, unterhalb mit der Sigmaregel. Im grau unterlegten Feld liest man das Prognoseintervall der relativen Häufigkeiten ab.
Einseitige Tests: Wenn die beobachtete absolute bzw. relative Häufigkeit im linken Zipfel liegt, verwirft man H_0: $p \geq 0.1$ gegen H_1: $p < 0.1$, wenn sie im rechten Zipfel liegt, verwirft man H_0: $p \leq 0.1$ gegen H_1: $p > 0.1$ jeweils auf dem 5 %-Signifikanzniveau.

Wie man sieht, hat man mit *einem* zweiseitigen Signifikanztest auf dem Signifikanzniveau α formal gleich *zwei* einseitige Signifikanztests auf dem Niveau $\frac{\alpha}{2}$ „durchgerechnet". Man hat damit das Signifikanzniveau durch die einseitige Sichtweise halbiert, scheinbar also die „Überzeugungskraft" des Testergebnisses ohne Mehraufwand verdoppelt. Dass man in der Statistik Hypothesen vor Testdurchführung formuliert (vielleicht sollte man besser sagen: formulieren sollte), spielt für das Rechnen von Prüfungsaufgaben keine Rolle.

Einseitiger Signifikanztest inhaltlich

Trotz der formalen Parallelitäten zu zweiseitigen verbirgt sich hinter einseitigen Signifikanztests eine komplett andere „Philosophie". Es geht nicht mehr um die *unvoreingenommene Suche* nach guten Modellen, sondern um die *Ent-*

scheidung, ob man bei seinem zukünftigen Handeln auf das Modell A: $p \le p_0$ setzt oder auf B: $p \ge p_0$. Wenn eine relative Häufigkeit h *außerhalb* des Prognoseintervalls zu p_0 liegt, ist die Entscheidung prinzipiell leicht: Wenn sie unterhalb liegt, wird man von A ausgehen, wenn sie oberhalb liegt, von B.

Schwierig wird es, wenn die Häufigkeit *im* Prognoseintervall von p_0 liegt, weil p_0 ja eigentlich ein brauchbares Modell darstellt. Der gesunde Menschenverstand würde am liebsten den Stichprobenumfang n erhöhen und sich erst dann entscheiden, wenn h entweder links oder rechts des (sich mit $\frac{1}{\sqrt{n}}$ verkleinernden) Prognoseintervalls liegt. Wenn man sich trotzdem entscheiden muss, ist das Risiko von Fehlentscheidungen groß und deren Konsequenzen spielen bei der Entscheidung die ausschlaggebende Rolle.

Und vom Spekulieren über die Konsequenzen und der zugehörigen „sprachlichen Verpackung“ leben die einseitigen Signifikanztest-Aufgaben, wie die Beispiele in 8.3 belegen.

Einseitige Signifikanztests leben in Prüfungsaufgaben von Häufigkeiten im Prognoseintervall.

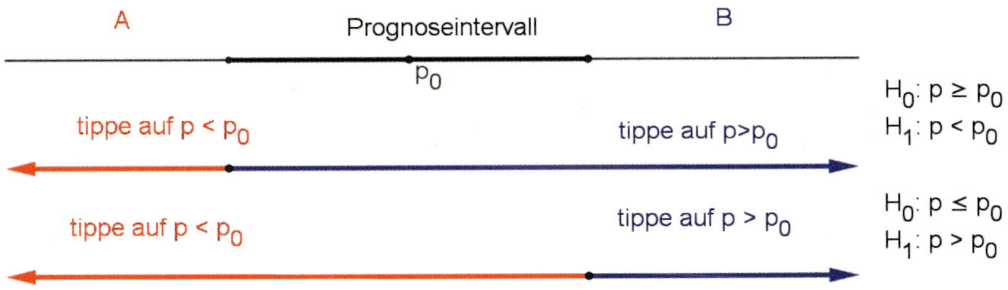

Obere Zeile:

Sollte ein falscher Tipp auf A (also das fälschliche Verwerfen von B) mehr Verlust bringen (negativere Konsequenzen haben) als ein falscher Tipp auf B, wird man mit dem Tippen auf A vorsichtig sein und im Zweifel bei B: $p \ge p_0$ bleiben, also nicht nur, wenn h oberhalb, sondern auch, wenn h im Prognoseintervall von p_0 liegt. Statistisch gesprochen wird B dann zur Nullhypothese H_0 und das Verfahren zum linksseitigen Test H_0: $p \ge p_0$ gegen H_1: $p < p_0$.

Untere Zeile:

Wenn der falsche Tipp auf B (also das fälschliche Verwerfen von A) negativere Konsequenzen hat als der falsche Tipp auf A, bleibt man, wenn h im Prognoseintervall von p_0 liegt, bei A: $p \le p_0$. A wird zur Nullhypothese. Man testet rechtsseitig H_0: $p \le p_0$ gegen H_1: $p > p_0$.

Die Aura der „Wissenschaftspropädeutik", welche die einseitigen Signifikanztests umgibt, resultiert einerseits aus der elaborierten Fachsprache „Nullhypothese, signifikant, hoch signifikant, Signifikanzniveau, Ablehnungsbereich ...", aber auch daraus, dass sich empirische Forscher ähnlich verhalten (sollten), nämlich vorsichtig/konservativ nach dem Motto: „Bleibe so lange bei einer bewährten und allgemein anerkannten Hypothese, z. B. A: $p \leq p_0$ bis es jemandem gelingt, dich vom Gegenteil zu überzeugen."

Wenn p_0 beispielsweise für die Wahrscheinlichkeit steht, dass eine Therapie anschlägt und jemand absichern möchte, dass eine neue Therapie besser ist, also B: $p > p_0$ gilt, dann muss er – um wirklich überzeugen zu können – eine Häufigkeit vorlegen, die rechts des Prognoseintervalls von p_0 liegt. Die Kosten einer falschen Entscheidung bestehen hier aus der verlorenen Reputation (oder mit einer Innovation verbundenen Fehlinvestitionen), wenn man opportunistisch zu schnell auf das „neue Pferd" B: $p > p_0$ setzt.

Kurz und knackig:

Beim einseitigen Testen muss man sich unter Berücksichtigung der Kosten von Fehlentscheidungen für eines der Modelle A: $p \leq p_0$ oder B: $p \geq p_0$ entscheiden.

Wenn das fälschliche Verwerfen von B mehr Kosten verursacht als das fälschliche Verwerfen von A, setzt man im Zweifel (wenn h im Prognoseintervall von p_0 liegt) auf B.

B wird zur konservativen Hypothese H_0, von der man erst dann abweicht, wenn h sehr weit links liegt. Ebenso verfährt ein Wissenschaftler, der versucht, A dadurch abzusichern, dass er eine Häufigkeit vorlegt, die sehr weit links liegt.

Statistiker sagen: Man testet linksseitig B = H_0: $p \geq p_0$ gegen A: H_1: $p < p_0$.

Wenn das fälschliche Verwerfen von A mehr Kosten verursacht als das fälschliche Verwerfen von B, setzt man im Zweifel auf A. A wird zu konservativen Hypothese H_0, von der man erst dann Abstand nimmt, wenn h sehr weit rechts liegt.

Statistiker sagen: Man testet rechtsseitig A = H_0: $p \leq p_0$ gegen B: H_1: $p > p_0$.

Solche klaren Aussagen zur Kosten-/Nutzen-Bewertung von Fehlentscheidungen findet man in Schulbüchern selten.

8.3 Fragwürdige Aufgaben – wie der zweiseitige Blick vieles erleichtert

Vier (leider nur aus Sicht der Prüfungsaufgabenproduktion nachvollziehbare) Gründe haben dazu geführt, dass einseitige Signifikanztests einen kultähnlichen Status erreicht haben:

- Sie machen Vorwissen zur Binomialverteilung nützlich und wichtig.
- Sie erwecken den Eindruck anspruchsvoller „Wissenschaftspropädeutik".
- Tabellierte Verteilungsfunktionen gestatten ohne Zwischenrechnung abzulesen, ob Abweichungen statistisch signifikant sind.
- Die Möglichkeit, wahlweise Nullhypothesen oder Bewertungen in Aufgabentexten zu verstecken und von den Prüflingen suchen zu lassen, erleichtert bei der Aufgabenproduktion Niveaudifferenzierung für Grund- bzw. Leistungskurse.

Wie folgende Aufgaben belegen, werden dabei, um Aufgabenschemata bedienen zu können, Hypothesen aus dem Hut gezaubert und Kontexte konstruiert, in denen kein Statistiker auch nur ansatzweise auf die Idee käme, einseitige Hypothesentests zu bemühen.

B

Beispiel 1: Anfrage eines Fachkonferenz-Vorsitzenden

Ich habe eine Frage zu den Hypothesentests, über die wir uns *im Fachkollegium* den Kopf zerbrechen: Die Aufgabe lautet:
Der Bürgermeister einer Stadt plant, den Bau eines Fußballstadions zu bezuschussen, wenn mindestens 75 % zustimmen. Die Stadtverwaltung behauptet, dass dies der Fall ist: H_0: $p = 0.75$, $n = 100$, $\alpha = 5\,\%$. Wie testet die Stadtverwaltung?

1. Lösung: Unter der Annahme, dass die Stadtverwaltung will, dass das Stadion gebaut wird, wird die Stadtverwaltung ja nur von ihrer Position abweichen (H_0 also verwerfen), wenn deutlich weniger als 75 Befürworter in einer Umfrage gefunden werden. Man müsste linksseitig testen. Dieser Test führt auf den Annahmebereich Ann = [68; 100] bzw. den Ablehnungsbereich Abl = [0; 67].
Sollten in der Stichprobe weniger als 68 Befürworter sein, so bleibt der Stadtverwaltung wohl nichts anderes übrig als H_0 zu verwerfen und davon auszugehen, dass tatsächlich weniger als 75 % Befürworter in der Stadt sind. Die Stadtverwaltung will ihren Plan durchboxen im folgenden Sinne: „Ok Leute, wir haben in der Stichprobe 72 Befürworter gefunden. Das ist immer noch mit unserer Nullhypothese vereinbar, also bauen wir das Stadion".

2. Lösung: Unter der Annahme, dass die Stadtverwaltung wirklich sicher sein will, dass mehr als 75 % das Projekt befürworten, wird die Stadtverwaltung das erst dann glauben, wenn deutlich mehr als 75 Befürworter in einer Umfrage gefunden werden. Man müsste rechtsseitig testen. Dieser Test führt auf den Annahmebereich Ann = [0; 82] bzw. den Ablehnungsbereich Abl = [83; 100]. Sollten in der Stichprobe mehr als 82 Befürworter sein, so hat die Stadtverwaltung ein gutes Argument, um H_0 zu verwerfen und davon auszugehen, dass tatsächlich mehr als 75 % Befürworter in der Stadt sind.
Frage: Sind beide Lösungen richtig?
Dann hängt die Art der Testung vom Willen der Stadtverwaltung ab. Das heißt man müsste in der Aufgabe noch präzisieren, was die Stadtverwaltung eigentlich will, also je nach Interessenlage: H_0: $p \geq 0.75$, oder $p \leq 0.75$. Wenn nur eine Lösung richtig ist, dann wüsste ich gerne den Denkfehler der anderen Lösung.

Beispiel 2 (Abituraufgabe 2019)
Ein Unternehmen, das Fahrten mit einem Ausflugsschiff organisiert, bietet für 60 Plätze 64 Reservierungen an, weil **erfahrungsgemäß** 10 % der Reservierungen nicht erscheinen. Das Unternehmen richtet ein Online-Portal zur Reservierung ein und **vermutet,** dass dadurch der Anteil p der Personen mit Reservierung, die zur jeweiligen Fahrt nicht erscheinen, **zunehmen** könnte. Als Grundlage für die Entscheidung darüber, ob pro Fahrt künftig mehr als 64 Reservierungen angenommen werden, soll die **Nullhypothese** „Die Wahrscheinlichkeit dafür, dass eine zufällig ausgewählte Person mit Reservierung nicht zur Fahrt erscheint, beträgt **höchstens 10 %**“, mithilfe einer Stichprobe von **200** Personen mit Reservierung auf dem **Signifikanzniveau 5 %** getestet werden.
Vor der Durchführung des Tests wird festgelegt, die Anzahl der Reservierungen nur dann zu erhöhen, wenn die Nullhypothese abgelehnt werden musste.

- Ermitteln Sie für den beschriebenen Test die zugehörige Entscheidungsregel.
- Entscheiden Sie, ob bei der Wahl der Nullhypothese eher das Interesse, dass weniger Plätze frei bleiben sollen, oder das Interesse, dass nicht mehr Personen mit Reservierung abgewiesen werden müssen, im Vordergrund stand. (Die zur Lösung der Aufgabe erforderlichen Rechnungen zeigt Abb. 8-1.)

In Beispiel 1 werden Interessen vorgegeben, die Nullhypothese ist gesucht. In Beispiel 2 wird umgekehrt die Nullhypothese vorgegeben und die Interessenlage ist zu benennen.
Hinter solchen Aufgaben verbirgt sich ein Standardschema:

- Wahrscheinlichkeit herzaubern,
- Nullhypothese konstruieren aus (häufig unklar) unterstellter Interessenlage oder
  Interessenlage konstruieren aus (häufig unklar) vorgegebener Nullhypothese,

- Stichprobenumfang vorgeben,
- Signifikanzniveau vorgeben,
- Ablehnungsbereich berechnen oder ablesen.

Das Decodieren einseitiger Prüfungsaufgaben gelingt Schülerinnen und Schülern sehr viel leichter, wenn sie gelernt haben, zweiseitig zu denken und beim 5 %-Signifikanzniveau das 90 %-Prognoseintervall zur fraglichen Wahrscheinlichkeit zu skizzieren, wie in Abb. 8-1:

In Beispiel 2 ist die no-show-Wahrscheinlichkeit $p=0.1$ vorgegeben und auch die **Vermutung**, dass sie **zugenommen** hat:
Wenn man diese Vermutung absichern möchte, um guten Gewissens mehr Tickets anbieten zu können, wünscht man sich, *auch ohne das Wort Nullhypothese zu erwähnen,* no-show-Häufigkeiten im rechten Verteilungszipfel oberhalb 28 (14 %). Das entspricht dem im Aufgabentext vorgegebenen rechtsseitigen Test H_0: $p \leq 0.1$ gegen H_1: $p > 0.1$. Man bleibt also im Zweifel bei $p \leq 0.1$, um Entschädigungszahlungen zu vermeiden und nimmt dafür unbesetzt bleibende Plätze in Kauf.
Wenn man diese Vermutung widerlegen möchte, wünscht man sich – wieder ohne, dass man das Wort Nullhypothese erwähnen müsste, Häufigkeiten im linken Verteilungszipfel unterhalb von 12 (6 %). Man testet linksseitig H_0: $p \geq 0.1$ gegen H_1: $p < 0.1$. Man setzt also im Zweifel auf $p \geq 0.1$, um unbesetzt bleibende Plätze tunlichst zu vermeiden und nimmt dafür Entschädigungszahlungen an Kunden in Kauf, die ihre Buchung nicht realisieren können.

Kein Statistiker, kein Unternehmen, das versucht, Gewinne mit Überbuchungsstrategien zu optimieren, käme auf die Idee, hier einseitige Signifikanztests zu bemühen und Interessen zu verstecken. Der gesunde Menschenverstand würde stattdessen die Verluste (durch nicht besetzte Plätze) und Entschädigungen (bei Überbuchungen) abschätzen und anschließend so entscheiden, dass die Gewinnerwartung möglichst groß wird. Ebenso sinnlos ist, das Problem der Stadtverwaltung mit Hypothesentests lösen zu wollen.

8.4 Authentische Beispiele – Gummibärenforschung

Auf zentrale Prüfungsformate hat man als Lehrperson wenig Einfluss. Im Unterricht kann man aber auch das einseitige Testen sinnstiftend und handlungsorientiert unterrichten.

8.4.1 Gewicht und Eichzeichen

Abb. 8-2: Bären-Minis tragen das Eichzeichen 10 g ℮

Einseitige Signifikanztests „leben" in der Qualitätskontrolle. Über das Eichzeichen ℮ (quantité estimée), das viele Verpackungen tragen, holt man das Thema in den Klassenraum. Verpackungen mit dem Eichzeichen müssen nach § 22 der Fertigverpackungsverordnung *im Mittel* den aufgedruckten Inhalt enthalten. Bei den Bären-Minis aus Abb. 8-2 sind das 10 g. Zusätzlich fordert das Eichzeichen: Die Toleranzgrenze 9.1 g (das ist das um 9 % verringerte Nenngewicht, vgl. Zeile 1 aus Abb. 8-4) muss bei den Gummibärentütchen in 98 % aller Fälle überschritten werden. Die Gewichtsangabe wird so zu einem normativen Modell, dessen direkte Überprüfbarkeit spannenden Unterricht garantiert, nicht erst im Rahmen der beurteilenden, sondern schon in der beschreibenden Statistik.

Spekulieren

Auf die Bitte, vor einer Datenerhebung plausibel erscheinende Gewichtsverteilungen zu skizzieren, zeichnen Schülerinnen und Schüler meist glockenförmige Histogramme mit Maximum bei 10 g und verschwindend kleinen Wahrscheinlichkeiten unterhalb von 9.1 g.

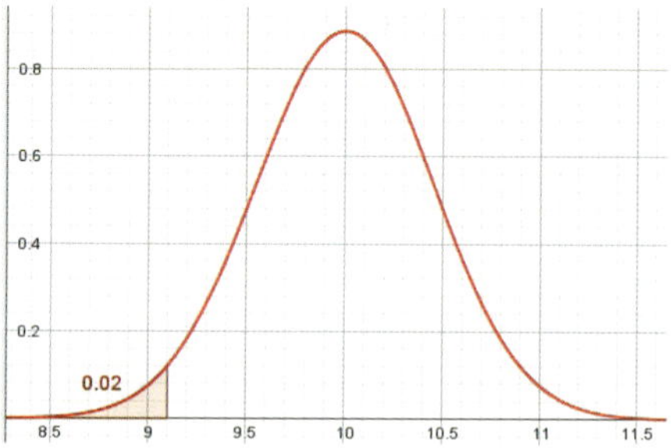

Abb. 8-3: Plausibel begründbare Gewichtsverteilung $\varphi_{10;\,0.5}$

Wer die Normalverteilung $\varphi_{\mu;\sigma}$ kennt, wählt $\mu = 10$ und $2\sigma \approx 0.9$, weil die Wahrscheinlichkeit für Gewichte unterhalb des 2σ-Intervalls ca. 2 % beträgt. Aber auch Glocken, deren Maximum etwas über 10 liegt, scheinen plausibel. Dann würde der Produzent zwar etwas verschenken, dafür aber Kundensympathien gewinnen. Oft werden im Glauben an die Präzision automatischer Abfüllanlagen aber auch deutlich schmalere Glocken skizziert.

von (g oder ml)	bis (g oder ml)	maximale Abweichung in % des angegebenen Packungsinhalts	maximale Abweichung absolut (g oder ml)
5	50	9	–
50	100	–	4,5
100	200	4,5	–
200	300	–	9
300	500	3	–
500	1000	–	15
1000	20000	1,5	–

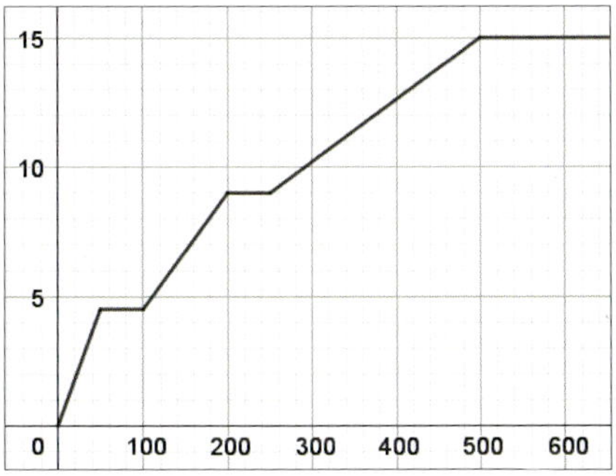

Abb. 8-4: Neben dem Inhalt im Mittel garantiert das Eichzeichen, dass Toleranzen eingehalten werden: 98 % der Waren müssen über der zulässigen Minusabweichung liegen. Dabei wird die Minusabweichung als stückweise lineare Funktionen vorgegeben. Bei 1000 ml beträgt sie 1.5 %, also 15 ml. Deswegen findet man bei dem 1 l Apfelsaft-Etikett mit Eichzeichen den Hinweis „mindestens 885 ml". Mit Eichzeichen versehene 10 g-Gummibärentütchen müssen entsprechend in 98 % aller Fälle mehr als 9.1 g wiegen.

Vorzeichentest

Die Brücke von stetig verteilten Gewichten zu Binomialtests schlägt man dadurch, dass man die Wahrscheinlichkeiten betrachtet, mit denen die im Eichgesetz genannten Gewichtsgrenzen 9.1 g bzw. 10 g überschritten werden (Vorzeichen +). Wenn man den Mittelwert 10 g als Median interpretiert, sollte die Hälfte der Tütchen übergewichtig „+" sein. Es sollte also gelten $p(+)=0.5$. Außerdem sollte gelten $p(OK)\geq 0.98$, wobei „OK" für ein Gewicht über 9.1 g steht. Damit liefert das Eichgesetz Hypothesen, die nicht mehr „aus dem Hut" gezaubert werden müssen.

Hannah und Simon haben dazu folgende Kontexte konstruiert:
Hannah: Ich schaue auf den *Median* 10 g: Wenn ich Gummibären verpacken müsste, würde ich dafür sorgen, dass deutlich mehr als 50 % der Tütchen übergewichtig (+) sind. Ich würde die Maschinen so einstellen, dass Stichprobenergebnisse im rechten Teil der Binomialglocke zu $p = 0.5$ liegen. In die Sprache einseitiger Signifikanztests übersetzt: Ich würde dafür sorgen, dass man H_0: $p(+) \leq 0.5$ zugunsten von H_1: $p(+) > 0.5$ verwerfen kann.

In einer Stichprobe aus 100 Tütchen sollten dann 59 (59 %) oder mehr, bei 409 Tütchen sollten 222 (54.1 %) oder mehr Tütchen übergewichtig (d. h. schwerer als 10 g) sein.

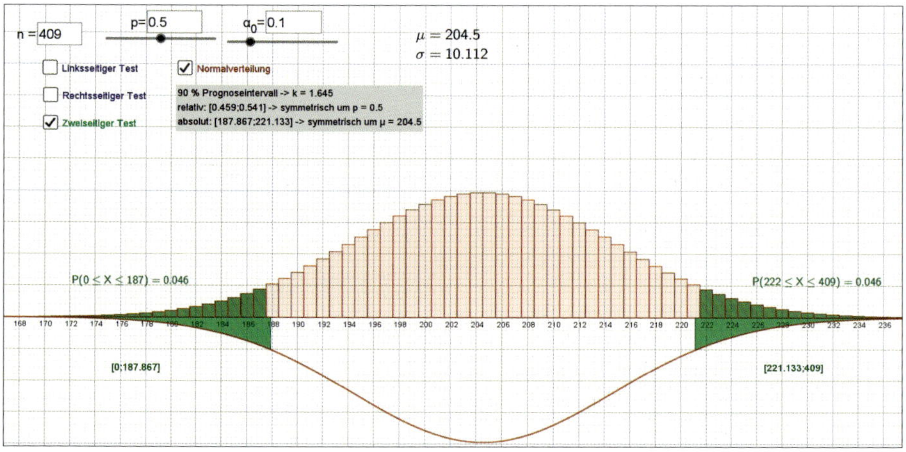

Abb. 8-5: Der zweiseitige Test von p = 0.5 auf 10 %-Niveau entspricht rechnerisch den einseitigen Tests auf dem 5 %-Niveau (n = 409)

Simon: Ich schaue auf die *untere Toleranzgrenze* 9.1 g. Um nicht gegen die Eichverordnung zu verstoßen, würde ich die Maschinen so einstellen, dass deutlich mehr als 98 % der Tütchen OK sind. Die Häufigkeiten von OK-Tütchen müssten im rechten Zipfel der Binomialglocke zu $p = 0.98$ liegen. In die Sprache von Signifikanztestaufgaben übersetzt würde ich dafür sorgen, dass man H_0: $p(OK) \leq 0.98$ zugunsten von H_1: $p(OK) > 0.98$ verwerfen kann.

In einer Stichprobe von 409 Tütchen sollten dann 406 (99.1 %) oder mehr Tütchen OK (schwerer als 9.1 g) sein.

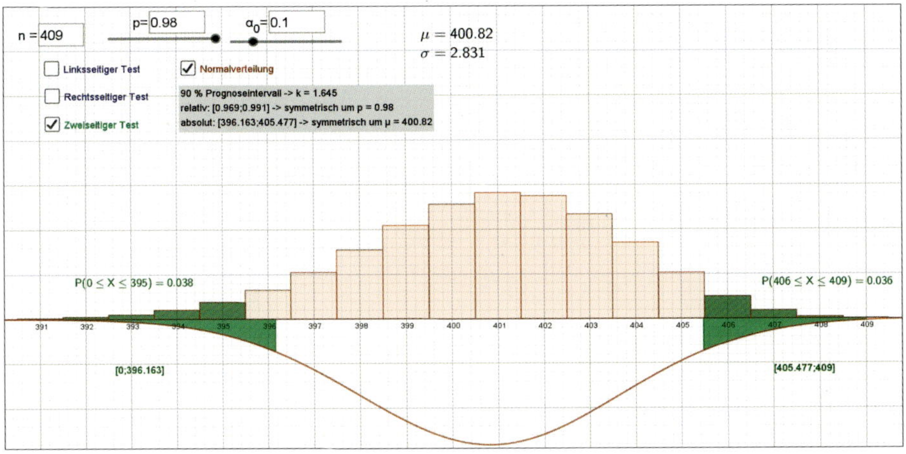

Abb. 8-6: Der zweiseitige Test von p = 0.98 auf 10 %-Niveau entspricht rechnerisch den einseitigen Tests auf dem 5 %-Niveau

Datenerhebung

Die Datenerhebung sorgt für Überraschungen: Die Gewichte sind nicht wie erwartet glockenförmig verteilt, sondern „gequantelt". Die Tütchen enthalten 10, 11 oder 12 Bären. Aber auch Ausreißer von 8 (Mainz) bis zu 20 Bären (Ilmenau) wurden beobachtet:

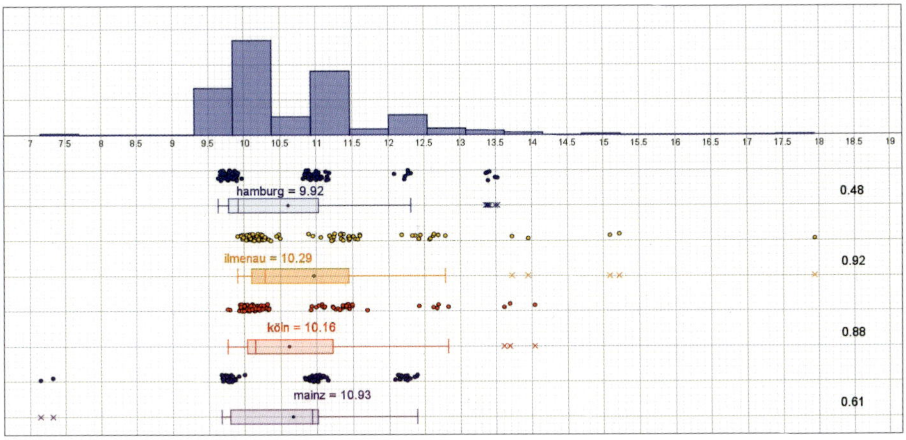

Abb. 8-7: Hier wurden viermal 100 Tütchen ausgewogen, die aus verschiedenen Produktionen stammten (baerengewichte.ggb).

Hannah hatte mit ihrer Vermutung, dass die Bären kundenfreundlich verpackt werden, Recht: 73 % der insgesamt 409 Tütchen waren übergewichtig (schwerer als 10 g). Das Ergebnis liegt weit oberhalb des 90 %-Prognoseintervalls von $p = 0.5$. Auch die ~ 100er- Stichproben aus Ilmenau, Köln und Mainz sichern mit $h(+) = 92\,\%$, $88\,\%$, $61\,\%$ durch die Brille der Signifikanztests gesehen diese Vermutung ab. Stets weist der Test H_0: $p(+) \leq 0.5$ zugunsten von H_1: $p(+) > 0.5$ zurück. Nur bei der Stichprobe aus Hamburg lag die relative Häufigkeit mit $h(+) = 48\,\%$ im Prognoseintervall von $p = 0.5$.

Und auch Simon darf H_0: $p(OK) \leq 0.98$ zugunsten von H_1: $p(OK) > 0.98$ bezweifeln. 407 der 409 Tütchen waren schwerer als 9.1 g, sodass kein Konflikt mit der Eichverordnung zu erwarten ist.

Projektarbeit mit Folgen

Wie Abb. 8-8 belegt, gab es bis zum Mindesthaltbarkeitsdatum (MHD) 12/2017 Bärenminis in 12 g-Tütchen mit Eichzeichen. Sie wurden in 250 g-Beuteln – ebenfalls mit Eichzeichen – angeboten.

Beim Einkauf für ein Gummibärenprojekt wurden durch Zweckentfremdung einer Gemüsewaage besonders schwere Beutel ausgewählt. Diese enthielten – welche Freude – oft mehr als 22 der 12 g-Tütchen, Simons Test schlug aber mehrfach an und signalisierte Verstoß gegen die Minustoleranzen des Eichgesetzes! Durch Einsatz der Gemüsewaage wurden Beutel erworben, bei denen 22 Tütchen für 250 g nicht gereicht hätten, dafür waren tendenziell untergewichtige Tütchen verantwortlich. Der Einsatz der Gemüsewaage hatte somit für eine nicht repräsentative Stichprobe gesorgt.

Nachdem die Firma von diesem Gemüsewaagen-Datensatz erfuhr, verschwand mit dem MHD 01/2018 die Gewichtsangabe auf den einzelnen Tütchen, obwohl sich an deren Inhalt nichts änderte.

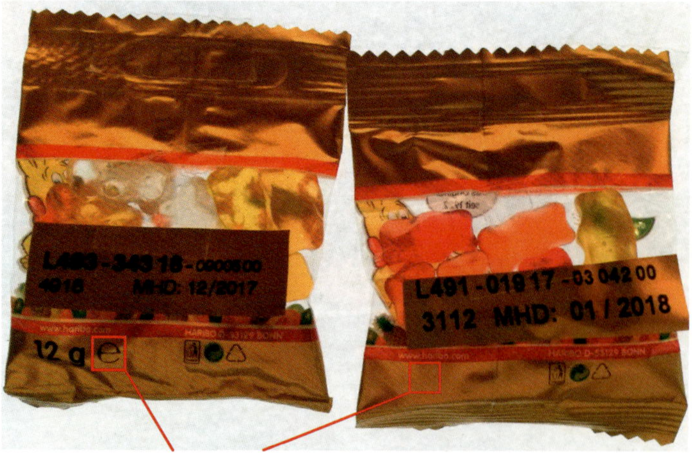

Abb. 8-8: Das verschwundene Eichzeichen

8.4.2 Geschmack und Farbe

Sensorische Experimente sind für statistische Untersuchungen konkurrenzlos spannend, weil jede/r mit seiner „Expertise" gefragt ist und sich einbringen kann: Gummibären gibt es in sechs Farben, die unterschiedlich schmecken (sollen):

- dunkelrot = Himbeere,
- hellrot = Erdbeere,
- orange = Orange,
- gelb = Zitrone,
- grün = Waldmeister,
- weiß = Ananas.

Abb. 8-9: Blindverkostung in Partnerarbeit

Die Frage, ob die Wahrscheinlichkeit $p=\frac{1}{6}$ für das Herausschmecken der Sorten bei Blindverkostung die Realität gut modelliert, liegt in der Luft.

Wir bezeichnen $p=\frac{1}{6}$ als Nullschmeckerhypothese, weil jemand, der „Null" Unterschiede schmeckt, seinen Testbogen durch Rollen eines Laplace-Würfels (oder pures Raten) ausfüllen könnte.

Da jeder hofft, seine geschmackliche Expertise durch eine hohe Trefferzahl beim Verkosten nachweisen zu können, erübrigt sich das Konstruieren von Interessenlagen; diese liegen in Form der Hoffnung auf der Hand: Man wünscht sich eine Trefferquote im rechten Verteilungszipfel und testet damit – ohne dass man das in Klasse 7 erwähnen müsste – rechtsseitig: Hohe Trefferquoten untermauen die Expertise und sprechen gegen die „Nullschmeckerhypothese".

		schmeckt wie					
		Himbeere	Erdbeere	Orange	Zitrone	Apfel	Ananas
Farbe	dunklrot						
	hellrot						
	orange						
	gelb						
	grün						
	weiß						

Abb. 8-10: Auswertungstabelle

Spekulieren

Wer bei einer Blindverkostung von sechs zufällig ausgewählten Bären sechs Treffer landet, der wird sicher als Experte gelten, weil man bei einem Nullschmecker nur einen $(6 \cdot \frac{1}{6}=1)$ Treffer erwartet. Auch Leute mit 5 Treffern wird man „nach Bauchgefühl" noch als Experten durchgehen lassen, aber ob vier Treffer in sechs Versuchen ausreichen? In der Sekundarstufe I zeigen Simulationen, in der Sekundarstufe II zusätzlich das Säulendiagramm der Binomialverteilung $B_{6;1/6}$, dass bei einem Nullschmecker 4 oder mehr Treffer mit 0.9 % sehr unwahrscheinlich sind. Man wird somit auch schon bei 4 Treffern die Nullschmeckerhypothese für kein gutes Modell mehr halten und sie bezweifeln (H_0: $p=\frac{1}{6}$ auf dem 1 %-Signifikanzniveau rechtsseitig zurückweisen).

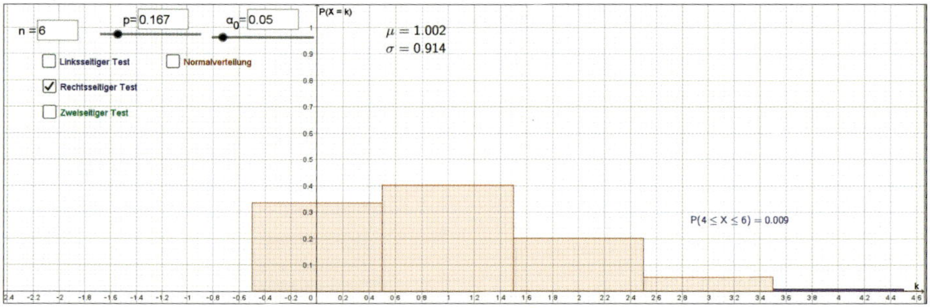

Abb. 8-11: Binomialverteilung $B_{6;1/6}$

Experimentieren

In Partnerarbeit experimentiert man wie folgt: Partner A wählt mit verbundenen Augen Zug um Zug zufällig sechs Bären und verkostet diese blind. Partner B notiert derweil wie in Abb. 8-10 die jeweils gezogene Farbe und wonach diese geschmeckt hat, ermittelt die Trefferzahl und prüft, ob sie bei $X \geq 4$ zum Zurückweisen der Nullschmeckerhypothese ausreicht.

Zweiseitige Variante

Wenn man 18 Bären zur Verkostung anbietet, wird man bei einem Nullschmecker 3 Treffer erwarten. Die Trefferzahl sollte dann mit mindestens 90 %iger Sicherheit im Intervall [1; 6] liegen. Bei 6 oder mehr Treffern wird man die Nullschmecker-Hypothese zurückweisen. Gleiches gilt bei 0 Treffern. Möglicherweise schmeckt Partner A doch deutliche Unterschiede, ordnet sie aber falsch zu. Dann wäre er ein „Inversschmecker".

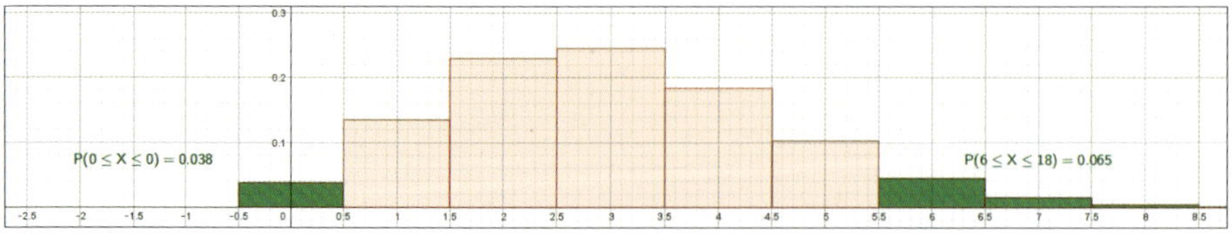

Abb. 8-12: Binomialverteilung $B_{18;1/6}$ mit 90 %-Prognoseintervall der absoluten Häufigkeiten

8.4.3 Von der Gewinnerwartung zum Hypothesentest

Beim Gummibärenschmecken liegt die Hypothese $p=\frac{1}{6}$ und der rechtsseitige Hypothesentest H_0: $p=\frac{1}{6}$ gegen H_1: $p>\frac{1}{6}$ nahe. Das folgende Beispiel zeigt, wie man das einseitige Testen auch anderer Hypothesen sinnvoll an Erwartungswerte koppeln kann, die aus der Sekundarstufe I geläufig sind. Die müssen dann nicht mehr künstlich „hergezaubert" werden.

A

Aufgabe

Die 7c möchte das Gummibärenschmecken zur Aufbesserung der Klassenkasse als Gewinnspiel anbieten: Die Teilnahme am Gummibärenschmecken kostet einen Chip ($a = 1$). Wer die zufällig angebotene Sorte richtig schmeckt, bekommt vier Chips zurück ($b = 4$), ansonsten ist der Einsatz futsch.

Frage: Wie groß darf die Trefferwahrscheinlichkeit p der „Kunden" höchstens sein, damit dieses Spiel einen Gewinn erwarten lässt?

Lösung

Wenn die Trefferwahrscheinlichkeit den Wert p hat, nimmt die 7c von jedem Teilnehmer einen Chip ein, zahlt im Mittel 4p Chips zurück, erwartet also den Gewinn $E = 1 - 4p$ (allgemein $E = a - b \cdot p$).

Der ist nur dann positiv, wenn $4p < 1$, also $p < \frac{1}{4}$ (allgemein $p < \frac{a}{b}$). Die 7c sollte das Spiel also nur dann anbieten, wenn p deutlich unter $\frac{1}{4}$ liegt, wenn also in einer Stichprobe für die relative Trefferhäufigkeit h gilt $h << \frac{1}{4}$ bzw. wenn h möglichst weit unterhalb des Prognoseintervalls zu $p = \frac{1}{4}$ liegt. Und damit ist man beim linksseitigen Signifikanztest, bei dem man sich wünscht, H_0: $p \geq \frac{1}{4}$ zugunsten von H_1: $p < \frac{1}{4}$ verwerfen zu können. Man sollte der 7c ihr Geschäftsmodell also nur dann empfehlen, wenn es gelingt, nach einer Stichprobe H_0: $p \geq \frac{1}{4}$ in einem linksseitigen Test zu verwerfen.

Aber Vorsicht (!): Bei hohem Stichprobenumfang erhält man signifikante Abweichungen nach unten, wenn die Wahrscheinlichkeit nur unwesentlich kleiner als $\frac{1}{4}$ ist, wenn die 7c also „fast nichts" verdient. Wenn signifikante Abweichungen nach unten aber schon bei kleineren Stichprobenumfängen auftreten, spricht das für $p << \frac{1}{4}$, also ein lohnenderes Geschäftsmodell und man hätte ein besseres Gewissen beim Aussprechen der Empfehlung an die 7c.

Leider sind solche Überlegungen zur stichprobenumfangsabhängigen Interpretation von Testergebnissen in den Bildungsstandards nicht vorgesehen, was man als ein Argument dafür sehen kann, das einseitige Hypothesentesten durch Konfidenzintervalle zu ersetzen und mit den Wahrscheinlichkeiten in den Konfidenzintervallen dann die Gewinnerwartung abzuschätzen.

8.4.4 Resultat und Resümee

Nach diesen Vorüberlegungen wird die experimentelle Antwort natürlich mit prickelnder Spannung erwartet, und zwar schon in Klasse 6 auch ohne Bezug zu einseitigen Signifikanztests.

		schmeckt wie						
		Himbeere	Erdbeere	Orange	Zitrone	Apfel	Ananas	Trefferquote
Farbe	dunklrot	28	8	3	11	7	6	44 %
	hellrot	8	32	7	2	7	7	51 %
	orange	8	7	24	18	4	2	38 %
	gelb	8	5	21	21	4	4	33 %
	grün	10	4	6	5	33	5	52 %
	weiß	1	7	2	6	8	39	62 %

Abb. 8-13: Ergebnisse einer Stichprobe mit 378 Verkostungen. Orange und Zitrone wurden häufig miteinander verwechselt, was bei diesen Sorten zu einer geringeren Trefferquote führt.

Die Tabelle aus Abb. 8-13 zeigt: Die über die sechs Geschmacksrichtungen gemittelte Trefferquote betrug hier $\frac{177}{378} \approx 47\,\%$, was einen satten Verlust erwarten lässt.

Man sollte der 7c raten, ein anderes Preismodell (etwa mit der Auszahlung $b=2$) zu erproben.

Wer sich auf das Bärenverkosten einlässt, wird feststellen, dass es viele (ca. 20 %) Feinschmecker gibt, die eine Trefferquote von 100 % erreichen. Die meisten Menschen schmecken „ein bisschen", aber die Verkostung von sechs Bären reicht bei denen noch nicht zum Zurückweisen der Nullschmeckerhypothese.

Einen Eindruck von den zu erwartenden Ergebnissen vermittelt Abb. 8-14, bei der jeder der 122 Probanden *genau sechs Geschmacksrichtungen in zufälliger Permutation* verkosten musste. Fünf Treffer konnten hier nicht vorkommen, weil das Permutationsdesign dann auch den sechsten Treffer garantiert hätte. Und wenn man das Verkostungsexperiment wiederholt, lernt man aus dem ersten Versuch für den zweiten Versuch nichts. Bei 61 Fünftklässlern gab es 23 Verbesserungen, 22 Verschlechterungen und 16-mal blieb die Trefferquote unverändert.

Treffer	1. Versuch	2. Versuch	1. versuch	2. Versuch	1.+2. Versuch
0	3	2	5%	3%	4%
1	10	7	16%	11%	14%
2	9	14	15%	23%	19%
3	11	10	18%	16%	17%
4	15	16	25%	26%	25%
5	0	0	0%	0%	0%
6	13	12	21%	20%	20%

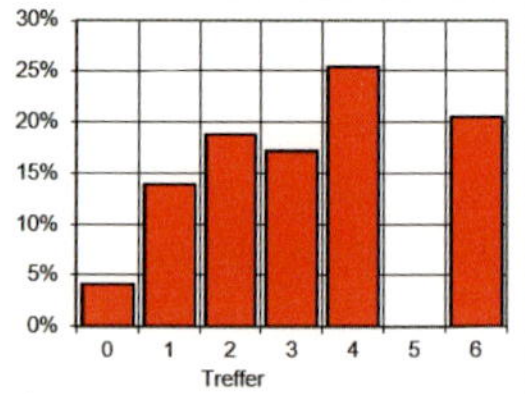

Abb. 8-14: 61 Fünftklässler verkosteten zweimal

Wer einen Signifikanztest in einem so authentischen Kontext *erlebt* und dessen Ergebnisse auch auf die eigene Person bezogen *zu interpretieren* gelernt hat, der wird später auch als publizierender Wissenschaftler signifikanten Testergebnissen keine Bedeutung beimessen, die sie nicht besitzen.

„Ein Gummibärentest als Pflichtprogramm für SPSS-gläubige Bildungswissenschaftler." So titelte Sandra den Abizeitungs-Beitrag ihres Mathe-Leistungskurses. Dem hätten Hans Freudenthal und Heinrich Winter vermutlich nichts hinzuzufügen!

8.5 Einseitige Signifikanztests aus Bayes'scher Sicht

Noch tiefergehende Einsichten in die Interpretation der Ergebnisse einseitiger Signifikanztests gewinnt man, wenn man sich darauf einlässt, die Qualität bzw. Glaubwürdigkeit von Hypothesen durch subjektive Wahrscheinlichkeiten zu bewerten. Das ist unter einschneidenden „Laborbedingungen" problemlos möglich und man kann die Wahrscheinlichkeit berechnen, mit der eine Alternative H_1 gilt, nachdem die Nullhypothese H_0 durch einen Signifikanztest zurückgewiesen wurde.

Diese Bedingungen sind in der Bayes'schen Lernumgebung „Sockenraten" aus Kapitel 7 erfüllt. Wenn man in ihr Entscheidungen zwischen *zwei* spezifizierten Hypothesen nach einer vorgegebenen Versuchszahl erzwingt statt – wie in Kap. 7 – nur zwischen ihnen abzuwägen und zusätzlich *Fehlentscheidungen bestraft,* dann entdecken Schülerinnen und Schüler die unterschiedlichen Rollen von Nullhypothese und Alternative selbstständig. Sie finden optimale Entscheidungsstrategien, erleben, wie sich in einem Bayes'schen Rahmen alle Fragen nach Irrtumswahrscheinlichkeiten beantworten lassen und auf welche Antworten man verzichten muss, wenn – wie beim klassischen einseitigen Test und auch beim Gummibärenschmecken – wesentliche Parameter unbekannt sind: Dann kann man nämlich nichts mehr von dem berechnen, was wir uns im Alltag wünschen.

8.5.1 Das Entscheidungsspiel („Alternativtest")

Vor Hannah liegen die Socken A und B. Sie wählt blind (mit je 50 % Wahrscheinlichkeit) eine der beiden. Dann zieht sie daraus $n = 11$-mal mit Zurücklegen und nennt die Ergebnisse (rote Kugel = Treffer), zum Beispiel T N N T N N T N T T N (das heißt, 5 von 11 Ergebnissen sind Treffer). Florian muss tippen, ob Hannah Socke A oder Socke B erwischt hat. Er muss sich also bzgl. der Trefferwahrscheinlichkeit zwischen den Hypothesen A: $p = \frac{1}{3}$ und B: $p = \frac{2}{3}$ *entscheiden.*

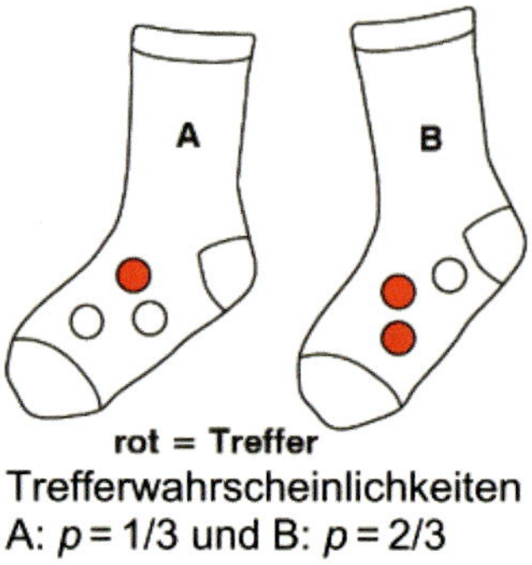

Abb. 8-15: mathematik lehren 220, S. 31

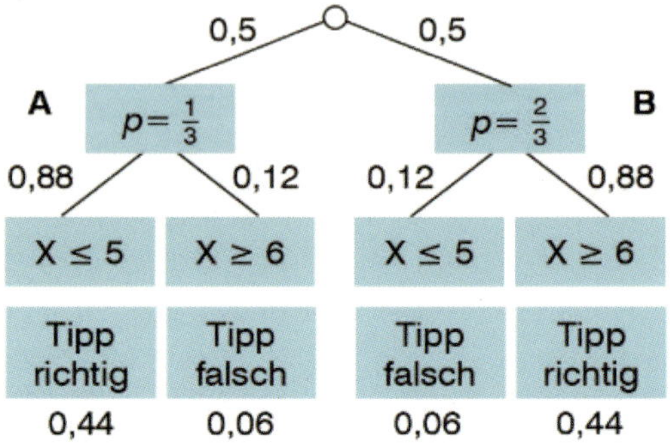

Abb. 8-16: mathematik lehren 220, S. 32

A

Aufgabe 1

a) Der „gesunde Menschenverstand" rät Florian, bei **X ≤ 5** Treffern auf **A**: $p = \frac{1}{3}$ zu tippen (B zu verwerfen) und bei X ≥ 6 Treffern auf B zu tippen (A zu verwerfen). Erproben Sie diese Strategie (wir nennen sie **A5**) in Partnerarbeit und schätzen Sie die Wahrscheinlichkeit dafür, dass Florian dann richtig tippt.

b) Berechnen Sie die Wahrscheinlichkeit dafür, dass diese Strategie **A5** richtige Tipps liefert.

c) Man könnte auch bei **X ≤ 4** Treffern auf A und bei X ≥ 5 Treffern auf B oder bei **X ≤ 6** Treffern auf A und bei X ≥ 7 Treffern auf B tippen. Zeigen Sie, dass diese Strategien (wir nennen sie **A4** und **A6**) weniger richtige Tipps erwarten lassen.

d) Da Hannah zufällig auswählt, ordnet Florian vor dem Versuch der Socke A die subjektive a-priori-Wahrscheinlichkeit 50 % zu. Zeigen Sie mithilfe der Bayes'schen Regel, dass Florians Vertrauen in A (von 50 %) auf 87.8 % ansteigt, wenn Hannah eine Trefferzahl X ≤ 5 meldet.

8.5.2 Gewinnspiel

Aus dem Entscheidungsspiel wird ein Gewinnspiel, wenn man richtige Tipps belohnt und falsche bestraft:

A

Aufgabe 2

a) Symmetrische Bestrafung von Fehlentscheidungen:
Bei jedem richtigen Tipp gewinnt Florian 1 € und für jeden falschen Tipp verliert er 2 €. Suchen Sie die Tippstrategie, die maximalen Gewinn erwarten lässt. Bestimmen Sie den maximalen Gewinn.

b) Asymmetrische Bestrafung von Fehlentscheidungen:
Suchen Sie die Strategie, die maximalen Gewinn erwarten lässt, wenn ein richtiger Tipp 1 € einbringt, ein falscher Tipp auf B (das fälschliche Verwerfen von A) 2 € kostet: a = −2 € und ein falscher Tipp auf A (das fälschliche Verwerfen von B) 20 € bzw. 40 € bzw. 60 € kostet: b = −20 € bzw. b = −40 € bzw. b = −60 €. Bestimmen Sie jeweils den zu erwartenden Gewinn.

c) Fassen Sie die Ergebnisse tabellarisch zusammen, kommentieren Sie!

8.5.3 Erkenntnis

Beim Spielen in Partnerarbeit, beim Zusammenfassen der Ergebnisse und bei anschließender Kontrolle mit einem zweistufigen Baumdiagramm entdecken die Schülerinnen und Schüler, dass die Strategie A5 des gesunden Menschenverstandes mit 87.8 % die meisten richtigen Entscheidungen, aber nur bei symmetrischer Bestrafung (a = −2 € und b = −2 €) auch maximalen Gewinn (0.634 €) erwarten lässt (Abb. 8-17).

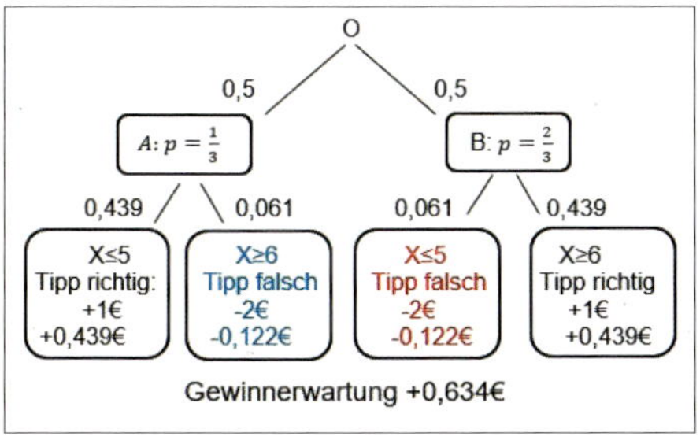

Abb. 8-17: Optimale Entscheidungsstrategie A5 bei symmetrischer Bestrafung mit a = −2 € und b = −2 €

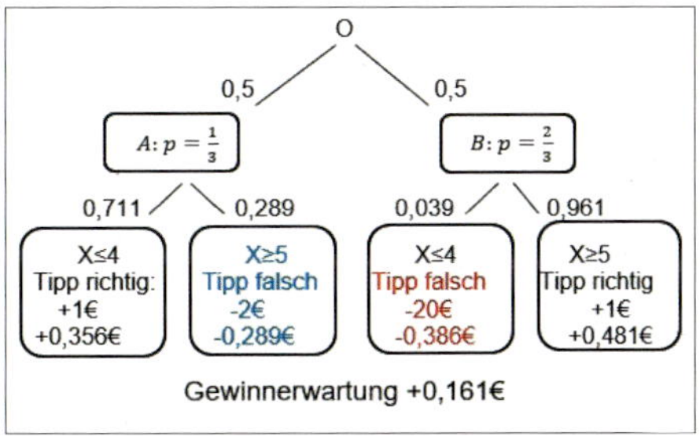

Abb. 8-18: Optimale Entscheidungsstrategie A4 bei asymmetrischer Bestrafung mit a = −2 € und b = −20 €

Wenn man das fälschliche Verwerfen von B (mit b = −20 €) deutlich stärker bestraft als das fälschliche Verwerfen von A (mit a = −2 €), liefert die Strategie A5 nur noch Verluste −0.465 €. Man sollte mit dem Tippen auf A vorsichtiger sein und erst bei X ≤ 4 auf A tippen, also die Strategie A4 verwenden (Abb. 8-18). Dann hat man mit 83.6 % zwar weniger richtige Tipps, aber man kann noch einen Gewinn von 0.161 € erwarten! Wie sich bei a = −2 € und b = −20 € die Wahrscheinlichkeit richtiger Entscheidungen und die Gewinnerwartung in Abhängigkeit von der Tippstrategie ändern, entnimmt man Abb. 8-19.

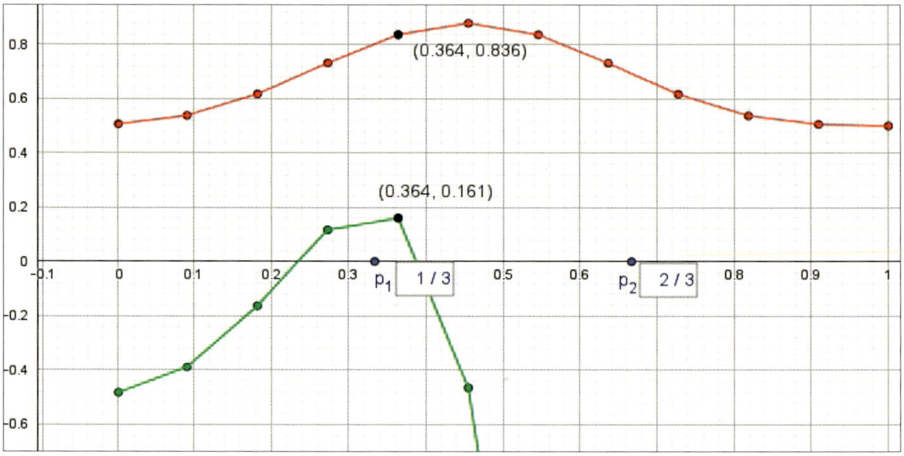

Abb. 8-19: rot: Wahrscheinlichkeit richtiger Entscheidungen für die 12 Strategien A0 bis A11, grün: zugehörige Gewinnerwartung für a = −2 € und b = −20 € (chance-risiko-funktional.ggb)

Der Tabelle aus Abb. 8-20 entnimmt man in den Spalten 1-7, welchen Einfluss die Bestrafung b eines fälschlichen Verwerfens von B auf die optimale Entscheidungsstrategie hat: Bei b = −40 € wird die Strategie A3 mit der Gewinnerwartung 0.028 € optimal ... und bei b = −100 € geht es nur noch um das Minimieren der Verluste (−0.218 €).

tippe A bei	richtige Tipps	Gewinnerwartung bei **priori (A) = 0.5**					α	P(A)	α + P(A)
		$b = -2$	$b = -20$	$b = -40$	$b = -60$	$b = -100$			
X ≤ 2	61.6%	−0.151	−0.163	−0.177	−0.191	−0.218	0.1%	99.4%	99.6%
X ≤ 3	73.2%	0.196	0.116	0.028	−0.060	−0.237	0.9%	98.2%	99.0%
X ≤ 4	83.6%	0.509	0.161	−0.225	−0.612	−0.384	3.9%	94.8%	98.7%
X ≤ 5	87.8%	0.634	−0.465	−1.686	−2.907	−5.384	12.2%	87.8%	100.0%
X ≤ 6	83.6%	0.509	−2.092	−4.982	−7.872	−13.652	28.9%	76.9%	105.8%

Abb. 8-20: Je stärker man das fälschliche Verwerfen von B bestraft, desto kleiner muss man in Spalte 8 die Wahrscheinlichkeit α dafür machen, dass dieser Fehler unterläuft (mathematik lehren 220, S. 33)

Mit dieser Tabelle und dem Blick auf den dritten Pfad in den Baumdiagrammen aus Abb. 8-17 und 8-18, dessen Wahrscheinlichkeit sich in Spalte 8 („α“) wiederfindet, haben die Schülerinnen und Schüler die Philosophie einseitiger Signifikanztests entdeckt und durchschaut: Wenn man den Gewinn maximieren (den Verlust minimieren) möchte, sollte man im Zweifel eher bei B bleiben als auf A zu tippen. Der „Annahmebereich“ von B wächst:

Die Hypothese (B), deren fälschliches Verwerfen hohen Verlust bringt, wird zur „konservativen“ Nullhypothese H_0, bei der man vorsichtigerweise möglichst lange bleiben wird.

Dass diese Strategie tatsächlich aufgeht, erlebt man in dem „Lernlabor“ in eigenen Experimenten, die man eindrucksvoll durch Simulationen ergänzen kann: Bei symmetrischer Bestrafung von Fehlentscheidungen (je −2 €) und der Strategie „Tippe auf A: $p = \frac{1}{3}$ bei $X \leq 5$ (von 11) Treffern, sonst auf B wächst der Gewinn bei einer Folge von Spielen mit kleinen Rückschlägen stetig. So hat man in der folgenden Simulation in 100 Spielen 85 mal richtig getippt, 6 mal falsch auf A, 9 mal falsch auf B und $85 \cdot 1 + 6 \cdot (-2) + 9 \cdot (-2) = 55$ € gewonnen.

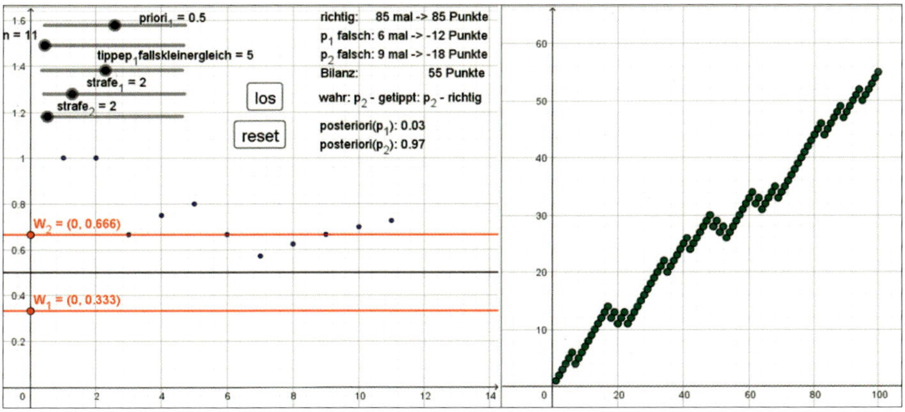

Abb. 8-21: (chance-risiko-sequentiell.ggb) Protokoll von 100 Spielen mit symmetrischer Bestrafung a = b = −2 €. Die Strategie A5 ist erfolgversprechend. Eine sehr einfache Variante des Entscheidungsspiels im Kontext von Vierfeldertafeln für Klasse 9 findet sich im Schulbuch Lambacher-Schweizer 9 (NRW), Klett-Verlag: 733491, S. 217. Vgl. auch https://www.klett.de/inhalt/media_fast_path/32/Gewinnspiel-Simulation-Seite_217.xlsx (Zugriff:26.09.2023).

Bei $b = -20$ € hätte man bei der gleichen Tippstrategie und gleichem Spielverlauf $85 \cdot 1 + 6 \cdot (-2) + 9 \cdot (-20) = -107$ € verloren.

Die vorsichtigere Strategie „Tippe auf A: $p = \frac{1}{3}$ bei $X \leq 4$ (von 11) Treffern hätte bei gleichem Spielverlauf immerhin noch 81 Treffer und einen Gewinn von +25 € erbracht.

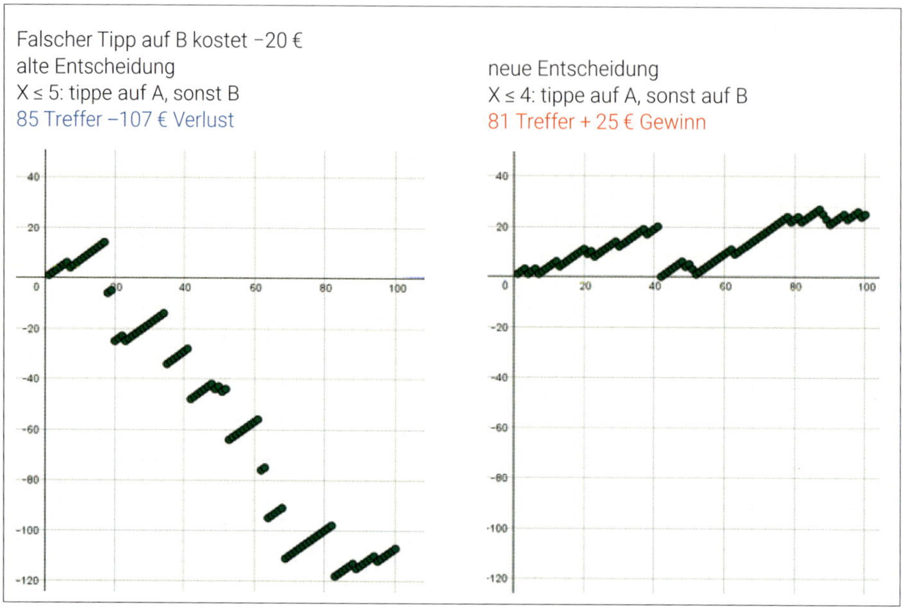

Abb. 8-22: Gleicher Spielverlauf mit asymmetrischer Bestrafung a = −2 €, b = −20 €. Die Strategie A5 führt zu hohen Verlusten und A4 zu leichten Gewinnen, es lohnt also, B zu H_0 zu machen und seltener zu verwerfen.

8.5.4 Irrtumswahrscheinlichkeiten

Neben dem durch die *explizite* Bewertung von (Fehl-)Entscheidungen transparent werdenden (und durch das aktive Tun erlebbaren) Unterschied zwischen Nullhypothese H_0 und der Alternative H_1 gestattet die spielerische Lernumgebung genau zu beschreiben, was es bedeutet, in dem spielerischen Kontext eine Nullhypothese zu verwerfen.

Man kann in dieser Laborsituation die subjektive Wahrscheinlichkeit berechnen, mit der H_1 gilt, nachdem man H_0 auf dem Signifikanzniveau α verworfen hat.

Wenn man beispielsweise in Abb. 8-23 H_0: $p=\frac{2}{3}$ wegen $X \leq 4$ Treffern in 11 Versuchen (auf dem Signifikanzniveau $\alpha=3.9\,\%$) verworfen hat, gilt die Alternative H_1: $p=\frac{1}{3}$ mit 94.8 %.
Ihre subjektive Wahrschinlichkeit ist durch das Indiz $X \leq 4$ von a-priori 50 % auf 94.8 % angewachsen.

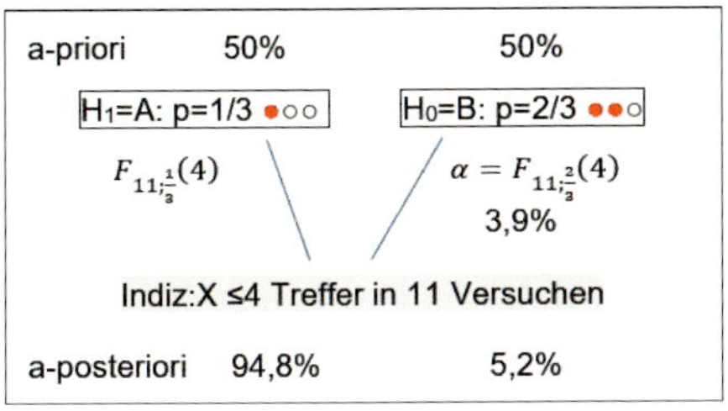

Abb. 8-23: Nach Verwerfen von H_0 auf dem $\alpha = 3.9\,\%$-Signifikanzniveau steigt die subjektive Wahrscheinlichkeit für H_1 von 50 % auf 94.8 %. Man glaubt aber mit 5.2 % immer noch an H_0 (subjektive a-posteriori-Irrtumswahrscheinlichkeit).

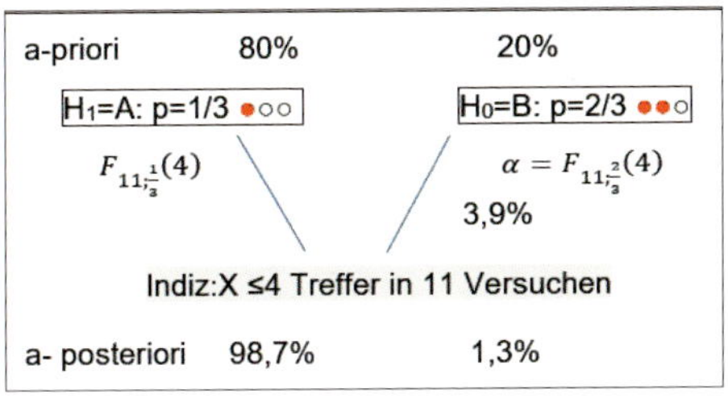

Abb. 8–24: Nach Verwerfen von H_0 auf dem $\alpha = 3.9\,\%$-Signifikanzniveau steigt die subjektive Wahrscheinlichkeit für H_1 von 80 % auf 98.7 %. Man glaubt aber mit 1.3 % immer noch an H_0 (subjektive a-posteriori-Irrtumswahrscheinlichkeit).

Hätte man H_0: $p=\frac{2}{3}$ wie in Abb. 8-24 a-priori nur mit 20 % bewertet, weil Hannah z. B. 4 Beutel der Sorte A: $p=\frac{1}{3}$ zur Auswahl hatte, wäre sie nach $X \leq 4$ Treffern in 11 Versuchen von 80 % auf 98.7 % angestiegen. Das Verwerfen von H_0 macht die Alternative H_1 also subjektiv wahrscheinlicher, aber das Signifikanzniveau α und die a-posteriori-Wahrscheinlichkeit der Alternative $p(H_1)$ sind keine Gegenwahrscheinlichkeiten, ihre Summe ist von 1 verschieden. Das zeigt die letzte Spalte von Abb. 8-20 für eine a-priori-Gleichverteilung und die letzte Spalte von Abb. 8-25 für die a-priori-Verteilung $p(A)=0.8$, $p(B)=0.2$.

tippe A bei	richtige Tipps	Gewinnerwartung bei **priori (A) = 0.8**					α	P(A)	α + P(A)
		$b=-2$	$b=-20$	$b=-40$	$b=-60$	$b=-100$			
X ≤ 2	38.7 %	− 0.839	− 0.844	− 0.849	− 0.855	− 0.866	0.1 %	99.9 %	100.0 %
X ≤ 3	57.6 %	− 0.271	− 0.303	− 0.338	− 0.374	− 0.444	0.9 %	99.5 %	100.4 %
X ≤ 4	76.1 %	0.283	0.144	− 0.010	− 0.165	− 0.474	3.9 %	98.7 %	102.5 %
X ≤ 5	87.8 %	0.634	0.194	− 0.294	− 0.782	− 1.759	12.2 %	96.6 %	108.8 %
X ≤ 6	91.1 %	0.734	− 0.306	− 1.462	− 2,618	− 4.930	28.9 %	93.0 %	121.9 %

Abb. 8-25: Wenn A (mit 80 % statt 50 %) a-priori wahrscheinlicher ist als B, wird bei b = −100 € (statt zuvor A2) die Strategie A3 optimal; man kann also beim Tipp auf A etwas unvorsichtiger sein.

8.5.5 Aus Spiel wird Ernst

Das Spiel im Lernlabor funktioniert natürlich auch, wenn der erste Partner die Trefferwahrscheinlichkeit p „frei Schnauze" bzw. durch einen unbekannten Zufallsgenerator festlegt (also nicht mehr nur zufällig zwischen $\frac{1}{3}$ und $\frac{2}{3}$ wählt) und der zweite Partner unter Androhung von Strafe bei falschen Entscheidungen gezwungen wird, nach Bekanntgabe der Trefferzahl X auf

A: $p < 0.5$ oder B: $p > 0.5$ zu tippen. Genau das ist die Situation, in der sich Schülerinnen und Schüler wiederfinden, wenn sie, wie in 8.1 beschrieben, Abituraufgaben zu einseitigen Signifikanztests zu bearbeiten haben. Sie müssen aus dem Aufgabentext herausschälen, ob der Aufgabenautor das fälschliche Verwerfen von A oder das fälschliche Verwerfen von B für „schlimmer“ hält und stärker „bestraft“. Dabei sind

- weder Informationen über eine mögliche Trefferwahrscheinlichkeits-Alternative,
- schon gar nicht über deren priori-Gültigkeit
- und auch keine Informationen über die Stärke der Bestrafung von Fehlentscheidungen verfügbar.

Max, der die Zusammenhänge anhand des Entscheidungsspiels durchschaut hatte, konstatierte lakonisch, dass „man dann eigentlich nichts Interessierendes mehr berechnen kann“ und brachte damit die Situation auf den Punkt.

Thomas Hotz, der an der TU Ilmenau statistische Beratungen für alle Fachbereiche anbietet, sagt dort und auch in seinen Vorlesungen: „Egal wie das Testergebnis lautet, man lernt nichts daraus“ (Henze u. a. 2020).

Buth (2002) formuliert: „Signifikanztests werden durchgeführt, wenn man fast keine Information über die vorliegende Situation hat, mit der Folge, dass man sich mit Antworten auf falsch gestellte Fragen zufriedengeben muss, aber auf die eigentlich interessierende Frage nach der Wahrscheinlichkeit, mit der Hypothesen gelten, keine Antwort erhält.“

Tatsächlich ist man bei einseitigen Signifikanztests gezwungen, der im Entscheidungsspiel als tragfähig entdeckten Strategie in ritualisierter Weise weiterhin zu folgen: Falls man das fälschliche Verwerfen von H_0 für „schlimm“ hält, testet man auf dem 5 %-Signifikanzniveau, falls man es für „sehr schlimm“ hält, auf dem 1 %-Signifikanzniveau. Falls man dann die Hypothese verwerfen kann, weiß man aber rein gar nichts über die Wahrscheinlichkeit, mit der sie (oder eine der Alternativen) gelten. Eine Hypothese zu verwerfen bedeutet de facto nichts anderes, als dass man ein „schlechtes Gewissen“ oder ein „mulmiges Bauchgefühl“ haben sollte, wenn man trotzdem bei ihr bleibt … und lieber weitere Untersuchungen anstellen sollte als routinemäßig auf „die Alternative“ zu vertrauen.

8.6 Resümee

- Das Entscheidungsspiel ermöglicht durch transparente Bewertung von Fehlentscheidungen in einer handlungsorientierten „Laborumgebung“ das selbstständige (daher lernpsychologisch nachhaltige) Entdecken

  - des Gewinnoptimierungskonzepts hinter einseitigen Signifikanztests,
  - der unterschiedlichen Rollen der Nullhypothese H_0, der Alternative H_1 und der engen Grenzen des Konzepts.
- Darüber hinaus stellt man fest, dass es drei Irrtumswahrscheinlichkeiten gibt:
  - Das Signifikanzniveau α ist am uninteressantesten: Es ist die Wahrscheinlichkeit dafür, dass man sich irren wird, falls die Nullhypothese gilt (in Abb. 8-23 und 8-24 gilt: $\alpha = 3.9\,\%$).
  - Die a-posteriori-Wahrscheinlichkeit, die man H_0 zuordnet, nachdem H_0 verworfen wurde, ist eine subjektive a-posteriori-Irrtumswahrscheinlichkeit, denn sie gibt an, wie sehr man nach dem Verwerfen trotzdem noch an H_0 glaubt. In Abb. 8-23 beträgt sie 5.2 %. In Abb. 8-24 hat sie den Wert 1.3 %.
  - Die a-priori-Irrtumswahrscheinlichkeit ist das durch die a-priori-Wahrscheinlichkeiten gewichtete Mittel aus α- und β-Fehler, also die Summe der Wahrscheinlichkeiten der beiden mittleren Pfade in Abb. 8-18: $0.5 \cdot 0.289 + 0.5 \cdot 0.039 = 0.164$ bzw. in Abb. 8-24: $0.8 \cdot 0.289 + 0.2 \cdot 0.039 = 0.239$.
- Über die im Spielkontext naheliegende Bewertung der Gültigkeit von Hypothesen durch a-priori-Wahrscheinlichkeiten gelingt es, naheliegende und weit verbreitete Fehlvorstellungen bei der Interpretation signifikanter Testergebnisse aufzuspüren: Bei nicht spezifizierter Alternative und fehlender a-priori-Bewertung weiß man NICHTS über die Gültigkeit einer Hypothese, wenn ein Ergebnis im Ablehnungsbereich liegt.
- Wir zitieren nochmals Moßburger (2013): „Mathematikunterricht sollte aufklären, wie wenig ein Signifikanztest aussagt“. Zu dieser Aufklärung leistet das Entscheidungsspiel einen substanziellen Beitrag.
- Aber auch, wenn man auf die Bayes'sche Lernlaborumgebung verzichtet und Hypothesentests ohne a-priori-Bewertungen unterrichtet, beugen authentische (hier emotional positiv besetzte) Fallbeispiele fatalen Fehlinterpretation vor.
- Wenn man nach 18 Gummibären-Geschmacksproben H_0: $p \leq \frac{1}{6}$ auf dem 5 % Signifikanzniveau nicht verwerfen konnte, ist das nur eine „hochwissenschaftlich“ klingende, folglich Eindruck schindende Kodierung der Tatsache, dass man weniger als 6 Treffer hatte, nicht aber, dass $p \leq \frac{1}{6}$ mit 95 %iger Sicherheit richtig ist. Wir zitieren nochmals Sachs: „Der Erklärungswert statistischer Verfahren lässt sich nur an **ausführlich dargestellten Fallbeispielen** aufzeigen. Um eine nachhaltige Wirkung zu erzielen, sollte das Thema **interessant** sein und zu **aufschlussreichen Resultaten** führen.
- Als Alternative zur Gummibärenverkostung haben sich Cola-, Schokolade- oder Audio-Tests (vgl. Kap. 4.6) bestens bewährt – oder man prüft, ob sich die Reaktionszeit durch den Konsum von Energy-Drinks verkürzen lässt (vgl. Riemer 2012).

9 Das Glücksrad auf der schiefen Ebene

Darum geht es – das Wichtigste in Stichworten
- das vielleicht faszinierendste und beziehungshaltigste Experiment der Stochastik
- Wahrscheinlichkeiten erleben als zu revidierende Modelle der Realität
- Nutzen von Symmetrien, Konfidenzintervalle, Signifikanztests
- die Sinusfunktion als Wahrscheinlichkeitsdichte
- physikalische Begründung der Wahrscheinlichkeitsdichte über Energieverluste

Experiment
- Zeiger schnippen – Steigung der Unterlage variieren

9.1 Der Stellenwert des Experiments

Abb. 9-1: Kommerzielles Glücksra

Glücksräder gelten als Inbegriff der Würfelbudenmathematik. In Büchern dienen sie der Illustration von Laplace-Wahrscheinlichkeiten. Man experimentiert selten mit ihnen, weil sie – um die Spannung zu erhöhen – sehr lange rotieren. Lässt man aber einen Zeiger (Haarklemme, Büroklammer, Sicherheitsnadel) durch kräftiges Anschnippen horizontal um einen Pin rotieren, dauert das nicht länger als Würfeln. Wenn man dann die Unterlage, etwa ein Buch oder ein Holzbrettchen, zur schiefen Ebene neigt und fragt, ob und wie sich die Wahrscheinlichkeiten dadurch ändern, liegt ein faszinierendes Problem im wahrsten Sinne „auf dem Tisch".

- Es eignet sich ab Klasse 7 – alternativ zum teilsymmetrischen Quader (vgl. Kap. 2) – für einen Einstieg in den hypothetisch-prognostischen Wahrscheinlichkeitsbegriff, weil es viele plausible Hypothesen gibt, von denen etliche aber genauso überraschend „in sich zusammenbrechen", genau wie die Laplace-Hypothese beim Rollen von Sechskantstiften (Kap. 3).
- In der Sekundarstufe II führt die Frage nach den Wahrscheinlichkeiten der Felder auf Konfidenzintervalle und Hypothesentests.
- Die Annahme, dass die Wahrscheinlichkeit, mit der der Zeiger in einem Intervall anhält, proportional zur dort absorbierten Energie ist, führt auf stetige Zufallsgrößen und die Sinusfunktion als Wahrscheinlichkeitsdichte.

Abb. 9-2: Rotierende Haarklemme auf schiefer Ebene

9.2 Hypothesen aufstellen, Spekulieren

Wie ändern sich die (Laplace-)Wahrscheinlichkeiten des Glücksrades mit sechs Feldern aus Abb. 9-2 durch Neigen der Unterlage um 10 % (oder 20 %)? Spannende Frage!

Verglichen mit dem Quader aus Kap. 2 gibt es hier ein noch breiteres Spektrum an Hypothesen, über die man ab Klasse 7 trefflich „streiten“ kann:

- Nora: Die untere Hälfte (4, 5, 6) wird wahrscheinlicher: „Die Wahrscheinlichkeit rutscht von der 1 runter zur 6, rechts und links ist es gleich!“
- Selma: „Ganz im Gegenteil. Oben wird es wahrscheinlicher! Uhren bleiben auch immer oben stehen, wenn die Batterie leer ist. Da verbraucht sich der Schwung am schnellsten.“
- Doris: „Die Wahrscheinlichkeiten hängen davon ab, ob man rechts- oder linksrum schnippt.“
- Hammed: „Beim Rechtsdrehen im Uhrzeigersinn mit Start bei 6 nehmen die Wahrscheinlichkeiten mit der zurückgelegten Strecke in der Reihenfolge 6–4–2–1–3–5 ab.“
- Ayse: „Umgekehrt! Die Wahrscheinlichkeiten nehmen in der Reihenfolge 6–4–2–1–3–5 zu, weil die Nadel dort am ehesten anhält, wo sie am längsten unterwegs war.“
- Ina: „Die ‚bergauf-Felder‘ sind wahrscheinlicher als die ‚bergab-Felder‘“.
- Simon: „10 % ist viel zu flach, da rutscht noch nichts nach unten, es bleibt bei $\frac{1}{6}$ für jedes Feld.“

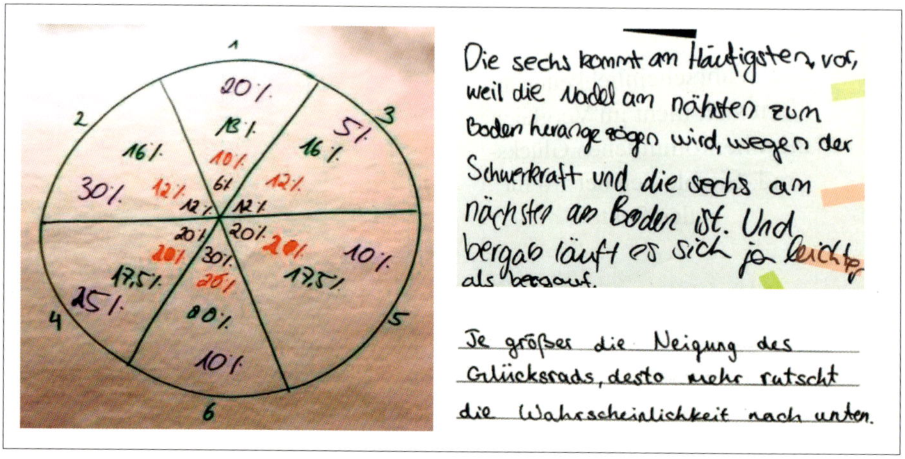

Abb. 9-3: Viele plausible Hypothesen

Den Paradigmen aus Kap. 1 entsprechend wird man durch das Spekulieren schon in Klasse 7 aus der Würfelbudenmathematik bzw. der beschreibenden Statistik in die Welt der Hypothesen und der beurteilenden Statistik „katapultiert“. Wichtig ist, dass man die Haarklemme, die dann geschnippt werden soll, erst nach der Phase des Hypothesenbildens austeilt, denn: Wer schnippt ohne vorher zu spekulieren, verzichtet auf Hypothesen und vergibt damit die große Chance des Brückenschlags zwischen beschreibender und beurteilender Statistik.

9.3 Experimentieren

Zunächst werden die Versuchsbedingungen festgelegt: Es wird von unten (Feld 6) im Uhrzeigersinn kräftig („volle Kanne“) geschnippt. Vor Stillstand muss der Zeiger mindestens zwei Vollumdrehungen absolviert haben. Was dabei herauskommt, zeigt Abb. 9-4, der 2261 Versuche zugrunde liegen.[10]

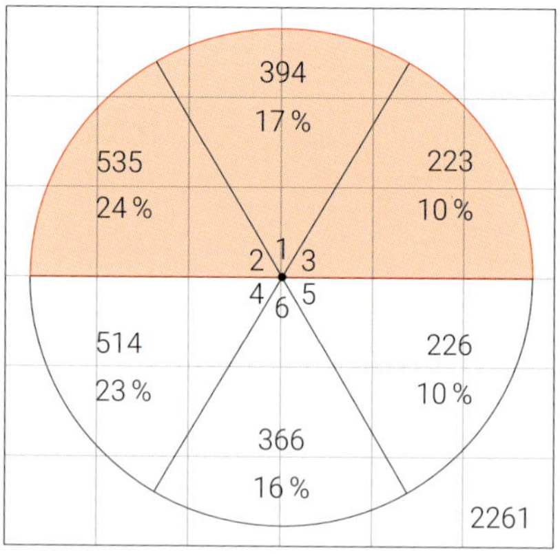

Abb. 9-4a: Absolute und relative Häufigkeiten nach 2261 Versuchen

10 Natürlich kann man auch arbeitsteilig mit zwei Drehrichtungen oder mit verschiedenen Steigungen arbeiten.

Wenn man die absoluten Häufigkeiten der Versuchsteilnehmenden nacheinander in eine Kalkulationstabelle eingibt, ist es ein Erlebnis zu sehen, wie beim gebannten Blick auf die entstehende Tabelle die Hypothese einer rechts/links-Symmetrie Schritt für Schritt in sich zusammenbricht und einer oben/unten Symmetrie weicht:

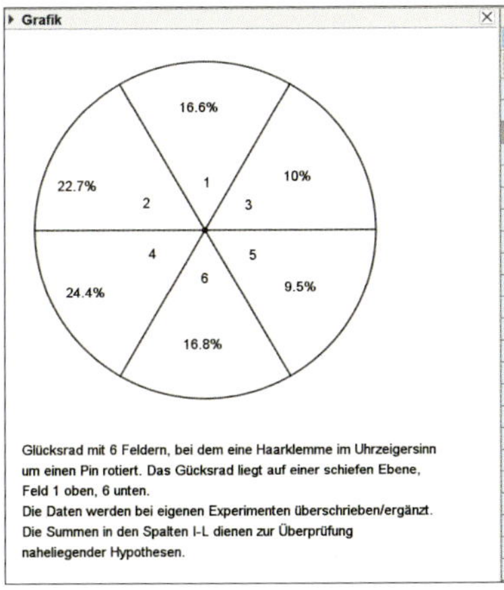

	A	B	C	D	E	F	G	H	I	J	K	L
1	Neigung: 10% im UZS	1	2	3	4	5	6	Summe	1+2+3	1+6	2+3	4+5
2	absolute H.	710	969	429	1043	404	719	4274	2108	1429	1398	1447
3	relative H.	0.2	0.2	0.1	0.2	0.1	0.2	1	0.5	0.3	0.3	0.3
4	1	23	25	9	30	13	20	120	57	43	34	43
5	2	14	30	17	32	12	15	120	61	29	47	44
6	3	19	29	6	22	21	23	120	54	42	35	43
7	4	21	25	5	33	7	29	120	51	50	30	40
8	5	21	31	15	22	8	23	120	67	44	46	30
9	6	11	26	11	25	9	18	100	48	29	37	34
10	7	14	23	11	24	9	19	100	48	33	34	33
11	8	17	22	9	22	9	21	100	48	38	31	31
12	9	24	21	10	23	7	15	100	55	39	31	30
13	10	18	22	13	20	13	15	101	53	33	35	33
14	11	16	16	13	22	7	11	85	45	27	29	29
15	12	11	22	11	21	10	27	102	44	38	33	31
16	13	14	17	11	24	6	12	84	42	26	28	30
17	14	17	19	8	14	6	20	84	44	37	27	20
18	15	14	27	11	28	11	13	104	52	27	38	39
19	16	25	23	5	27	8	15	103	53	40	28	35
20	17	10	24	12	27	7	12	92	46	22	36	34
21	18	17	22	9	22	9	21	100	48	38	31	31
22	19	21	20	8	22	11	18	100	49	39	28	33

Abb. 9-4b: Die Vorlage zur Versuchsauswertung schnippen.ggb.

Die Wahrscheinlichkeit rutscht nicht nach unten, sie rutscht bergauf, also nach links, dorthin, wo der Zeiger beim Schnippen im Uhrzeigersinn hochklettert. Und noch überraschender: Die Wahrscheinlichkeit d, die bergauf zu $\frac{1}{6}$ hinzukommt, fehlt bergab.

Eine Analogie macht das schon in Klasse 7 plausibel: Beim Fahrradfahren wird man bergauf gebremst, aber der bergauf verlorene Schwung kommt bergab zurück.

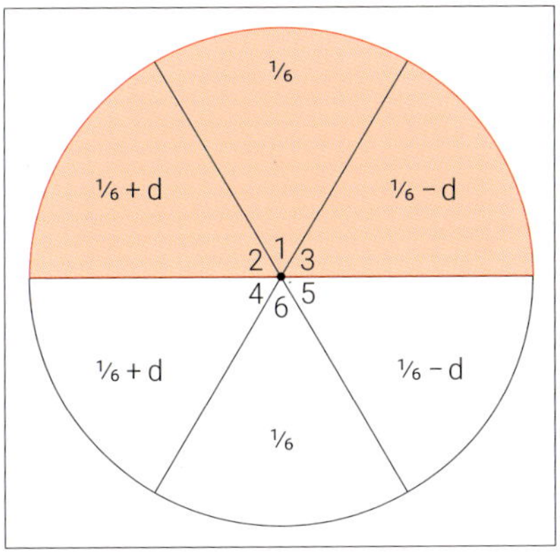

Abb. 9-5: Wahrscheinlichkeiten

Als Konsequenz kristallisiert sich mit zunehmender Versuchszahl das Modell aus Abb. 9-5 als Wahrscheinlichkeitsverteilung heraus. Bei einer Steigung von 10 % ergibt sich für Haarklemmen auf einer Papierunterlage $d \approx 5\,\%$.

Tatsächlich ist d proportional zur Steigung der schiefen Ebene, solange der Zeiger auf einer nicht zu glatten Unterlage auch bergab sicher anhält und nicht von selbst ins Rutschen kommt (vgl. 9.5 und 9.6). Als Konsequenz erhält man Gleichverteilungen, wenn man die Ergebnisse 1–6, 2–3, 4–5 zusammenfasst oder wenn man vor jedem Schnippen die Richtung zufällig festlegt. Und diese Laplace-Modelle kann man natürlich gemäß Kap. 3 genauso prüfen wie bei den rollenden Bleistiften.

9.4 Exkurs: Einseitige Signifikanztests – revisited

Gemäß Abb. 9-3 vermuten die meisten von uns, dass der Zeiger des Glücksrades auf der schiefen Ebene seltener oben stehenbleibt als unten. Wir schenken also der Hypothese A: $p_{oben} < 0.5$ mehr Vertrauen als B: $p_{oben} > 0.5$. Natürlich kann man diese Vermutung mit einseitigen Signifikanztests absichern oder entkräften wollen. Aber es ist mit einem fälschlichen Verwerfen weder von A noch von B irgendein Verlust oder irgendeine Gefahr verbunden. Lernende sind erleichtert, wenn man konstatiert, dass ein einseitiger Hypothesentest deswegen hier nicht sinnvoll ist. Sinnvoll wäre eine unvoreingenommene „zweiseitige" Prüfung von H_0: $p = 0.5$ durch Berechnung des Prognoseintervalls ([0.479; 0.521] für $n = 2261$). Dann schaut man, ob die relative Häufigkeit in dem Prognoseintervall liegt, dann wäre H_0 ein brauchbares Modell, oder deutlich unterhalb oder deutlich oberhalb. (Hier liegt $h = \frac{1152}{2261} \approx 51\,\%$ „mittendrin"). Die Bestimmung eines Konfidenzintervalls ([0.4889; 0.5301] bei $h = \frac{1152}{2261}$) kann sich anschließen.

Wenn man gezwungen wird, zwecks Abiturvorbereitung einseitig zu testen, hilft wieder die Einbettung in einen spielerischen Kontext. Das muss aber direkt nach der Phase des Spekulierens (8.2) passieren, also VOR dem Schnippen z. B. wie folgt: Max plant, das folgende Gewinnspiel anzubieten: „Für 2 € darfst du das Glücksrad drehen. Wenn es unten stehen bleibt, bekommst du 3 € zurück, gewinnst also 1 €. Wenn es oben stehen bleibt, sind die 2 € futsch, dein Verlust beträgt 2 €! Max erwartet, dass viele „Kunden" auf das Spiel eingehen, weil sie davon ausgehen, dass die Nadel fast immer unten hält, sie also fast immer den Euro gewinnen. Er kalkuliert seine Gewinnerwartung zu $E(X) = -1 \cdot p_{unten} + 2 \cdot p_{oben} = -1 \cdot (1 - p_{oben}) + 2 \cdot p_{oben} = 3 \cdot p_{oben} - 1$.

Folglich ist langfristig nur dann Gewinn zu erwarten, wenn gilt $p_{oben} > \frac{1}{3}$, wenn sich also im folgenden Experiment $h_{oben} >> \frac{1}{3}$ ergibt. In der Sprache einseitiger Tests müsste Max also versuchen, H_0: $p_{oben} \leq \frac{1}{3}$ gegen H_1: $p_{oben} > \frac{1}{3}$ z. B. auf dem 5 %-Niveau zu verwerfen.

Und nach dieser Übung wird man klarstellen, dass Max nur wegen der Prüfungsaufgabenformate so testet. Ein wirklicher Max wird keine Hypothesen testen, sondern erst einmal selber schnippen, ein gutes Modell aufstellen und seine Gewinnerwartung abschätzen – nicht erst kurz vor dem Abitur, sondern schon in Klasse 8! Und man wird darüber nachdenken, was $h_{oben} >> \frac{1}{3}$ bedeutet: Wenn h bei einem kleinen Versuchsumfang sehr viel größer ist als $\frac{1}{3}$, wird Max mit großem Gewinn rechnen, wobei die Rechnung unsicher ist.

Wenn h bei einem großen Versuchsumfang nur ein bisschen größer ist, wird man nur mit einem kleinen Gewinn rechnen, das ist dann aber recht sicher.

9.5 Das Glücksrad und die Wahrscheinlichkeitsdichte

Beim Überstreichen eines Feldes verliert der Zeiger durch Reibung Bewegungsenergie: Er wird gebremst, und zwar auf jedem Feld gleich viel. Zusätzlich wird bergauf Bewegungsenergie in Lageenergie umgewandelt, die dem Zeiger aber bergab wieder zurückgeführt wird.

Wenn man annimmt, dass die Wahrscheinlichkeit, mit der der Zeiger in einem Feld stehen bleibt, proportional zu der dort verlorenen Bewegungsenergie ist, erhält man Wahrscheinlichkeiten, die sich durch eine sinusförmige Wahrscheinlichkeitsdichte beschreiben lassen und ein perfektes Modell, das jeder statistischen Überprüfung standhält.

Wie leicht man Wahrscheinlichkeitsdichten – direkt aus der Analysis kommend, also ohne großen stochastischen Vorlauf – verstehen und nutzen kann, zeigt 9.5.1. Eine optionale physikalische Vertiefung findet sich in 9.5.2.

9.5.1 Die Sinusdichte verstehen und nutzen

In der Integralrechnung lernt man, dass Integrale nicht nur (1) krumme Flächen, sondern (2) auch Wirkungen und (3) Bestände beschreiben. Dass sie (4) auch Wahrscheinlichkeiten beschreiben, wird im Rahmen der Analysis konsequent verschwiegen. Eine „top-down" Analysis-Doppelstunde reicht, um mit dem Glücksradschnippen diese „vierte Dimension" der Integralrechnung zu erschließen. Eine Kurzinfo und zwei Aufgaben zeigen, wie Schülerinnen und Schüler die Zusammenhänge weitgehend selbstständig erarbeiten können.

Die Mathematik arbeitet mit Modellen. In der Statistik fängt das Modellieren mit dem Aufstellen von Wahrscheinlichkeiten an. Tatsächlich werden dort Funktionen genutzt, um Wahrscheinlichkeiten zu definieren. Das geht so: Die Sinusfunktion f mit

$f_k(x) = \frac{1}{2\pi}(1 + k\sin(x)),\ 0 \leq x \leq 2\pi$

ist für $0 \leq k < 1$ positiv und es gilt

$\int_0^{2\pi} f_k(x)dx = [\frac{1}{2\pi}(x - k\cos(x))]_0^{2\pi} = 1.$

Diese 1 steht für die Wahrscheinlichkeit 100 %. Dann ordnet man jedem Intervall $[a; b] \subseteq [0; 2\pi]$ die Wahrscheinlichkeit $\int_a^b f_k(x)dx = [\frac{1}{2\pi}(x - k\cos(x))]_a^b$ zu.

Beim Glücksrad ist das die Wahrscheinlichkeit dafür, dass der Zeiger irgendwo im Intervall $a \le x < b$ anhält. Die Integralfunktion
$F(x) = \int_0^x f_k(t)dt = \frac{1}{2\pi}(x - k\cos(x) + k),\ 0 \le x < 2\pi,$
die in der Statistik Verteilungsfunktion heißt, gibt die Wahrscheinlichkeit dafür an, dass der Zeiger vor der Stelle x anhält.

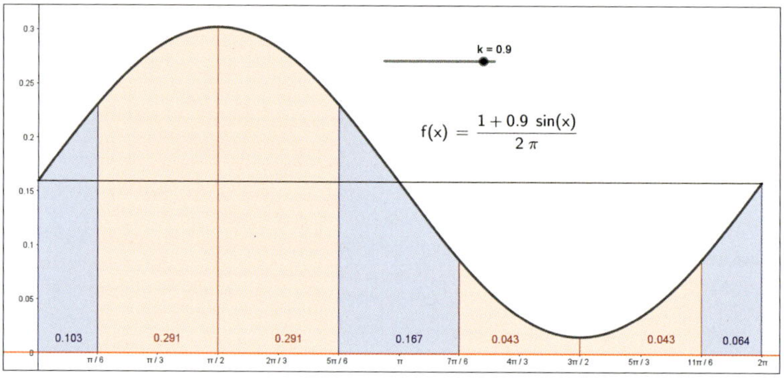

Abb. 9-6: Sinusfunktion als Wahrscheinlichkeitsdichte

A

Aufgabe

a) Erklären Sie einander die Aussagen des Infotextes und stellen Sie die Beziehung zwischen dem Glücksrad und der Grafik her.
b) Kontrollieren Sie die in der Grafik sichtbaren Zahlenangaben rechnerisch.
c) Finden Sie die inhaltliche Bedeutung der folgenden Gleichung heraus: $P(X = c) = \int_c^c f_k(x)dx = [F(x)]_c^c = 0$. Kommentieren Sie!
d) Deuten Sie die Randfälle k = 0 und k = 1 inhaltlich, insbesondere, was es bedeutet, dass die Minimalstelle $\frac{3\pi}{2}$ für k = 1 zur Nullstelle wird.
e) Richten Sie k so ein, dass das Modell gut zu Ihren experimentellen Daten passt.
f) Bestimmen Sie in diesem Modell die Wahrscheinlichkeit dafür, dass der Zeiger bergauf, also im Intervall $[0; \pi]$ anhält.
g) Berechnen Sie, wie sich die Wahrscheinlichkeiten der linken und der rechten Hälfte des Feldes 1 (der unteren und der oberen Hälfte des Feldes 2) unterscheiden.
h) * Konstruieren Sie mithilfe der Verteilungsfunktion eine Unterteilung des Glücksrades in 6 Felder so, dass beim Schnippen im Uhrzeigersinn jedes Feld die Wahrscheinlichkeit $\frac{1}{6}$ besitzt.

Die Lösungen der Aufgaben entnimmt man der Abbildung 9-7, die mit der Datei sinusdichte.ggb erstellt wurde.

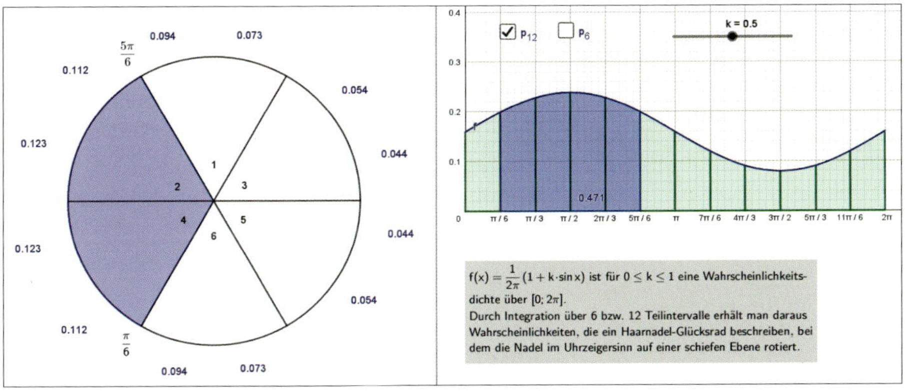

Abb. 9-7: sinusdichte.ggb: Bei k = 0.5 hält der Zeiger mit Wahrscheinlichkeit 47.1 % in den Feldern 2 und 4 (zwischen $\frac{\pi}{6}$ und $\frac{5\pi}{6}$) und mit 65.9 % in der linken Hälfte (zwischen 0 und π). Die Datei sinusdichte-modellanpassung.ggb hilft zusätzlich bei der Suche nach dem optimalen Modellparameter k.

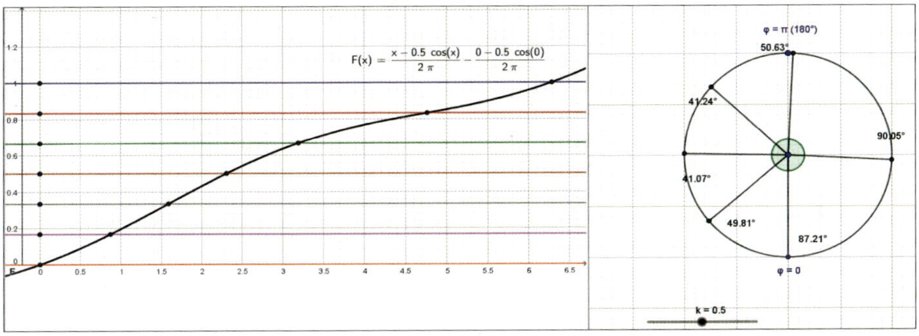

Abb. 9-8: Lösung zu h): Mithilfe der Verteilungsfunktion F richtet man die Felder mit unterschiedlicher Größe so ein, dass der Zeiger dort jeweils mit der Wahrscheinlichkeit $\frac{1}{6}$ hält (schiefes-laplacesches-gluecksrad.ggb).

9.5.2 Die Sinusdichte physikalisch begründen

Reibungsenergie geht verloren

Wenn ein Massenpunkt m (hier der Schwerpunkt des Zeigers) auf einer horizontalen Fläche rutscht, ist die Reibung proportional zum Gewicht G. Die Proportionalitätskonstante ρ ($0 \leq \rho \leq 1$) gibt an, welcher Anteil des Gewichts als Bremskraft wirkt.

Beim Rutschen auf einer *schiefen* Ebene mit Neigungswinkel α zählt aber nicht das ganze Gewicht G, sondern nur die Komponente $G_{\perp} = G \cdot \cos(\alpha)$, die senkrecht auf die Ebene drückt (vgl. Abb. 9-9). Die Reibung, die den Zeiger bremst, ist damit $\rho \cdot G \cdot \cos(\alpha)$.

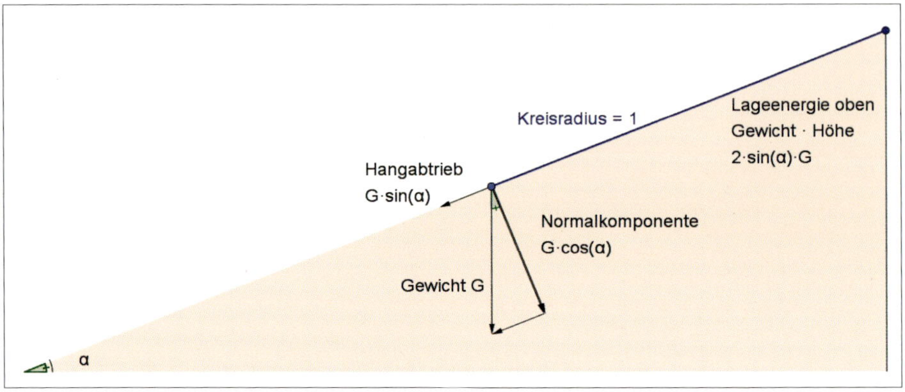

Abb. 9-9: Glücksrad von der Seite. Die Hypotenuse des Steigungsdreiecks ist der Durchmesser des Einheitskreises.

Die durch Reibung verlorene Bewegungsenergie berechnet sich als Produkt Bremskraft · Weg. Der Zeiger verliert damit bei jeder Halbumdrehung auf dem Einheitskreis bergauf und bergab durch Reibung gleichviel Energie $E_{\uparrow} = E_{\downarrow} = \rho \cdot G \cdot \cos(\alpha) \cdot \pi$ und beim Überstreichen aller Felder während jeder Vollumdrehung: $E_o = \rho \cdot G \cdot \cos(\alpha) \cdot 2\pi$.

In der letzten – entscheidenden – Runde hat der Zeiger daher im Start ($\varphi = 0$, vgl. Abb. 9-10) eine Bewegungsenergie E_{kin} mit $0 \leq E_{kin} < E_o$.

Hätte er mehr Energie, würde er ja eine weitere Runde beginnen. Wir *nehmen nun an,* dass die Wahrscheinlichkeit, mit der der Zeiger in einem Feld stehen bleibt, proportional ist zu dem Anteil (an E_o) der Bewegungsenergie, die in diesem Feld abhandenkommt.

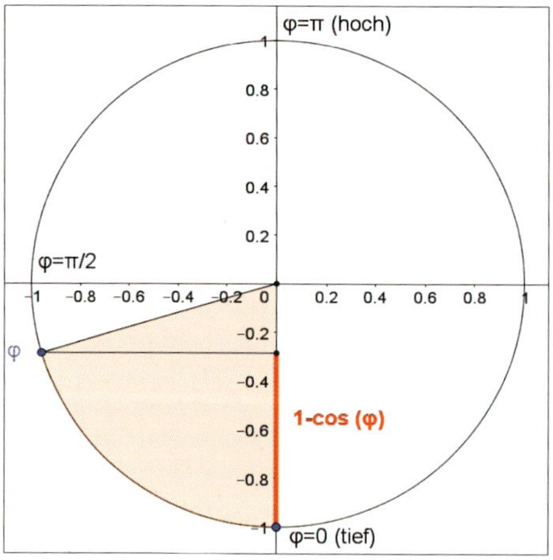

Abb. 9-10: Glücksrad von oben gesehen. Beim Überstreichen des Winkels φ steigt der Zeiger auf dem Einheitskreis um $h = (1 - \cos(\varphi)) \sin(\alpha)$, bei $\varphi = \pi$ (oben), also um $h = 2 \cdot \sin(\alpha)$.

Lageenergie kommt zurück

In der Bergauf-Hälfte kommt durch das Ansteigen und die damit einhergehende Umwandlung in Lageenergie noch mehr Bewegungsenergie abhanden als nur durch die Reibung:

Der Zeiger hat oben bei $\varphi=\pi$ die Höhe $h=2\cdot\sin(\alpha)$, also die Lageenergie $2\cdot\sin(\alpha)\cdot G$.

Auch hier berechnet sich die Energie als Produkt aus Gewichtskraft und zurückgelegtem Weg (= Höhe). Deswegen verringert sich die Bewegungsenergie

- bergauf um $G\cdot\cos(\alpha)\cdot\pi+2G\cdot\sin(\alpha)$ und
- bergab um $G\cdot\cos(\alpha)\cdot\pi-2G\cdot\sin(\alpha)$.

In der Bergab-Hälfte kommt die gespeicherte Lageenergie nämlich zurück, da sie nach dem Energieerhaltungssatz im Gegensatz zur Reibungsenergie nicht verloren geht.

A

Aufgabe

a) Begründen Sie hiermit durch eine Termumformung: Für den Anteil an E_0, also die Wahrscheinlichkeit, gilt P(Zeiger hält bergauf) $= \frac{1}{2}+\frac{k}{\pi}$ und P(Zeiger hält bergab) $= \frac{1}{2}-\frac{k}{\pi}$ mit $k=\frac{\tan(\alpha)}{\rho}$.

b) Begründen Sie mithilfe von Abb. 9-10 für ein beliebiges Intervall $0<\varphi\le x$: Wenn der Zeiger den Bogen $0<\varphi\le x$ überstreicht, dann verringert sich seine Bewegungsenergie um $\rho\cdot G\cdot\cos(\alpha)\cdot x+G\cdot(1-\cos(x))\cdot\sin(\alpha)$. Kontrollieren Sie für $x=\pi$ und $x=2\pi$.

c) Begründen Sie: Die Wahrscheinlichkeit, dass der Zeiger irgendwo in $0<\varphi\le x$ stehen bleibt, ist $F(x)=P(\varphi\le x)=\frac{1}{2\pi}(x+k(1-\cos(x)))$. Kontrollieren Sie: für $x=\pi$ ergibt sich der Wert aus a).

d) Begründen Sie mit c) den Term der Wahrscheinlichkeitsdichte $f(x)=\frac{1}{2\pi}(1+k\sin(x))$ mit $k=\frac{\tan(\alpha)}{\rho}$.

Lösungen

a) Die Wahrscheinlichkeit, dass der Zeiger bergauf irgendwo bei $0\le\varphi\le\pi$ anhält, ist $P(0<x\le\pi)=\frac{\rho\cdot G\cdot\cos(\alpha)\cdot\pi+G\cdot 2\cdot\sin(\alpha)}{\rho\cdot G\cdot\cos(\alpha)\cdot 2\pi}=\frac{1}{2}+\frac{1}{\pi}\cdot\frac{\tan(\alpha)}{\rho}=\frac{1}{2}+\frac{k}{\pi}$ mit $k=\frac{\tan(\alpha)}{\rho}$.
Die Wahrscheinlichkeit, bergauf anzuhalten, wächst damit proportional zur Steigung $\tan(\alpha)$ der schiefen Ebene.

b)/c) Da sich der Zeiger nach Rotation um den Winkel x auf der Höhe $h=(1-\cos(x))\cdot\sin(\alpha)$ befindet, ergibt sich für die Wahrscheinlichkeit, dass er im Intervall $0<\varphi\le x$ hält, zu

$$P(0<\varphi\le x)=\frac{\rho\cdot G\cdot\cos(\alpha)\cdot x+G\cdot(1-\cos(x))\cdot\sin(\alpha)}{\rho\cdot G\cdot\cos(\alpha)\cdot 2\pi}$$
$$=\frac{x}{2\pi}+\frac{(1-\cos(x))}{2\pi}\cdot\frac{\tan(\alpha)}{\rho}=\frac{1}{2\pi}(x-k\cos(x)+k).$$

d) Die Wahrscheinlichkeitsdichte ist die Ableitung der Verteilungsfunktion aus c).

9.6 Wenn der Zeiger ins Rutschen kommt

Wenn man die Steigung tan(α) des Glücksrades größer macht als den Gleitreibungskoeffizienten ρ, wenn also $k = \frac{\tan(\alpha)}{\rho} > 1$ gilt, dann hält der Zeiger bergab nicht mehr überall. Für $\rho = 0.3$ sind in Abb. 9-11a/b die „Rutschbereiche farbig markiert. So wird in Abb. 9-11a bei 34.5 % ein Anhalten auf dem Feld 5 unmöglich. Es ergibt sich $p(5) = 0$, obwohl immer noch gilt $p(1) = p(6) = \frac{1}{6}$.

Bei einer weiteren Erhöhung der Steigung (41.4 % in Abb. 9-11b) wird dann $p(1) > p(6)$ und ab 58.93 % reicht die Energie E_0 in der letzten Runde nicht mehr zum Erreichen des oben liegenden Feldes 1, das bei $\varphi = \frac{5\pi}{6}$ beginnt. Nach dem Anhalten bleibt der Zeiger dann aber nicht einfach liegen, er wechselt die Richtung und rutscht nach unten, weil der Hangabtrieb größer wird als die Haftreibung. Solche vom Ausrollen eines Fahrradventils bekannten Phänomene sorgen für die Fehlintuitionen, die in Abb. 9-3 dokumentiert wurden und machen die Beschäftigung mit dem schiefen Glücksrad so faszinierend.

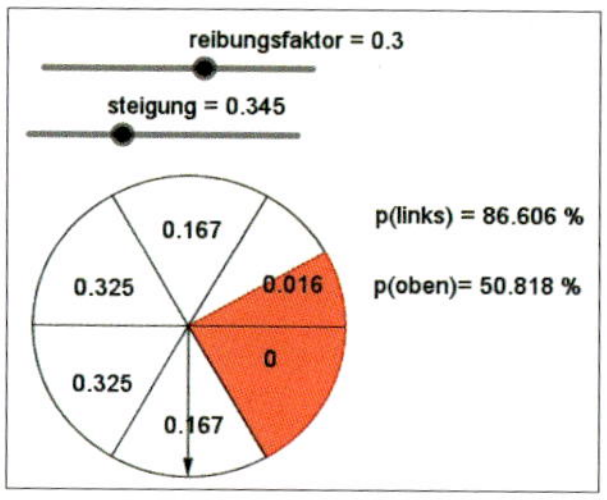

Abb. 9-11a: Steigung 34.5 %: Der Zeiger rutscht abwärts bis zum Anfang des Feldes 6.

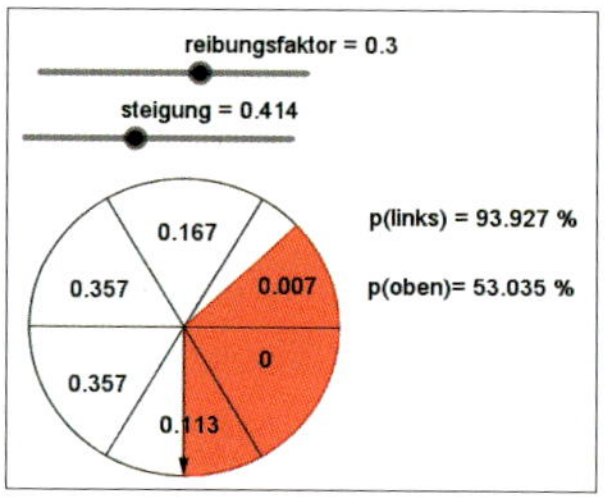

Abb. 9-11b: Steigung 41.4 %: Der Zeiger hält abwärts nicht mehr in der rechten Hälfte des Feldes 6. Dadurch wird $p(1) = \frac{1}{6} > p(6)$.

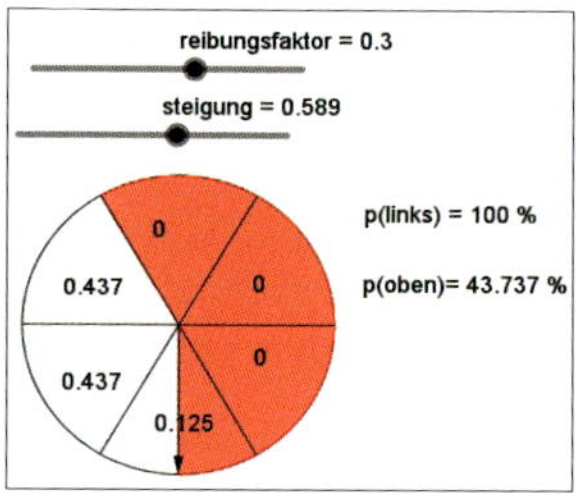

Abb. 9-11c: Steigung 58.93 %: In der letzten Runde schafft es der Zeiger nicht mehr bis auf das obere Feld 1, es gilt aber $p(2) = p(4)$.

Die Abbildung 9-11 wurde mit der Datei gluecksrad-rutschend.ggb erstellt.

9.7 Resümee

- „Normale" Glücksräder wie das horizontal rotierende Roulette im Spielcasino oder vertikal rotierende auf der Kirmes rotieren mit möglichst wenig Reibung sehr lange. Das erhöht die Spannung, macht sie aber für Experimente, bei denen Daten gesammelt werden sollen, unbrauchbar. Sie dienen im Unterricht ausschließlich zur Illustration von Rechenaufgaben zu Laplace-Wahrscheinlichkeiten.
- Lässt man aber eine Büroklemme oder eine Haarnadel durch Anschnip-

pen um einen Pin horizontal rotieren, dauert das Experimentieren wegen der Reibung nicht länger als das Würfeln.

- Durch das Neigen der Unterlage und die Frage, ob bzw. wie sich durch die Neigung die Wahrscheinlichkeiten ändern, entsteht eines der faszinierendsten und praktikabelsten Experimente, die der Stochastikunterricht zu bieten hat.
- Man erlebt ab Klasse 7 einen Modellierungskreislauf par Excellence, in dem das durch Alltagserfahrungen zur Schwerkraft abgesicherte und daher intuitiv naheliegende Modell „die Wahrscheinlichkeit rutscht nach unten" dem Modell „die Wahrscheinlichkeit rutscht bergauf" weichen muss. Und das ist wieder ein Beleg für unsere Sicht aus Kapitel 2: Wahrscheinlichkeit entsteht, wenn aus Erfahrung Erwartung wird.
- Die Modellvorstellung einer links/rechts Symmetrie weicht der Vorstellung einer oben/unten Symmetrie.
- Das Experiment fördert – genau wie das Würfeln mit Quadern – die Genese eines hypothetisch-prognostischen Wahrscheinlichkeitsbegriffs und gestattet über die bei den Wahrscheinlichkeiten unterstellten Symmetrien die messerscharfe Trennung von Modell- und Realitätsebene.
- Es liefert authentische Kontexte für Konfidenzintervalle und Hypothesentests, auch die einseitigen und
- der Begriff der Wahrscheinlichkeitsdichte wird im Erfahrungshorizont von Lernenden verankert, wobei optional physikalische Grundvorstellungen zur schiefen Ebene, der Gleitreibung und zum Energieerhaltungssatz zur theoretischen Absicherung herangezogen werden können.

10 Die Normalverteilung

Darum geht es – das Wichtigste in Stichworten

- Die Gaußsche Glockenfunktion $\varphi_{\mu;\sigma}$ mit der Integralfunktion $\Phi_{\mu;\sigma}$ dient einerseits zur Approximation von Binomialverteilungen, andererseits als Wahrscheinlichkeitsdichte zur Beschreibung stetiger Zufallsgrößen.
- Wie gut sich die Normalverteilung als Modell eignet, lässt sich in Anwendungssituationen durch NQ-Plots beurteilen. Begründen lässt sich das durch die Beziehung $\varphi_{\mu;\sigma}(x) = \varphi_{0;1}(\frac{x-\mu}{\sigma})$, die man früher hauptsächlich zur Arbeit mit Tabellenwerken nutzte.
- Meist fällt der Term der Normalverteilung im Unterricht „vom Himmel“.
  Das Dartwerfen auf eine Zielscheibe ermöglicht eine inhaltliche Begründung.
- Die x- und y-Koordinaten der Einstiche sind stetige Zufallsgrößen mit dem Erwartungswert 0. Wenn man annimmt, dass die Koordinaten stochastisch unabhängig sind und die Einstiche sich rotationssymmetrisch um das Ziel verteilen, ergibt sich zwangsläufig der Term der Normalverteilung als Wahrscheinlichkeitsdichte.
- Die Standardabweichung σ entpuppt sich als der wahrscheinlichste Abstand vom Ziel.

Experimente

- Zuckerwürfel wiegen (vgl. 4.4.1)
- Sehwinkel beim Peilen über den Daumen messen (vgl. 4.4.6)
- Darts auf eine Zielscheibe werfen

10.1 Die beiden klassischen Wege

Fragen nach der Herkunft der Normalverteilung, wie sie „Evelyn89“ in Abb. 10-1 stellt, bleiben im Unterricht meist unbeantwortet.

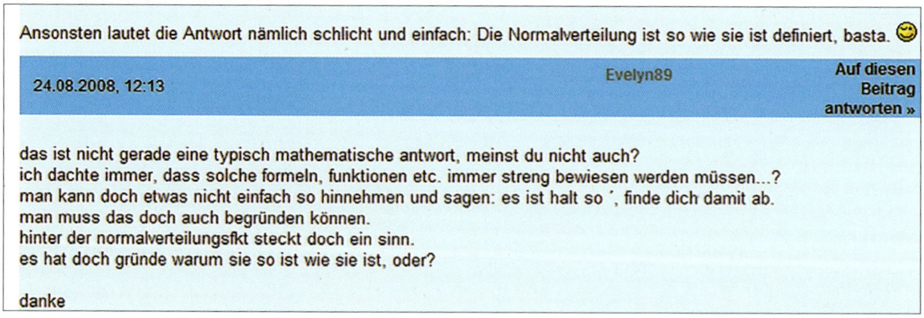

Ansonsten lautet die Antwort nämlich schlicht und einfach: Die Normalverteilung ist so wie sie ist definiert, basta.

24.08.2008, 12:13 Evelyn89 Auf diesen Beitrag antworten »

das ist nicht gerade eine typisch mathematische antwort, meinst du nicht auch?
ich dachte immer, dass solche formeln, funktionen etc. immer streng bewiesen werden müssen...?
man kann doch etwas nicht einfach so hinnehmen und sagen: es ist halt so ´, finde dich damit ab.
man muss das doch auch begründen können.
hinter der normalverteilungsfkt steckt doch ein sinn.
es hat doch gründe warum sie so ist wie sie ist, oder?

danke

Abb. 10-1: https://www.matheboard.de/thread.php?threadid=94689&hilight=evelyn89+normalverteilung

In der Regel wird der Term der Normalverteilung $\varphi_{\mu;\sigma}(x) = \frac{1}{\sqrt{2\pi}\cdot\sigma} \cdot e^{-\frac{1}{2\sigma^2}\cdot(x-\mu)^2}$ als „Kontur der Binomialverteilung" „top-down" mitgeteilt und für Näherungsrechnungen, insbesondere zur Begründung der Sigmaregeln genutzt (vgl. Kap. 8). An dieses weit verbreitete Vorgehen erinnert Abschnitt 10.1.1. Alternativ kann man ebenfalls „top-down" die Glocke im Rahmen der Analysis – ohne Kenntnis der Binomialverteilung – zur Beschreibung von Wahrscheinlichkeiten stetiger Zufallsgrößen wie von Körpermaßen oder Verpackungsgewichten nutzten. Dieser Weg ist in Schulbüchern eher die Ausnahme, deswegen enthält Abschnitt 10.1.2 eine praktikable Unterrichtsskizze.

10.1.1 Die Gaußsche Glocke als Näherung der Binomialverteilung

Man nutzt die Gaußsche Glockenfunktion $\varphi_{\mu;\sigma}(x) = \frac{1}{\sqrt{2\pi}\cdot\sigma} \cdot e^{-\frac{1}{2\sigma^2}\cdot(x-\mu)^2}$, um Wahrscheinlichkeiten $B_{n;p}$-binomialverteilter Zufallsgrößen anzunähern. Mit $\mu = np$ und $\sigma = \sqrt{np(1-p)}$ gilt nach dem Satz von de Moivre-Laplace $P(a \leq X \leq b) \approx \int_a^b \varphi_{\mu;\sigma}(x)dx = \Phi_{\mu;\sigma}(b) - \Phi_{\mu;\sigma}(a)$ oder mit der Stetigkeitskorrektur $P(a \leq X \leq b) \approx \int_{a-½}^{b+½} \varphi_{\mu;\sigma}(x)dx = \Phi_{\mu;\sigma}(b+\frac{1}{2}) - \Phi_{\mu;\sigma}(a-1/2)$.

Als Spezialfall erhält man $P(X=a) \approx \int_{a-½}^{a+½} \varphi_{\mu;\sigma}(x)dx \approx \varphi_{\mu;\sigma}(a)$. Dabei bezeichnet $\Phi_{\mu;\sigma}(x) = \int_{-\infty}^{x} \varphi_{\mu;\sigma}(t)dt$ die Stammfunktion zu $\varphi_{\mu;\sigma}$. Für $\mu = 0$ und $\sigma = 1$ verzichtet man auf die Indizes und schreibt φ bzw. Φ. Wegen $\varphi_{\mu;\sigma}(x) = \varphi\left(\frac{x-\mu}{\sigma}\right)$ gilt auch $\Phi_{\mu;\sigma}(x) = \Phi\left(\frac{x-\mu}{\sigma}\right)$.

Man benötigt folglich nur die Tabellenwerte von Φ wie in Abb. 10-2, um alle Binomialverteilungen näherungsweise berechnen zu können. Insbesondere folgt die Sigmaregel der Binomialverteilung wie folgt:
$P(\mu-\sigma \leq X \leq \mu+\sigma) \approx \Phi_{\mu;\sigma}(\mu+\sigma) - \Phi_{\mu;\sigma}(\mu-\sigma) = \Phi(1) - \Phi(-1) \approx 0.684$.

Aus diesem Grund hatte (bevor in Prüfungen leistungsfähige Rechner zugelassen wurden) das Rechnen mit der Normalverteilung auch in Grundkursen einen festen Platz.

Beispiel:
Wenn die Zufallsgröße X $B_{n;p}$-binomialverteilt ist mit $n = 120$, $p = 0.4$, gilt (mit Stetigkeitskorrektur)

$P(X \leq 50) \approx \Phi\left(\frac{50.5 - 0.4\cdot 120}{\sqrt{120\cdot 0.4\cdot 0.6}}\right)$
$= \Phi(0.466) = 0.679$

Und dieser Wert weicht nur unerheblich vom exakten Wert $F_{120;0.4}(50) = 0.681$ ab.

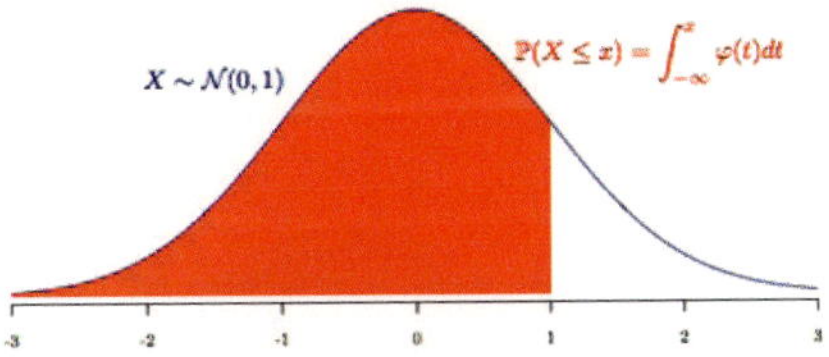

	0.00	0.01	0.02	0.03	0.04	0.05	0.06	0.07	0.08	0.09
0.0	0.5000	0.5040	0.5080	0.5120	0.5160	0.5199	0.5239	0.5279	0.5319	0.5359
0.1	0.5398	0.5438	0.5478	0.5517	0.5557	0.5596	0.5636	0.5675	0.5714	0.5753
0.2	0.5793	0.5832	0.5871	0.5910	0.5948	0.5987	0.6026	0.6064	0.6103	0.6141
0.3	0.6179	0.6217	0.6255	0.6293	0.6331	0.6368	0.6406	0.6443	0.6480	0.6517
0.4	0.6554	0.6591	0.6628	0.6664	0.6700	0.6736	0.6772	0.6808	0.6844	0.6879
0.5	0.6915	0.6950	0.6985	0.7019	0.7054	0.7088	0.7123	0.7157	0.7190	0.7224

Abb. 10-2: Approximation der Binomialverteilung und Φ-Tabelle
http://www.mathspadilla.com/macsII/Unit10-Sampling/tablanormal.png (Zugriff 22.04.2023)

10.1.2 Die Gaußsche Glocke als Wahrscheinlichkeitsdichte

Mit der Eigenschaft, Binomialverteilungen zu approximieren, ist die Gaußsche Glocke noch keine Wahrscheinlichkeitsdichte, welche stetige Zufallsgrößen beschreibt. Diesen Status bekommt sie *bei einem Sprung aus der Analysis* erst durch die folgende „top-down“ Definition: Eine stetige Zufallsgröße X heißt $N_{\mu;\sigma}$-normalverteilt mit Erwartungswert μ und Standardabweichung σ, wenn die Wahrscheinlichkeit dafür, dass X zwischen a und b liegt, sich durch Integration der Glockenfunktion berechnen lässt:
$P(a \le X \le b) = \int_a^b \varphi_{\mu;\sigma}(x)dx = \Phi_{\mu;\sigma}(b) - \Phi_{\mu;\sigma}(a)$.
In diesem Zusammenhang bezeichnet man die Glockenfunktion als Wahrscheinlichkeitsdichte.

Die folgende *Analysis*-Aufgabe dient im Sinne des Blackbox-Whitebox-Verfahrens als Sprungbrett in die Modellebene. Spannend wird in einem zweiten Schritt die Prüfung des Modells mithilfe selbst erhobener Daten.

A

Aufgabe (Analysis)

Der 10,- DM-Schein aus dem Jahr 1999 zeigt neben einem Porträt von C. F. Gauß den Graphen der nach ihm benannten Glockenfunktion. Auch der Funktionsterm f(x) mit den Parametern μ und σ ist zu erkennen. Statt f(x) schreibt man auch $\varphi_{\mu;\sigma}(x)$.

Abb. 10-3: Mit dem Geldschein wurde C. F. Gauß, einer der größten Mathematiker aller Zeiten, geehrt. Als Hintergrundbild verfügbar in 10-DM.ggb.

a) Sammeln Sie Eigenschaften des Graphen, die Sie ohne Rechnung mithilfe des Funktionsterms begründen können.
b) Schätzen Sie die Fläche unter dem abgebildeten Funktionsgraphen nach Augenmaß. Achten Sie auf Einheiten.
c) Öffnen sie die Datei 10-DM.ggb, die den Geldschein als Hintergrundbild enthält. Richten sie das Koordinatensystem durch Verschieben, Stauchen und Strecken der Achsen so ein, dass es sich mit dem Koordinatensystem auf dem Geldschein deckt. Zeichnen Sie anschließend den Graphen von $\varphi_{\mu;\sigma}$, wobei Sie die Parameter μ und σ so einstellen, dass er sich mit dem Geldscheingraphen deckt.
Vergleichen Sie Ihre Ergebnisse untereinander.
d) Nutzen Sie z. B. GeoGebra, um die Wendestellen zu berechnen, die Fläche unter dem Graphen zwischen den Wendestellen und die Gesamtfläche unter dem Graphen.
e) Begründen Sie:
(1) $\varphi_{\mu;\sigma}(x) = \frac{1}{\sigma}\varphi_{0;1}\left(\frac{x-\mu}{\sigma}\right)$,
(2) der Hochpunkt der Gauß-Glocke liegt stets bei $H\left(\mu; \frac{\approx 0.4}{\sigma}\right)$,
(3) die Wendepunkte liegen stets bei $W\left(\mu \mp \sigma; \frac{\approx 0.24}{\sigma}\right)$,
(4) $\int_{\mu-\sigma}^{\mu+\sigma}\varphi_{\mu;\sigma}(x)dx \approx 0.683$, $\int_{-\infty}^{\infty}\varphi_{\mu;\sigma}(x)dx = 1$.
f) Plotten Sie die Integralfunktionen der Gaußschen Glocken $\Phi_{\mu;\sigma}(x) = \int_{-\infty}^{x}\varphi_{\mu;\sigma}(t)dt$ für verschiedene Parameter. Suchen sie nach Gemeinsamkeiten und begründen Sie diese.
g) Da man für $\varphi_{0;1}(x)$ kurz $\varphi(x)$ schreibt, schreibt man für $\Phi_{0;1}(x) = \int_{-\infty}^{x}\varphi_{0;1}(t)dt$ kurz $\Phi(x)$.
Prüfen und begründen Sie
(*) $\Phi_{\mu;o}(x) = \Phi(\frac{x-\mu}{\sigma})$, und $\Phi^{-1}(\Phi_{\mu;\sigma}(x)) = \frac{1}{\sigma}(x-\mu)$.

GeoGebra-Tipps: $\varphi_{\mu;\sigma}(x)$ =Normal (μ,σ,x,false), $\Phi_{\mu;o}(x)$ = Normal(μ, σ, x, true),
$\Phi_{\mu;o}{}^{-1}(x)$ =InversNormal(μ,σ,x)

10.1.3 NQ-Plots

Zuckerwürfel

GeoGebra macht es mit seinem Diagrammassistenten über die Menüpunkte

- Normalisiert
- Histogramme
- Gauß-Glocke und
- NQ-Plot

leicht, die praktische Bedeutung der Beziehung (*) zu erkennen. Abb. 10-4 dokumentiert das am Beispiel der Gewichte von 528 Zuckerwürfeln mit dem Aufdruck 2.5 g: Je besser das Normalverteilungsmodell $\varphi_{\mu;\sigma}(x)$ die Realität beschreibt (oberer Teil von Abb. 10-4a), desto besser ist die Näherung $h(X \le x) \approx \Phi_{\mu;\sigma}(x)$, desto besser ist dann auch (im unteren Teil der Abbildung) die Näherung $\Phi^{-1}(h(X \le x)) \approx \Phi^{-1}(\Phi_{\mu;\sigma}(x)) = \frac{1}{\sigma}\,(x - \mu)$, umso besser wird $\Phi^{-1}(h(X \le x))$ durch die lineare Funktion mit Nullstelle μ und Steigung $\frac{1}{\sigma}$ beschrieben.

Zum Vergleich zwischen Modell und Realität berechnet GeoGebra einen Normal-Quantil-Plot, das ist die Punktwolke, die dadurch entsteht, dass man auf die empirische Verteilungsfunktion $h(X \le x)$, die zu jedem Datenwert x den Anteil der Daten angibt, die nicht größer sind als x, die Funktion Φ^{-1} anwendet. Wie man sieht, streut die Punktwolke des NQ-Plots bei den Zuckerwürfelgewichten nur wenig um die Gerade mit Nullstelle $\overline{x} = 2.60$ und Steigung $\frac{1}{s_x} = \frac{1}{0.0375} \approx 26.6$. Die Normalverteilung ist damit ein gutes Modell für die Verteilung der Zuckerwürfelgewichte.

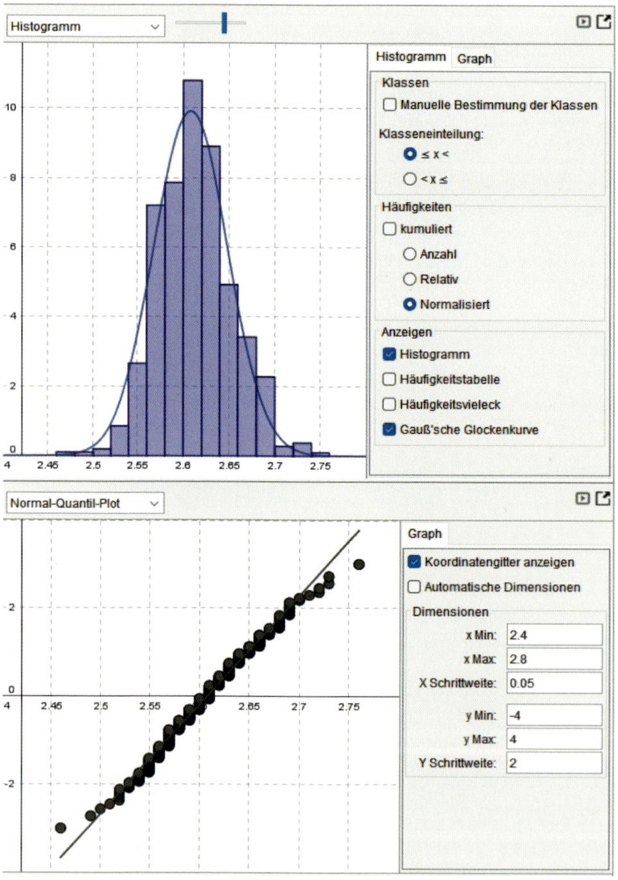

Abb. 10-4a: zuckerwuerfel.ggb mit der Verteilung von 528 Zuckerwürfel-Gewichten. GeoGebra zeichnet zum Histogramm die passende Gauß-Glocke und den NQ-Plot mit der Geraden $g(x) = \frac{1}{s}\,(x - \overline{x})$. Dabei ist $\overline{x} = 2.60$ der Mittelwert und $s = 0.0375$ die empirische Standardabweichung der Gewichte.

Peilwinkel (vgl. auch 4.4.6)

> „Unter Daumenpeilung versteht man in der Nautik eine Winkelmessung mittels des ausgestreckten Daumens am ebenfalls ausgestreckten Arm. Da Körperabmessungen wie Daumenbreite und Armlänge grob proportional sind, ist der so gemessene Winkel von der absoluten Daumenbreite und der Körpergröße der messenden Person relativ unabhängig – wenngleich trotzdem vergleichsweise ungenau. Eine Daumenbreite entspricht etwa einem Winkel von 2°." (Quelle: https://de.wikipedia.org/wiki/Daumenpeilung)

Abb. 10-4b, zeigt, dass Peilwinkel in Grad tatsächlich gut durch eine Normalverteilung mit $\mu \approx 2.13$ und $\sigma \approx 0.35$ beschrieben werden. Auch hier ist die Struktur des NQ-Plots linear.

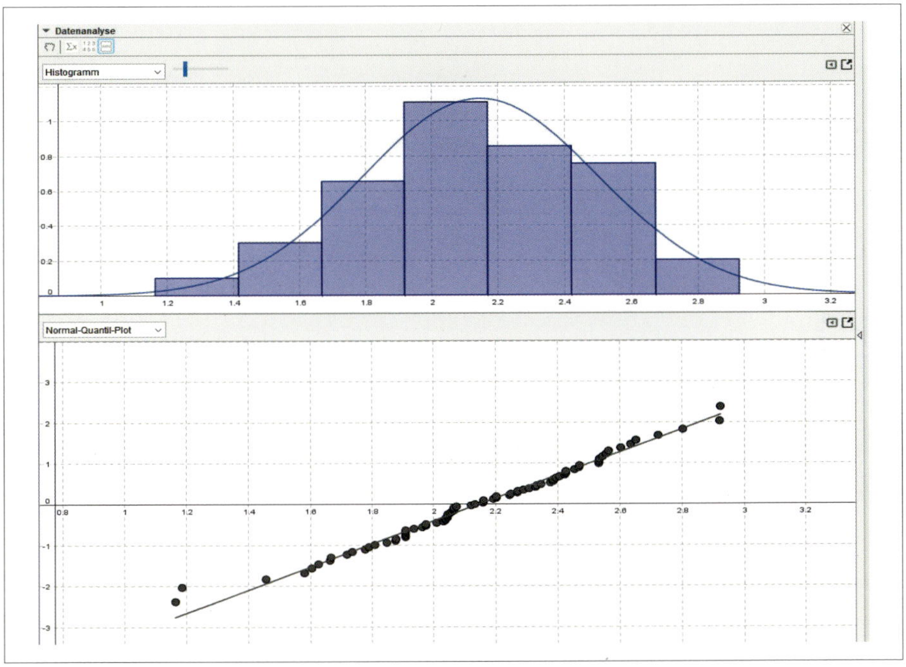

Abb. 10-4b: Verteilung von 79 Peilwinkeln (daumenpeilen.ggb).

Binomialverteilung

Wer sich der Normalverteilung gemäß 10.1.1 von der Binomialverteilung her genähert hat und NQ-Plots verstehen möchte, plottet den Graphen von $\Phi^{-1}(F_{n;p}(x))$ und erhält für x = 0, 1, ..., n Punkte, die (fast) auf der Geraden g mit $g(x) = \frac{1}{\sqrt{np(1-p)}}(x - np)$ liegen.

10.2 Darts werfen (zwei Experimente)

Um Evelyns Frage nach einer inhaltlichen Begründung für den Term der Gaußschen Glocke „bottom-up" beantworten zu können, nutzen wir wieder im Sinne realistischen Mathematikunterrichts ein Zielwurf-Experiment, das man ggf. auch als Wettkampf zweier Gruppen gestalten kann. Durch den Wettkampfcharakter wird es *im Rahmen beschreibender Statistik* auch für die Sekundarstufe I interessant.

Abb. 10-5: Simone scheint mit Tobias nicht zufrieden. Ob sie besser zielt? Das Ziel ist in der Mitte markiert.

Jedes Team bekommt eine Pinnwand oder eine Korkplatte und zwei Zielscheiben (bestehend aus einem Kreis mit Radius $r = 10$ cm auf Millimeterpapier), auf die jedes Team-Mitglied mit 10 Pfeilen so zielt, wie es im Folgenden beschrieben wird.

Experiment 1

Jedes Team-Mitglied zielt auf den Mittelpunkt des Kreises und versucht, diesem möglichst nahe zu kommen.

Experiment 2 (optionale Ergänzung)

Es kommt darauf an, die Pfeile im 10 cm-Zielkreis als Gruppe möglichst gleichmäßig zu verteilen. Falls sich Punkte unten häufen, wird man im Folgenden weiter nach oben zielen.

Experiment 2 hat mit der Normalverteilung nichts zu tun, macht aber im Vergleich mit den Ergebnissen von Experiment 1 deutlich, wie Versuchsbedingungen die Wahrscheinlichkeitsdichten ändern. Und es eignet sich ausgezeichnet, den Begriff der Wahrscheinlichkeitsdichte „bottom-up" aus der Geometrie zu entwickeln. Aus diesem Grund flechten wir es als optionale Ergänzung ein.

Regeln

Der Abstand von der Zielscheibe ist stets 2 m. Das Wurffeld wird durch Tische, die der Absperrung dienen, gesichert. Der Teamchef achtet zusätzlich zur Lehrperson auf Sicherheit! Damit die Pfeile sich nicht gegenseitig stören, werden sie nach je 10 Würfen eingesammelt. Wenn ein Pfeil nicht in der Unterlage stecken bleibt, zählt der Einstich trotzdem.

Im zweiten Experiment bleiben Pfeile außerhalb des Kreises unberücksichtigt. Es kommt nur auf die gleichmäßige Verteilung im Kreis an. Im ersten Experiment zählen alle Pfeile.

„Übung macht den Meister“: Man kann mit neuen Zielscheiben einen zweiten Durchgang machen, um zu prüfen, ob sich die Teams durch Übung verbessern.

Deskriptive Auswertung

Jedes Team tippt die Koordinaten seiner Einstichpunkte in eine vorbereitete Tabellenkalkulation ein (Abb. 10-6, darts.ggb). Damit im Unterricht kein Leerlauf entsteht, empfiehlt es sich, die durchlöcherten Zielscheiben zu kopieren und die Auswertung durch die andere Gruppe kontrollieren zu lassen. Das Kopieren erfolgt während des Experiments dadurch, dass man mehrere Zielscheiben übereinanderlegt.

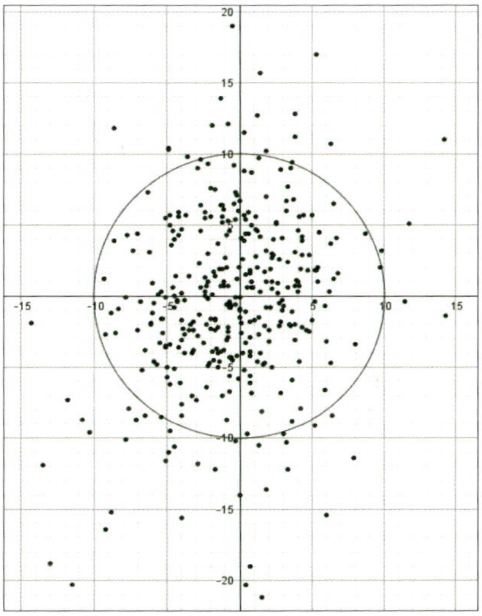

Abb. 10-6: darts.ggb

Die Verteilung der x-Koordinaten, der y-Koordinaten und der Abstände $d=\sqrt{x^2+y^2}$ vom Ursprung wird gezeichnet (Zufallsgrößen X, Y, D; Abb. 10-7, 10-8 und 10-9. Die Abbildungen zeigen Ergebnisse von 359 Würfen.)

Die Mittelwerte und die Standardabweichungen werden berechnet. Wenn man im Experiment 2 auch die Punkte innerhalb des Quadrats berücksichtigt, welches dem Zielkreis umschrieben ist, kann man prüfen, wie gut der Anteil der Punkte innerhalb des Kreises den Wert $\frac{\pi}{4}$ approximiert (Monte-Carlo-Methode).

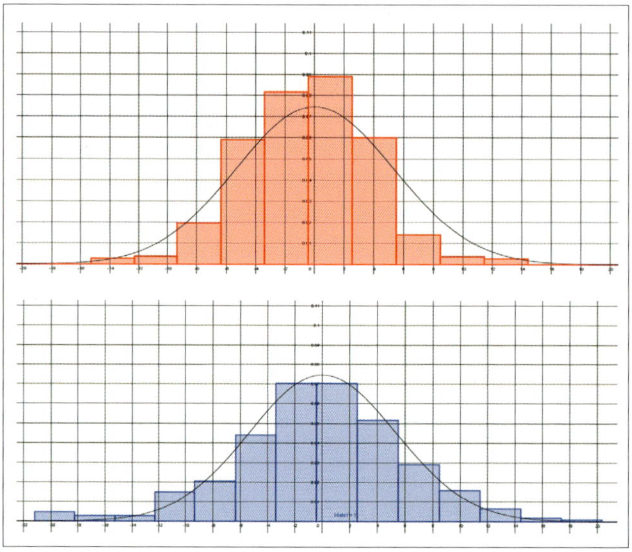

Abb. 10-7: Experiment 1 (in die Mitte zielen). Ergebnisse für je 259 x-Koordinaten (rot) und y-Koordinaten (blau) (darts.ggb.) (Im Vorgriff auf Abschnitt 10.7 wurde zum Vergleich mit der Theorie die Gaußsche Glocke $\varphi_{0,s_{X-Y}}$ abgebildet, wobei s_{X-Y} die empirische Standardabweichung der 518 x- und y-Koordinaten bezogen auf 0 (nicht auf $\bar{x} \approx 0$ und $\bar{y} \approx 0$) darstellt.)

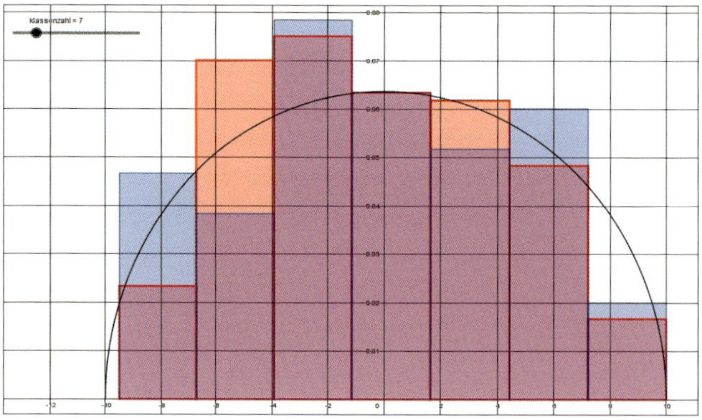

Abb. 10-8: Experiment 2: Darts gleichmäßig verteilen, Ergebnisse für die x-Koordinaten (rot) und y-Koordinaten (blau) im Vergleich mit der halbkreisförmigen Wahrscheinlichkeitsdichte

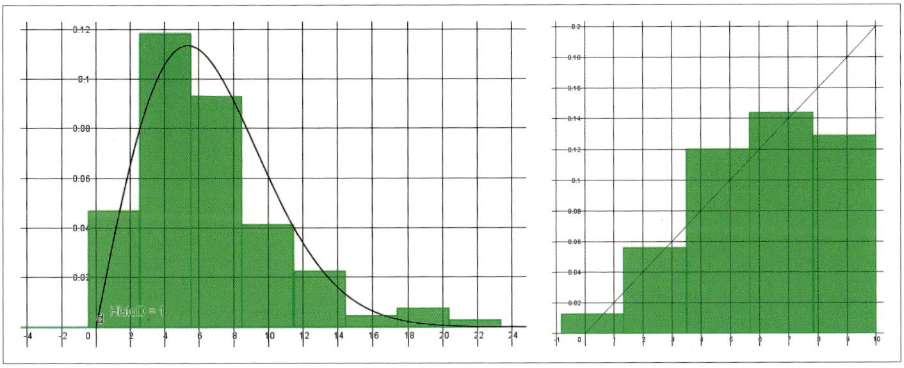

Abb. 10-9: Verteilung der Abstände D, wenn man versucht, in die Mitte zu treffen (links) bzw. versucht, die Darts im Kreis gleichmäßig zu verteilen (rechts) – und die zugehörigen Wahrscheinlichkeitsdichten zum Vergleich

10.3 Die Wahrscheinlichkeitsdichten (Theorie zu Experiment 2)

Die Häufigkeitsverteilungen der Zufallsgrößen X, Y und insbesondere diejenigen von D unterscheiden sich in beiden Experimenten deutlich voneinander. Bei der Suche nach theoretisch begründbaren Wahrscheinlichkeiten, welche die experimentellen Ergebnisse beschreiben bzw. vorhersagen können, stößt man auf Integrale, lernt Wahrscheinlichkeiten durch Wahrscheinlichkeitsdichten zu beschreiben und Erwartungswerte durch Integration zu berechnen. Die Integralrechnung bekommt damit eine völlig neue Dimension. Das soll an den beiden Experimenten erläutert werden.

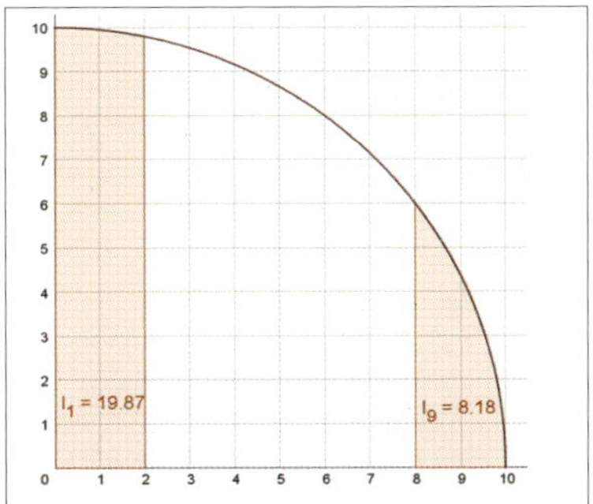

Mitte	-9	-7	-5	-3	-1	1	3	5	7	9	μ
X	4%	7%	8%	10%	13%	13%	11%	15%	10%	7%	0.79
Y	4%	9%	11%	11%	12%	13%	11%	10%	10%	6%	0.18
Wk	5%	9%	11%	12%	13%	13%	12%	11%	9%	5%	0.00

Abb. 10-10: Wahrscheinlichkeiten und Häufigkeiten der Koordinaten X bzw. Y

Unter der Annahme, dass sich die Punkte im Kreis tatsächlich gleich verteilen, wird man Wahrscheinlichkeiten durch Flächenvergleich bestimmen. So entspricht die Wahrscheinlichkeit, dass z. B. die Rechtskoordinate X zwischen 8 und 10 liegt, dem Flächenanteil des Vertikalstreifens mit Mitte 9 an der Kreisfläche.

Man erhält $P(8 < X \leq 10) = \frac{2 \cdot I_9}{\text{Kreisfläche}} = \int_8^{10} \frac{2}{\pi r^2} \cdot \sqrt{r^2 - x^2}\,dx \approx 0.052.$

Entsprechendes gilt für Y. Die Wahrscheinlichkeiten der anderen Klassen zeigt die letzte Zeile von Abb. 10-10 im Vergleich mit den im Experiment erhaltenen relativen Häufigkeiten.

Zur Berechnung der Wahrscheinlichkeitsverteilung des Abstandes D zum Kreismittelpunkt zerlegt man den Kreis in konzentrische Ringe (Abb. 10-11). Für die Wahrscheinlichkeit des äußersten Ringes mit Breite 2 erhält man z. B.

$$P(8 < D \leq 10) = \frac{\text{Kreisringfläche}}{\text{Kreisfläche}} = \frac{10^2\pi - 8^2\pi}{10^2\pi} = 0.36.$$

Auch diese Wahrscheinlichkeit kann man als Integral darstellen. Es gilt

$$P(a < D \leq b) = \frac{1}{100}(b^2 - a^2) = \int_a^b \frac{1}{50} x dx.$$

Die Wahrscheinlichkeiten der anderen Klassen zeigt Abb. 10-11wieder in guter Übereinstimmung mit den experimentellen relativen Häufigkeiten.

Als Resümee ergibt sich: Wahrscheinlichkeiten, mit denen reellwertige Zufallsgrößen in vorgegebenen Intervallen liegen, lassen sich durch Integration von Funktionen berechnen. Die Funktionen f haben dann die Bedeutung von Wahrscheinlichkeitsdichten und lassen sich als „Wahrscheinlichkeit je Intervalllänge" deuten. So gilt in der Regel $f(a) \approx \int_{a-0,5}^{a+0,5} f(x)dx$ und der Funktionswert der Dichte lässt sich als Wahrscheinlichkeit dafür deuten, dass die Zufallsgröße einen Wert annimmt, der in einem Intervall um a mit der Länge 1 liegt. Dort, wo die Dichte groß ist, erwartet man viele Versuchsergebnisse.

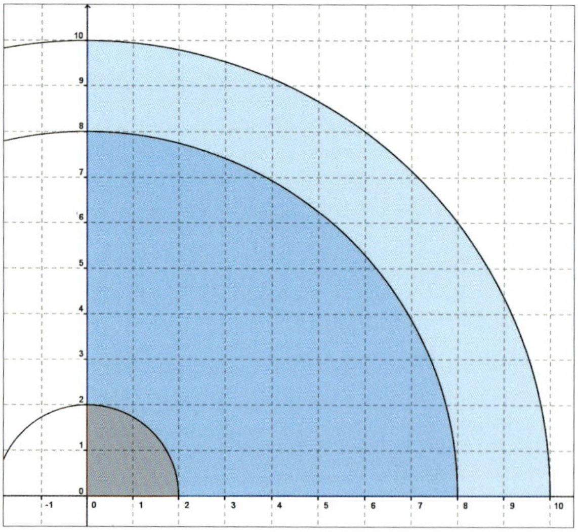

Mitte	1	3	5	7	9	μ
D	6 %	12 %	23 %	27 %	33 %	6.38
Wk.	4 %	12 %	20 %	28 %	36 %	6.67

Abb. 10-11: Häufigkeiten und Wahrscheinlichkeiten für Kreisringe

So ist die Dichte $f(x)=\frac{2}{\pi r^2}\cdot\sqrt{r^2-x^2}$ mit $-r\leq x\leq r$ und $\int_{-r}^{r} f(x)dx=1$ bei $x=0$ maximal und bei gleichmäßiger Verteilung der Punkte im Kreis liegen die x-Koordinaten besonders häufig in der Nähe von 0. Die Dichte $f(x)=\frac{1}{50}x$ mit $0\leq x\leq 10$ und $\int_0^{10}\frac{1}{50}x\,dx=1$ hat ihr Maximum bei $x=10$ und tatsächlich liegen bei gleichmäßiger Verteilung im Kreis die meisten Punkte weit vom Ursprung entfernt. Da sich Wahrscheinlichkeiten zu 1 summieren, liefern Wahrscheinlichkeitsdichten stets den Wert 1, wenn man sie über den gesamten Definitionsbereich integriert.

Den mittleren Abstand $\overline{d}$ vom Ursprung erhält man bei gegebener Häufigkeitsverteilung näherungsweise dadurch, dass man die Abstände, die zu den Intervallmitten gehören, mit den relativen Häufigkeiten der zugehörigen Intervalle multipliziert: $\overline{d}\approx 1\cdot 0.06+3\cdot 0.12+\ldots+9\cdot 0.33\approx 6.38$.

Wenn man die relativen Häufigkeiten durch die zugehörigen Wahrscheinlichkeiten ersetzt, kann man diese Summe als Treppensumme des Integrals $\int_0^{10} x\cdot\frac{1}{50}x\,dx$ deuten. Man erkennt, dass es sinnvoll ist, das Integral $\mu=\int_a^b x\cdot f(x)dx$ als Erwartungswert der Zufallsgröße X zu deuten, die durch die Dichte beschrieben wird. Die mittleren Abstände $\overline{d}$ werden zufallsabhängig um den Erwartungswert μ pendeln. Entsprechend definiert man die Standardabweichung durch

$\sigma=\sqrt{\int_a^b (x-\mu)^2\cdot f(x)dx}$.

10.4 Wie Gauß die Normalverteilung entdeckt haben könnte (Theorie zu Experiment 1)

Jeder kennt die Geschichte, in der Gauß die Zahlen von 1 bis 100 summieren sollte und mit seiner Summenformel viel schneller am Ziel war als von seinem ruhesuchenden Lehrer erhofft. Wie er aber seine Normalverteilung und die Formel für seine Glockenfunktion fand, darüber liest man in Schulbüchern nichts. Der Term der Gaußschen Glockenfunktion

(1) $\varphi_{0;\sigma}(x)=\frac{1}{\sqrt{2\pi}\cdot\sigma}\cdot e^{-\frac{1}{2\sigma^2}\cdot x^2}$ „fällt vom Himmel", vgl. Abb. 10-1.

Das Dartspiel (Experiment 1, bei dem man versucht, die Mitte des Kreises zu treffen) hilft bei der Suche nach einer Formel für die Gaußsche Normalverteilung. Man macht die folgenden plausiblen Annahmen:

- Die x- und die y-Koordinaten der Einstichpunkte sind stochastisch unabhängig voneinander und besitzen gleiche Wahrscheinlichkeitsverteilungen mit der unbekannten Dichte f,
- die Verteilung der Punkte ist rotationssymmetrisch um den Ursprung.

Aus der ersten Annahme folgt: Die Wahrscheinlichkeit P, dass ein Punkt in einem Quadrat mit Mittelpunkt M(x; y) und Fläche $dx \cdot dy$ liegt, ist $P = f(x) \cdot dx \cdot f(y) \cdot dy$.

Wenn man das Koordinatensystem so um den Ursprung dreht (Abb. 10-12), dass M auf der (neuen) x-Achse, aber nun im Abstand $\sqrt{x^2+y^2}$ vom Ursprung zu liegen kommt, erhält man $P = f\left(\sqrt{x^2+y^2}\right) \cdot dx \cdot f(0) \cdot dy$.

Folglich muss für die gesuchte Dichte f gelten $f(x) \cdot f(y) = f\left(\sqrt{(x^2+y^2}\right) \cdot f(0)$ oder

$\frac{f(x)}{f(0)} \cdot \frac{f(y)}{f(0)} = \frac{f(\sqrt{x^2+y^2})}{f(0)}$. Mit $\bar{f}(x) = \frac{f(x)}{f(0)}$ ergibt sich daraus

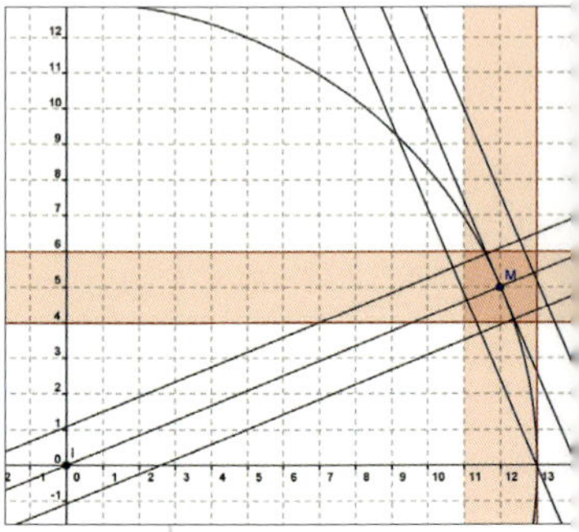

Abb. 10-12: Flächenbestimmung für ein Rechteck der Zielscheibe

$\bar{f}(x) \cdot \bar{f}(y) = \bar{f}\left(\sqrt{x^2+y^2}\right)$.

Setzt man speziell $y = x$, erhält man $\bar{f}(\sqrt{2} \cdot x) = \bar{f}(x)^2$.
Mit $\bar{f}(1) = a$ folgt $\bar{f}(\sqrt{2}) = a^2$, $\bar{f}(2) = a^4$, $\bar{f}(2\sqrt{2}) = a^8$, $\bar{f}(4) = a^{16}$ und allgemein $\bar{f}(x) = a^{x^2}$. Damit hat man die Struktur der Gauß-Funktion gefunden: $f(x) = f(0) \cdot a^{x^2}$.

10.5 Die Kreiszahl π und die Gaußsche Glocke

Wenn man auf die Darstellung (1) gelangen und herausfinden möchte, wie die Kreiszahl π ins Spiel kommt, schreibt man die Basis a als Potenz von e: $a = e^{-\frac{1}{2\sigma^2}}$, indem man $\sigma = \sqrt{\frac{-1}{2\ln(a)}}$ setzt. Dann ergibt sich $f_{0;\sigma}(x) = f(0) \cdot e^{-\frac{1}{2\sigma^2}x^2}$. Den Wert der Konstante f(0) erhält man durch Integrieren über Kreisringe, wie in Abb. 10.13 angedeutet:

Aus $1 = f(0)^2 \cdot \int_0^\infty 2\pi r \cdot e^{-\frac{1}{2\sigma^2}r^2} dr = f(0)^2 \cdot 2\pi\sigma^2 \left[-e^{-\frac{1}{2\sigma^2}r^2}\right]_0^\infty = f(0)^2 \cdot \sigma^2 \cdot 2\pi$ folgt nämlich $f(0) = \frac{1}{\sigma \cdot \sqrt{2\pi}}$, also $f_{0;\sigma}(x) = \frac{1}{\sigma \cdot \sqrt{2\pi}} e^{-\frac{1}{2\sigma^2}x^2}$.

Den Nachweis, dass der Parameter σ tatsächlich die Standardabweichung ist, dass also gilt $\sqrt{\int_{-\infty}^{\infty}(x-0)^2 \cdot \varphi_{0;\sigma}(x)dx} = \sigma$, kann man durch partielle Integration führen oder an Beispielen numerisch nachrechnen.

Abb. 10-13: Die Wahrscheinlichkeit, dass der Pfeil in einer Fläche dxdy im Abstand r vom Ursprung landet, ist $f(0) \cdot f(r)\, dx\, dy = f(0)^2 \cdot e^{-\frac{1}{2\sigma^2} \cdot r^2} \cdot dx\, dy$
Da der Kreisring die Fläche $2\pi r \cdot dr$ besitzt, landet der Pfeil dort also mit der Wahrscheinlichkeit $f(0)^2 \cdot 2\pi r \cdot e^{-\frac{1}{2\sigma^2} \cdot r^2} dr$.

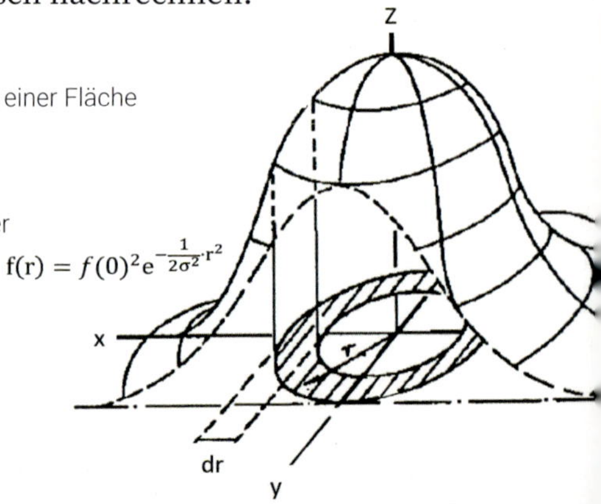

10.6 Warum σ „Standardabweichung" heißt

Auch in Experiment 1 kann man die (in Abb. 10-7 schon eingeblendete) Dichte des Abstands D vom Ursprung bestimmen: Die Wahrscheinlichkeit, dass ein Pfeil in einer kleinen Fläche mit Inhalt $dx \cdot dy$ im Abstand r vom Ursprung einschlägt, ist, wie oben ausgeführt, $f(r) \cdot f(0) \cdot dxdy = \frac{1}{2\pi \cdot \sigma^2} \cdot e^{-\frac{1}{2\sigma^2} r^2} dxdy$.

Die Wahrscheinlichkeit, dass der Pfeil im Kreisring mit Radius r und Breite dr landet, erhält man durch Multiplikation mit der Kreisringfläche $2\pi \cdot rdr$: $2\pi \cdot r \cdot \frac{1}{2\pi \cdot \sigma^2} \cdot e^{-\frac{1}{2\sigma^2} r^2} dr = \frac{1}{\sigma^2} \cdot r \cdot e^{-\frac{1}{2\sigma^2} r^2} dr$. Und die gesuchte Wahrscheinlichkeitsdichte von D ergibt sich zu $g(r) = \frac{1}{\sigma^2} \cdot r \cdot e^{-\frac{1}{2\sigma^2} r^2}$.

Sie hat ihr Maximum an der Stelle $r = \sigma$; am wahrscheinlichsten („standardmäßig") schlägt der Pfeil also in der Nähe des Kreisringes mit Radius σ ein. Das erklärt den Namen „Standardabweichung". Der Erwartungswert von D ist aber etwas größer. Man erhält $\frac{1}{\sigma^2} \int_0^\infty r^2 \cdot e^{-\frac{1}{2\sigma^2} r^2} dr = \sqrt{\frac{\pi}{2}} \cdot \sigma$.

10.7 Vergleich von Theorie und Wirklichkeit

Beim Experiment 1 kann man im Gegensatz zu Experiment 2 den Parameter σ nicht theoretisch bestimmen, da er von der Geschicklichkeit der Schützen abhängt. Für den in Tab. 10-1 abgebildeten Datensatz (Gruppe Nils mit 120 Würfen) erhält man die empirischen Standardabweichungen (bezogen auf den Ursprung, nicht die experimentellen Mittelwerte, die in der Nähe des Ursprunges liegen) $s_X = 4.02$, $s_Y = 5.05$ und wenn man beide Datensätze zusammenfasst $s_{x-y} = 4.56$. Wie gut Theorie und Wirklichkeit zusammenpassen, wenn man diesen Schätzwert für die Standardabweichung verwendet, zeigen die folgenden Tabellen.

Mitte	-17	-15	-13	-11	-9	-7	-5	-3	-1	1		5	7	9	11	13	15	17
X	0 %	0 %	0 %	1 %	2 %	5 %	12 %	13 %	18 %	17 %	18 %	9 %	3 %	3 %	0 %	0 %	0 %	0 %
Y	0 %	0 %	0 %	0 %	1 %	3 %	5 %	13 %	13 %	22 %	10 %	18 %	8 %	3 %	2 %	1 %	1 %	1 %
Wk.	0 %	0 %	0 %	1 %	3 %	5 %	10 %	14 %	17 %	17 %	14 %	10 %	5 %	3 %	1 %	0 %	0 %	0 %

Tab. 10-1: Relative Häufigkeiten der Abweichungen in x-, y-Richtung und Normalverteilung

Mitte	1	3	5	7	9	11	13	15	17	19
D	7 %	23 %	30 %	25 %	8 %	3 %	3 %	1 %	1 %	0 %
Wk.	9 %	23 %	26 %	21 %	12 %	6 %	2 %	1 %	0 %	0 %

Tab. 10-2: Relative Häufigkeiten der Entfernung zu Ursprung und Wahrscheinlichkeitsmodell

Wenn man das Pfeilewerfen als Team-Wettkampf ausführt, interessiert natürlich, wer gewonnen hat. Als Qualitätsmaßstab für die Treffgenauigkeit bietet sich die (gemeinsame) empirische Standardabweichung der x- und y-Koordinaten s_{X-Y} an – oder der mittlere Abstand $\overline{d}$ der Einstiche vom Ursprung. Die folgende Tabelle vermittelt einen Eindruck von den Ergebnissen, die man bei einer Wurfweite von 2 m erwarten kann.

Die Gruppe von Nils besaß die höchste, die von Tobias die geringste Treffergenauigkeit.

Gruppe (Wurfzahl)	s_{X-Y}	$\overline{d}$	$\sqrt{\frac{\pi}{2}} \cdot s_{X-Y}$
Nils (120)	4.56	5.67	5.72
Matthias (135)	6.24	7.33	7.82
Tobias (99)	5.01	6.11	6.28

Auch die bei Vorliegen der Normalverteilung gültige theoretische Beziehung $\mu_D = \sqrt{\frac{\pi}{2}} \cdot \sigma_{X-Y}$ spiegelt sich in den experimentellen Daten wider.

10.8 Resümee

- Das Dartwurfexperiment fasziniert durch seinen Wettkampfcharakter bei entsprechend umsichtiger Versuchsdurchführung schon im Rahmen deskriptiver Statistik ab Klasse 6.
- In der Sekundarstufe II öffnet es *nach* Beschreiten der klassischen *„top-down“*-Zugänge eine Begründung des Terms der Normalverteilung, die auf zwei Annahmen beruht, der stochastischen Unabhängigkeit der x- und y-Koordinaten und der Rotationssymmetrie. Diese Annahmen lassen sich über die Datei dart-rotation.ggb (in der man das Koordinatensystem drehen kann, vgl. Abb. 10-14) prüfen. Sie enthält eine Gebrauchsanleitung und die Daten, auf denen Abb. 10-7 beruht.
- Die Begründung des Terms der Normalverteilung ist anspruchsvoll, insbesondere erfordert die Begründung des Normierungsfaktors, in dem π vorkommt, den intuitiven Umgang mit der zweidimensionalen Gauß-Glocke. Falls die kooperative Begründung in Form eines geführten Beweises durch Schülerinnen und Schüler oder als Referat geplant ist, hilft die Beweisvorlage gauss-begruenden.pdf.

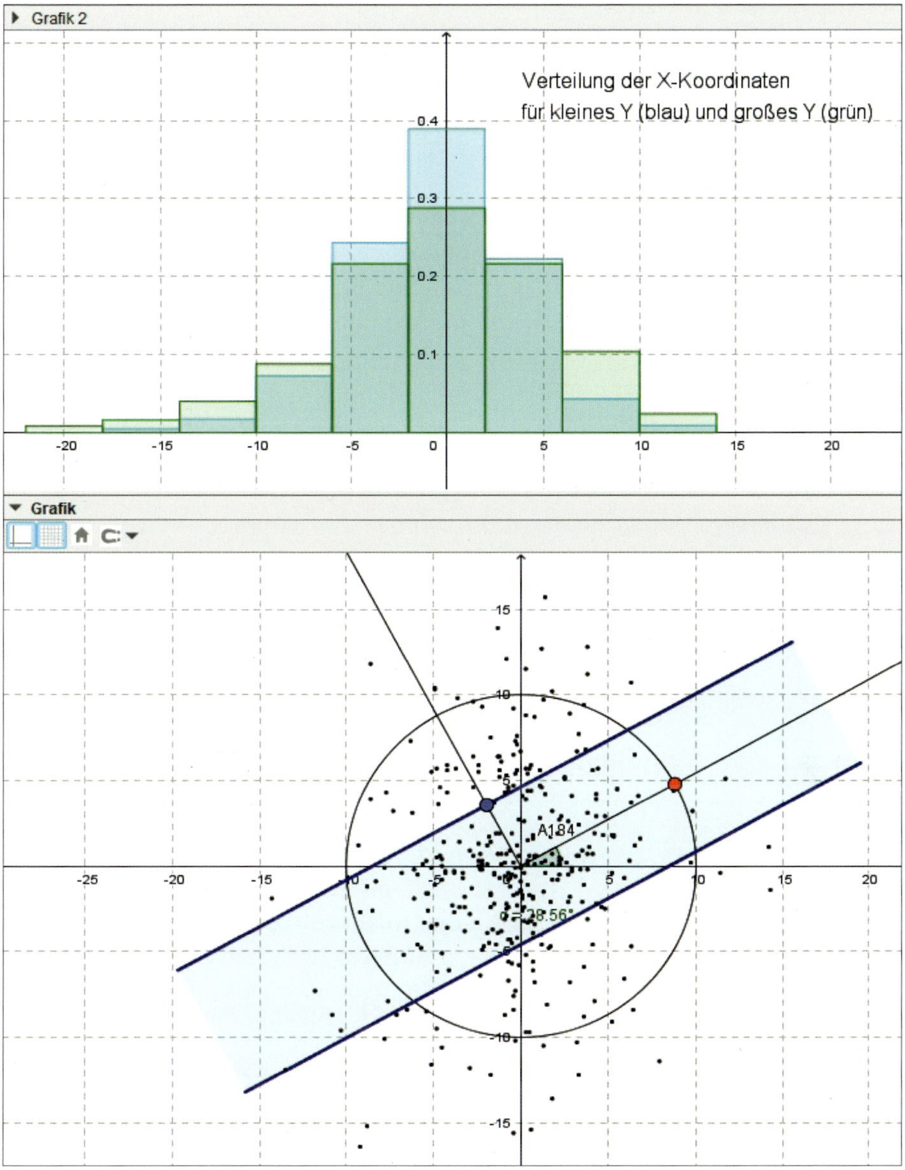

Abb. 10-14: dart-rotation.ggb zur Überprüfung der Unabhängigkeit von x- und y-Koordinaten und der Rotationsymmetrie.

11 Lineare Modelle: Regression und Korrelation

Darum geht es – das Wichtigste in Stichworten

- In der Sekundarstufe I nutzt man Trendgeraden im Rahmen der Algebra als nicht weiter hinterfragtes Werkzeug, um Punktwolken durch Geraden („lineare Modelle") zu beschreiben. Bei Datenerhebungen erlebt man die Zufallsabhängigkeit der Trendgeraden.
- In der Sekundarstufe II lernt man, Trendgeraden zu berechnen und die Korrelation r und das Bestimmtheitsmaß r^2 inhaltlich zu interpretieren. Man arbeitet dabei im Rahmen beschreibender Statistik auf der Daten- bzw. Realitätsebene.
- Durch spielerische Simulationen eines leicht zugänglichen linearen Modells werden Realitäts- und Modellebene miteinander verzahnt. Die empirische Korrelation r wird zum Schätzer eines Modellparameters ρ (der „theoretischen" Korrelation).
- Beispiele beleuchten, wie sich Kausalität und Korrelation zueinander verhalten.

Experimente

- Stichproben stechen: Anzahl – Gewicht
- Schuhgröße – Schuhlänge – Körpergröße
- Alter – Körpergröße, Altersprognosen
- Korrelation zwischen Testgrößen (Bleistiftrollen)
- Psychologie: Selbstkonzept – Schulleistung

11.1 Das Trendgeradenwerkzeug in der Sekundarstufe I

Sobald Lernende mit proportionalen und linearen Funktionen vertraut sind, nutzt man in der Algebra neben Lineal und Augenmaß auch digitale Trendgeradenwerkzeuge zum Einpassen von Geraden in zweidimensionale Datenwolken, um diese durch lineare Funktionen mit $y = mx + b$ zu beschreiben. Die Daten (oft handelt es sich dabei um selbst erhobene Messwerte) werden in zwei Tabellenspalten eingetragen, als Punktwolke veranschaulicht und die Software (bei Excel geht das mit einem Klick) liefert die zugehörige Trendgerade samt Geradengleichung und Bestimmtheitsmaß r^2. Letzteres beschreibt, wie gut die Trendgerade zu den Messwerten passt. Wenn man nur zwei Punkte eingibt oder wenn Punkte genau auf einer Geraden liegen, dann hat das Bestimmtheitsmaß den Wert $r^2 = 1$. Die folgenden Praxisbeispiele veranschaulichen, wie man das Trendgeradenwerkzeug als Black Box in der Sekundarstufe I einsetzt.

11.1.1 Perlenstichproben (proportionaler Zusammenhang)

Abb. 11-1 zeigt, was dabei herauskommen kann, wenn eine Klasse 7 mit einem Teelöffel Stichproben aus einem Pott mit Perlen (vgl. Abb. 5-8) sticht, diese zuerst wiegt (X in Gramm) und anschließend auszählt (Perlenzahl: Y).

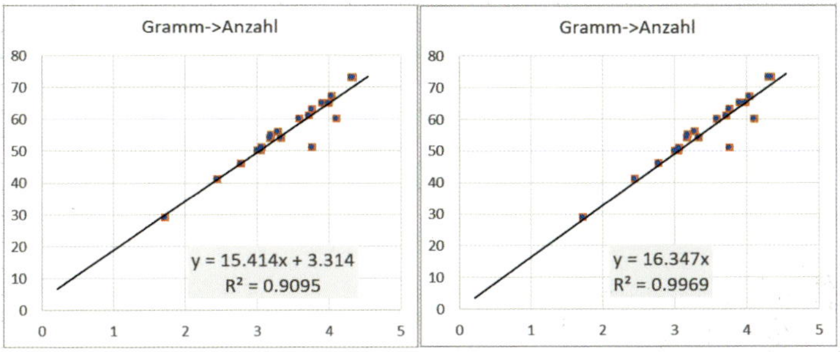

Abb. 11-1a, b: Teelöffel-Stichproben aus einem Topf mit Bügelperlen. Links „allgemeine" Trendgerade, rechts: Ursprungstrendgerade (loeffel-stichproben.xlsx)

Eigentlich sollten alle Punkte genau auf einer Geraden liegen, wenn denn alle Perlen gleich schwer wären, die Waage fehlerfrei messen und alle Kinder fehlerfrei zählen würden. Wie Abb. 11-1 zeigt, sieht die Realität anders aus. Im „allgemeinen" Trendgeraden-Modell aus Abb. 11-1a kommen auf jedes zusätzliche Gramm 15.414 Perlen und bei 0 Gramm müssten in diesem Modell 3.314 Perlen auf der Waage liegen. Die Ursprungs-Trendgerade aus Abb. 11-1b, bei der auf jedes zusätzliche Gramm 16.347 Perlen kommen, ist ein inhaltlich sinnvolleres Modell, da 0 Perlen 0 Gramm wiegen sollten.

Aber es gibt zwei Ausreißer – und wenn Inci und Bettina (vgl. Abb. 11.1c), die für die Ausreißer verantwortlich sind, nochmal nachwiegen oder nachzählen, ergibt sich ein noch besseres Modell. Aber niemals werden alle Messpunkte genau auf einer Geraden liegen!

Die Trendgeradenfunktion der Tabellenkalkulation generiert somit lineare Modelle, die von Zufälligkeiten bei der Datenerhebung und dem Modellansatz (soll die Gerade durch den Ursprung gehen oder nicht?) abhängen. Die Parallelitäten zum Aufstellen von Wahrscheinlichkeiten und dem

Name	Gramm	Perlenzahl
Mario	3.72	61
Svenja	2.78	46
Tina	3.18	54
Effelberg	3.01	50
Axel	3.99	65
Bettina	3.77	54
Inci	4.11	60
Marina	4.04	67
Teresa	3.77	63
Farbian	3.59	60
Cristina	3.29	56
Nina	2.45	41
Eva	3.05	50
Christine	1.72	29
Michael	3.91	65
Sana	4.34	73
Kira	4.31	73
Thorsten	3.19	55
Luisa	3.06	51
Bettina	3.77	51

Abb. 11-1c: Messdaten

Berücksichtigen möglicher Symmetrien – wie beim Quader oder dem Glücksrad auf der schiefen Ebene – sind unverkennbar.

11.1.2 Schuhgrößen (linearer Zusammenhang)

Wenn Schülerinnen und Schüler neben ihrer Schuhgröße X die Innenlänge Y (in cm) mit einem Rollbandmaß messen, erhält man in kürzester Zeit Diagramme, die einen linearen Zusammenhang vermuten lassen.

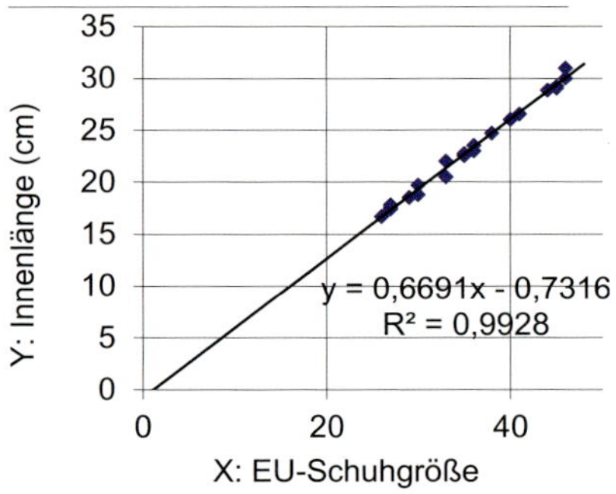

Abb. 11-2: Schuhgröße und Schuhinnenlänge schuhgroessen-innenlaengen.xlsx

In Abb. 11-2 lagen die Schuhgrößen zwischen 35 und 45 und die Trendgerade hat die Gleichung $y = 0.6691x - 0.7316$.

Wie ein Blick ins Netz offenbart, kommt sie trotz aller Produktionstoleranzen und Messungenauigkeiten dem in der Schuhproduktion verwendeten (wenig bekannten) „normativen Modell“ $\textit{Innenlänge} = \frac{2}{3}\ \textit{Schuhgröße} - \frac{4}{3}$ sehr nahe.

https://www.baur.de › magazin › schuhgroessentabelle
Schuhgrößentabelle: EU, UK und US | BAUR
EU-Schuhgröße berechnen (Fußlänge in c, + 2 x 0,667) / 0,667

Die beiden Beispiele zeigen: *Falls* die Annahme eines linearen Zusammenhangs gerechtfertigt ist, beschreibt ihn die aus den Daten ermittelte Trendgerade, die man hier als Black Box nutzt, quantitativ gut.

11.1.3 Verschiedene Testgrößen beim Bleistiftrollen (nicht linearer Zusammenhang)

Wenn man (wie in Kap. 3.2 beschrieben) beschriftete Sechskantbleistifte 120-mal rollt, erwartet man unter der Laplace-Annahme, dass jede der Seiten ca. 20-mal oben liegt. Die Summe der quadrierten Abweichungen $X = \chi^2 = \frac{1}{20} \sum_{i=1}^{6} (h_i - 20)^2$ und die der betraglichen Abweichungen $Y = \sum_{i=1}^{6} |h_i - 20|$

vom Erwartungswert 20 sind, wie in Kap. 3 ausgeführt, beide sinnvolle Testgrößen, mit deren Hilfe man die Güte des Laplace-Modells gut beurteilen kann. Wenn X groß ist, ist tendenziell auch Y groß. Wie Abb. 11.3 zeigt, ist bei einer linearen Regression das Bestimmtheitsmaß mit $r^2 = 0.94$ sehr hoch. Dennoch ist der Zusammenhang nicht linear. Das liegt daran, dass bei $X = \chi^2$ Differenzen quadriert werden, bei Y aber nicht.

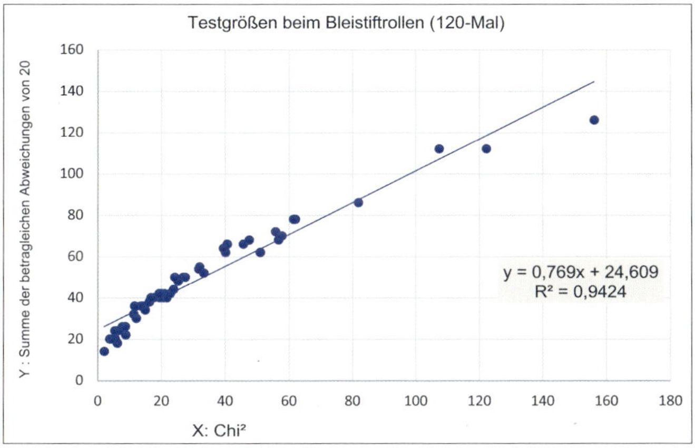

Abb. 11-3: $X = \chi^2 = \frac{1}{20} \sum_{i=1}^{6} (h_i - 20)^2$, $Y = \sum_{i=1}^{6} |h_i - 20|$. Die 95 %-Grenzen (~11 bei X und ~30 bei Y) passen zueinander.

Wenn man die Testgröße X gegen das Bauchgefühl, das, wie Abb. 3-2 zeigt, auf einer Skala von 1 bis 4 „gemessen" wird, aufträgt, scheint das lineare Modell trotz eines kleineren Bestimmtheitsmaßes $r^2 = 0.70$ zur Beschreibung des Zusammenhangs recht brauchbar.

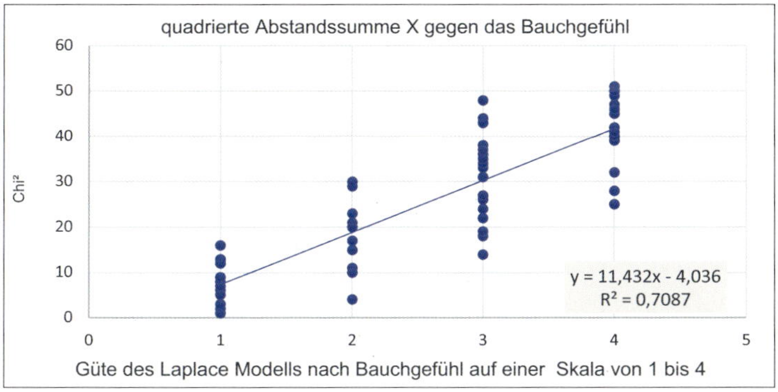

Abb. 11-4: bleistiftrollen-bauchgefuehl-testgroessen.xlsx, Rechtsachse: Bauchgefühl, Hochachse $X = \frac{1}{20} \sum_{i=1}^{6} (h_i - 20)^2$

11.1.4 Formeln deuten

Wer, ohne allzu sehr in die Tiefe zu gehen, etwas Licht in Excels Rechenwege bringen möchte, wird das folgende Experiment mit einem *vorbereiteten* Kalkulationsblatt nutzen. Es fordert dazu auf, die *vorgegebenen* Formeln für die Varianz $V_X = \frac{1}{n}\sum(x_i - \overline{x})^2$ und der Kovarianz $c_{X;Y} = \frac{1}{n}\sum(x_i - \overline{x})(y_i - \overline{y})$ inhaltlich zu interpretieren:

Man bildet Sechsergruppen. In jeder Gruppe werden Körpergröße X (in cm) und Schuhgröße Y (im EU-Format) notiert. Die Daten werden in das Kalkulationsblatt (Abb. 11-5) eingetragen, welches die Punktwolken samt Trendgeraden (die stets durch den zugehörigen rot markierten Mittelpunkt verlaufen) generiert.

	A	B	C	D	E	F	G	H	I	J	K
1		Länge	Schuhgröße								
2	Gruppe 1	xi	yi	xi-xquer	yi-yquer	(xi-xquer)²	(yi-yquer)²	(xi-xquer)(yi-yquer)			
3	Wolfgang	172	41	-4,3	-1,2	18,8	1,4	5,1			
4	Mikey	181	45	4,7	2,8	21,8	8,0	13,2			
5	Tobi	182	44	5,7	1,8	32,1	3,4	10,4			
6	Jessica	167	39	-9,3	-3,2	87,1	10,0	29,6			
7	Alice	170	39	-6,3	-3,2	40,1	10,0	20,1			
8	Marc	186	45	9,7	2,8	93,4	8,0	27,4			
9	Summe	1058	253			293,3	40,8	105,7			
10	Mittelwert	176,3	42,2								
11	Varianz					48,9	6,8				
12	Standardabweichung					7,0	2,6				
13	Kovarianz							17,6			
14	Gruppe 2	xi	yi	xi-xquer	yi-yquer	(xi-xquer)²	(yi-yquer)²	(xi-xquer)(yi-yquer)			
15	Heino	173	41,5	-5,7	-1,0	32,1	1,0	5,7			
16	Dani	198	47	19,3	4,5	373,8	20,3	87,0			
17	Andi	186	43	7,3	0,5	53,8	0,3	3,7			
18	Anastasia	161	39	-17,7	-3,5	312,1	12,3	61,8			
19	Markus	178	42	-0,7	-0,5	0,4	0,3	0,3			
20	Vitali	176	42,5	-2,7	0,0	7,1	0,0	0,0			
21	Summe	1072	255			779,3	34,0	158,5			
22	Mittelwert	178,7	42,5								
23	Varianz					129,9	5,7				
24	Standardabweichung					11,4	2,4				
25	Kovarianz							26,4			
26	Gruppe 3	xi	yi	xi-xquer	yi-yquer	(xi-xquer)²	(yi-yquer)²	(xi-xquer)(yi-yquer)			
27	Anne	170	42	3,7	3,2	13,4	10,0	11,6			
28	Sandra	170	38	3,7	-0,8	13,4	0,7	-3,1			
29	Dominika	162	38	-4,3	-0,8	18,8	0,7	3,6			
30	Sybille	165	39	-1,3	0,2	1,8	0,0	-0,2			
31	Maggi	166	38	-0,3	-0,8	0,1	0,7	0,3			
32	Katharina	165	38	-1,3	-0,8	1,8	0,7	1,1			
33	Summe	998	233			49,3	12,8	13,3			
34	Mittelwert	166,3	38,8								
35	Varianz					8,2	2,1				
36	Standardabweichung					2,9	1,5				
37	Kovarianz							2,2			

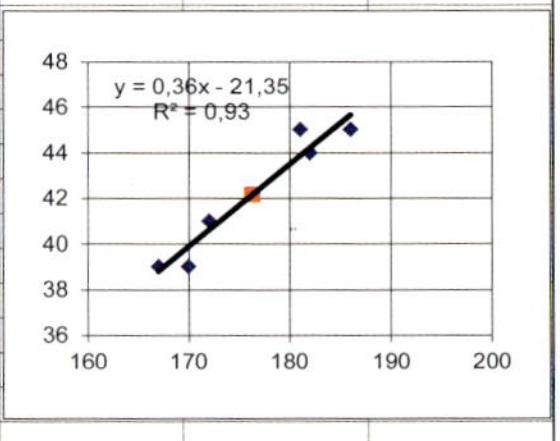

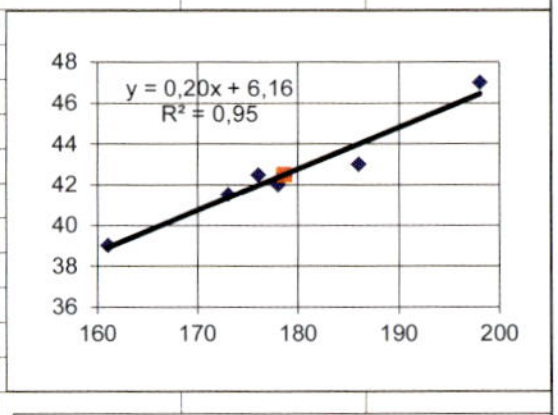

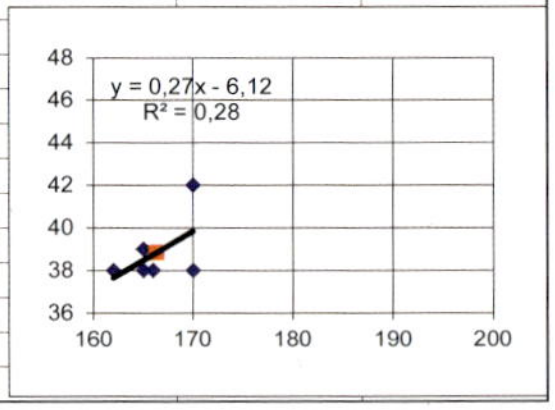

Abb. 11-5: Auswertungsvorlage korpergroesse-schuhgroesse.xlsx: Die Fachvokabeln (empirische) Varianz V_X, Standardabweichung $s_X = \sqrt{V_X}$, Kovarianz c_{XY} werden samt zugehörigen Rechenverfahren vorgegeben.

Jede(r) findet sich in dieser Tabelle wieder und die Frage nach den Unterschieden zwischen den einzelnen Gruppen und der Bedeutung des persönlichen Beitrages zu Varianz bzw. Kovarianz sorgen für einen Sinn stiftenden Gedankenaustausch. Man erkennt:

- Je größer der Mittelwert $\overline{x}$ der Körpergröße X, desto weiter rechts liegt die Punktwolke.
- Je größer der Mittelwert $\overline{y}$ der Schuhgröße Y, desto weiter oben liegt die Punktwolke.
- So liegt die Punktwolke der dritten Gruppe „unten links". Die Teilnehmer sind verhältnismäßig klein und sie tragen „kleine Schuhe". Es handelt sich hier um Mädchen.
- Je größer die Varianz und die Standardabweichung ist, desto mehr streuen die Daten in der zugehörigen Richtung. Bei Gruppe 2 streut die Körpergröße, bei Gruppe 1 streut die Schuhgröße besonders stark.
- Die Trendgerade beschreibt in allen Fällen den Zusammenhang: Je größer die Person ist, desto größer sind tendenziell auch die Schuhe. Je cm Körpergröße nimmt die Schuhgröße um ca. 0.3 zu.
- Die Trendgeraden verlaufen stets durch den Mittelpunkt $(\overline{x}; \overline{y})$ der Punktwolke.
- Bei Sandra und Sybille ergeben die Produkte $(x_i - \overline{x})(y_i - \overline{y})$ negative Beiträge zur Kovarianz. Was das inhaltlich bedeutet, finden Schülerinnen und Schüler selber heraus: Bei Sandra ist der zweite Faktor negativ, sie ist größer als ihr Gruppenmittel, trägt aber kleinere Schuhe als ihr Gruppenmittelwert „vorschreibt". Bei Sandra ist der erste Faktor negativ. Sie ist kleiner als ihr Gruppenmittel, trägt aber für ihre Körpergröße „zu große" Schuhe. Immer dann, wenn ein Datenpunkt vom Mittelpunkt der Wolke aus gesehen links oben oder rechts unten liegt, ist sein Beitrag zur Kovarianz negativ. Positive Kovarianz bedeutet also, dass die Punktwolke „steigende Tendenz" besitzt.
- Das von Excel zusammen mit der Formel der Trendgeraden angebotene Bestimmtheitsmaß r^2 liegt umso näher bei 1, je weniger die Punkte um die Trendgerade streuen.
- Ggf. wird man die Beziehungen $m = c_{XY}/V_X$ und $r = c_{XY}/s_X s_Y$ erwähnen, oder sie aus dem konkreten Zahlenmaterial entdecken lassen, wobei man die Gleichung für die Steigung m der Trendgeraden (also den Regressionskoeffizienten) heuristisch auch wie folgt plausibel begründen kann: Wenn man von $\overline{x}$ aus um $x - \overline{x}$ nach rechts geht, dann wird man bei tendenziell linearem Zusammenhang von $\overline{y}$ aus im Mittel um $m(x - \overline{x})$ nach oben gehen. Deswegen wird für die Kovarianz im Mittel gelten: $c_{XY} = \frac{1}{n}\Sigma(x_i - \overline{x})(y_i - \overline{y}) = \frac{1}{n}\Sigma(x_i - \overline{x})m \cdot (x_i - \overline{x}) = m\frac{1}{n}\Sigma(x_i - \overline{x})^2 = mV_X$. Damit ergibt sich für die Steigung der Trendgeraden $m = \frac{c_{XY}}{V_X}$.

Wie schon beim Würfeln mit den Quadern erlebt man auch hier durch Teilgruppenbildung Zufallsschwankungen – und die Bedeutung des Gesetzes der großen Zahlen erschließt sich beim Zusammenfassen einzelner Stichproben. Wer würde daran zweifeln, dass die Trendgerade aus Abb. 11-6, der

57 Datenpaare zugrunde liegen, die Beziehung zwischen Körpergröße und Schuhgröße treffender beschreibt als die einzelnen Diagramme aus Abb. 11-5, der jeweils nur 6 Datenpaare zugrunde liegen? Man kommt zum Schluss, dass die Schuhgröße je cm Körpergröße im Schnitt um ca. 0.28 zunimmt.

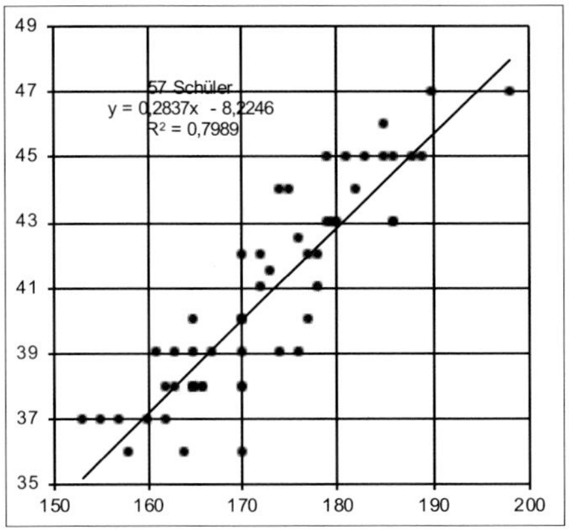

Abb. 11-6: Schuhgröße in Abhängigkeit von der Körpergröße

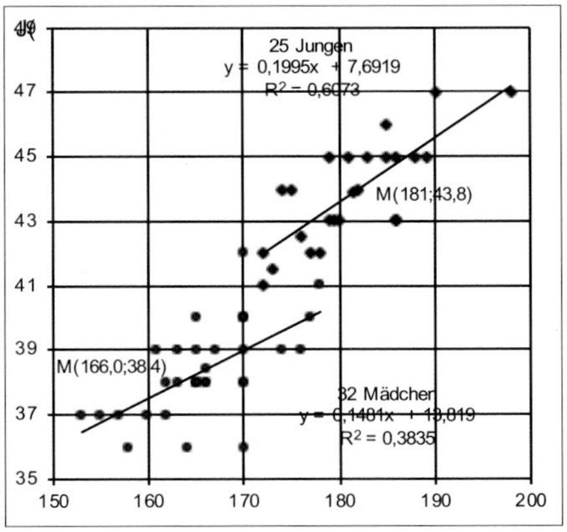

Abb. 11-7: ... nach Mädchen und Jungen getrennt

Aber Vorsicht! Ein ganz anderes Bild ergibt sich, wenn man die Punktwolken für Mädchen und Jungen voneinander trennt. Die Steigungen der beiden Trendgeraden sind bei beiden Geschlechtern deutlich kleiner. Durch Zusammenlegen der beiden Teilstichproben entsteht ein falsches Bild der Wirklichkeit. Man erkennt an diesem Beispiel, welche Vorsicht beim Schlussfolgern aus Daten walten sollte. Das Phänomen ist als Simpson-Paradoxon bekannt. Krämer (1995, S. 151) erläutert es anhand von Abb. 11-8 wie folgt:

Wenn man alle Studienfächer (BWL, Physik, Chemie) zusammenfasst, zeigt Abb. 11-8 mit steigender Studiendauer den Trend zu wachsendem Startgehalt beim Berufseinstieg, obwohl in jedem einzelnen Studienfach das Anfangsgehalt mit der benötigten Studiendauer sinkt. Chemiker studieren oben deutlich länger als Betriebswirtschaftler.

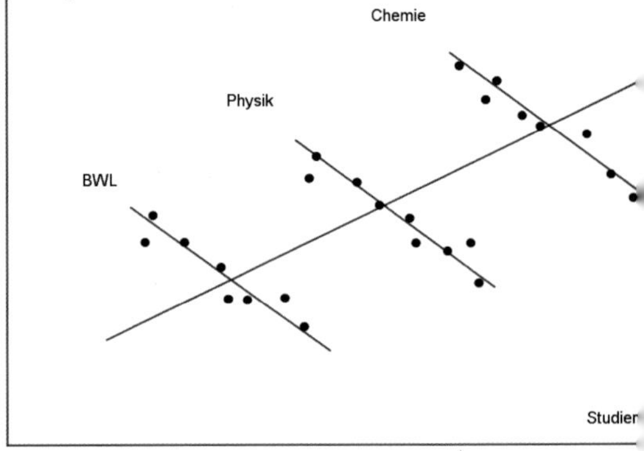

Abb. 11-8: Das Simpson-Paradoxon

11.2 Regression (Sekundarstufe II)

In der Statistik bezeichnet man die Trendgerade als Regressionsgerade und deren Steigung m als Regressionskoeffizienten. Die Trendgeradenwerkzeuge richten die Gerade so ein, dass die quadrierten Abweichungen zwischen den y-Werten des linearen Modells ($y=mx+b$) und den y-Koordinaten der Punkte ($x; y$) minimal werden. Wenn, wie im Perlenbeispiel 11.1.1, die Trendgerade *durch den Ursprung* gehen soll, wird also der folgende Term, den man als *Varianz um die Trendgerade* deutet, minimiert:
$f(m)=(y_1-m\cdot x_1)^2+(y_2-m\cdot x_2)^2+\cdots+(y_n-m\cdot x_n)^2$. Wegen

$f'(m)=-[2(y_1-m\cdot x_1)\cdot x_1+\cdots+2(y_n-m\cdot x_n)\cdot x_n]=0$ bzw.

$x_1\cdot y_1+\cdots+x_n\cdot y_n=m({x_1}^2+\cdots+{x_n}^2)=0$ erhält man

$m=\frac{x_1\cdot y_1+\cdots+x_n\cdot y_n}{{x_1}^2+\cdots+{x_n}^2}=\frac{c_{XY}^0}{V_X^0}$.

Der Zähler ist die (hier auf den Ursprung bezogene) „Kovarianz" von X und Y, der Nenner die (hier auf $x=0$ bezogene) „Varianz" von X. Wenn die Trendgerade nicht durch den Ursprung, sondern *durch den Mittelpunkt* $M(\overline{x}; \overline{y})$ der Punktwolke verlaufen soll, gilt entsprechend

$m=\frac{(x_1-\overline{x})\cdot(y_1-\overline{y})+\cdots+(x_n-\overline{x})\cdot(y_n-\overline{y})}{(x_1-\overline{x})^2+\cdots+(x_n-\overline{x})^2}=\frac{c_{XY}}{V_X}$.

Um das einzusehen, verlegt man in Gedanken den Ursprung des Koordinatensystems in den Mittelpunkt $M(\overline{x};\overline{y})$ der Punktwolke. Damit hat die Regressionsgerade die Gleichung
$g(x)=\frac{c_{XY}}{V_X}(x_i-\overline{x})+\overline{y}$.

11.3 Bestimmtheitsmaß (Sekundarstufe II)

Wenn man die Formel der Trendgeraden begründen möchte, ohne auf die Ableitung zurückzugreifen, beachtet man, dass der zu minimierende Term f(m) quadratisch von m abhängt (vgl. Abb. 11.9). Man bestimmt den Scheitelpunkt der zugehörigen Parabel so:

$$\begin{aligned}
f(m) &= (\overline{y}+m\cdot(x_1-\overline{x})-y_1)^2+(\overline{y}+m\cdot(x_2-\overline{x})-y_2)^2+\cdots+(\overline{y}+m\cdot(x_n-\overline{x})-y_n)^2\\
&= (m\cdot(x_1-\overline{x})-(y_1-\overline{y}))^2+(m\cdot(x_2-\overline{x})-(y_2-\overline{y}))^2+\cdots+(m\cdot(x_n-\overline{x})-(y_n-\overline{y}))^2\\
&= m^2(x_1-\overline{x})^2+m^2(x_2-\overline{x})^2+\cdots+m^2(x_n-\overline{x})^2\\
&\quad -2m(x_1-\overline{x})(y_1-\overline{y})-2m(x_2-\overline{x})(y_2-\overline{y})-\cdots-2m(x_n-\overline{x})(y_n-\overline{y})\\
&\quad +(y_1-\overline{y})^2+(y_2-\overline{y})^2+\cdots+(y_n-\overline{y})^2
\end{aligned}$$

$=m^2V_X-2mC_{XY}+V_Y$. Der Scheitelpunkt ist damit $S(\frac{c_{XY}}{V_X};V_Y-\frac{c_{XY}^2}{V_X})$,
weil zu $f(x)=ax^2+bx+c$ der Scheitelpunkt $S\left(\frac{-b/2}{a};c-\frac{(b/2)^2}{a}\right)$ gehört.

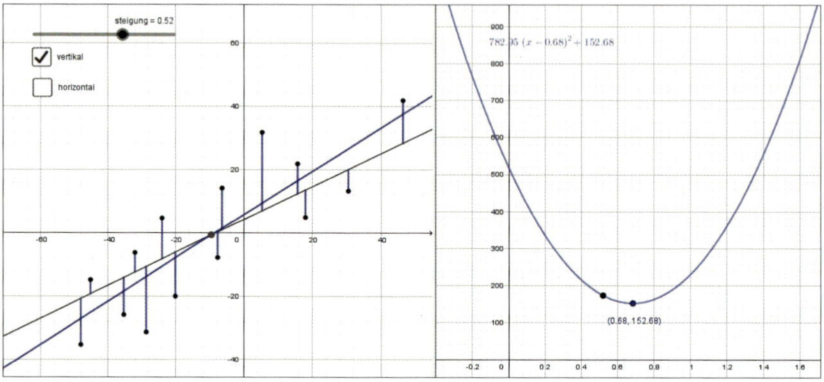

Abb. 11-9: Der Einsatz der Visualisierung trendgeraden-schaetzen.ggb kann die obige Rechnung veranschaulichen (in der Sekundarstufe I ggf. auch ersetzen).

Die erste Koordinate $m = \frac{C_{XY}}{V_X}$ ist die Steigung der Trendgeraden, die zweite $V_D := V_Y - \frac{C_{XY}^2}{V_X}$ beschreibt die Varianz der Punktwolke um die Trendgerade. Man bezeichnet sie als Störvarianz oder Varianz der Residuen D, also der Abweichungen der gemessenen Daten vom linearen Modell. Damit kann man die Varianz von Y wie folgt zerlegen:
$V_Y = \frac{C_{XY}^2}{V_X} + V_D = \left(\frac{C_{XY}}{V_X}\right)^2 V_X + V_D = m^2 V_X + V_D.$

Der erste Summand $m^2 V_X$ ist die Varianz, die sich für Y ergeben würde, wenn alle Punkte der Wolke genau auf der Trendgeraden mit Steigung m liegen würden, also der Teil der Varianz, der durch das lineare Modell erklärt wird. Dazu kommt die nicht durch das lineare Modell erklärte Störvarianz V_D, umgangssprachlich der „Zufallsschmutz“.

Den Anteil der durch das lineare Modell erklärbaren Varianz an der gesamten Varianz von Y nennt man Bestimmtheitsmaß r^2. Man definiert

$r^2 = \frac{\text{durch das lineare Modell erklärbare Varianz}}{\text{gesamte Varianz von Y}} = \frac{m^2 V_X}{V_Y} = \frac{C_{XY}^2}{V_X^2} \cdot \frac{V_X}{V_Y} = \frac{C_{XY}^2}{V_X V_Y}$. Die Zahl

$r = \frac{C_{XY}}{S_X S_Y}$ heißt Korrelationskoeffizient. Wir halten fest:

> (X;Y) – Punktwolken lassen sich durch folgende Kennwerte charakterisieren
>
> | Regression | Korrelation | Bestimmtheitsmaß | Störvarianz |
> |---|---|---|---|
> | $m = \frac{C_{XY}}{V_X} = r\,\frac{S_Y}{S_X}$ | $r = \frac{C_{XY}}{S_X S_Y}$ mit $-1 \le r \le 1$ | $r^2 = \frac{C_{XY}^2}{V_X V_Y}$ mit $0 \le r \le 1$ | $V_D = (1 - r^2)V_Y$ |
>
> Wenn der Korrelationskoeffizient r positiv ist, hat die Punktwolke steigende Tendenz, die Regression m misst die Steigung und das Bestimmtheitsmaß misst, wie eng sich die Punktwolke an die Trendgerade anschmiegt.

11.4 Modell und Wirklichkeit – eine erhellende Simulation

Mit den Trendgeraden ist es wie mit den Wahrscheinlichkeiten: Man kann *das* lineare Modell genauso wenig aus der Realität (der Punktwolke) „extrahieren" wie die Wahrscheinlichkeit aus der relativen Häufigkeit, weil Modelle Menschenwerk sind, die an die Realität herangetragen werden. Genau wie beim $\frac{1}{\sqrt{n}}$-Gesetz ist der umgekehrte Weg sehr erhellend: Man simuliert ein vorgegebenes (hier aus Gründen der Motivation *verstecktes*) lineares Modell mit Geradengleichung $y = mx + b$ und lässt Schülerinnen und Schüler erleben, wie sich die aus den simulierten Daten rekonstruierten Trendgeraden zum versteckten Modell verhalten.

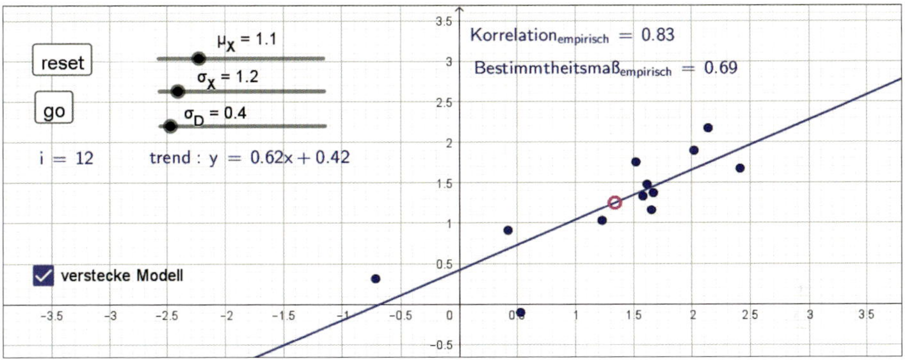

Abb. 11-10: lineares-modell-schrittweise-rekonstruieren.ggb

Die folgende händische (in Abb. 11-10 digital aufbereitete und im Download verfügbare) Simulation eignet sich *schon in der Sekundarstufe I* für eine Partnerarbeit „Maike gegen Simon", die im Sinne des Mottos: „Einer klickt und alle denken ist besser als alle klicken, keiner denkt" auch von der ganzen Lerngruppe am Beamer mitverfolgt werden kann:

- Maike denkt sich eine Geradegleichung aus: $f(x) = mx + b$.
  Die steht in dieser Simulation für die (nur Maike bekannte) lineare Realität. Im Schuhgrößen-Beispiel 11.1.2 war $f(x) = \frac{2}{3}x - \frac{4}{3}$ vor dem Versuch auch nicht bekannt.
- Dann erzeugt sie Schritt für Schritt Zufallspunkte (X; Y) wie folgt: X ist eine Zufallszahl, die Maike durch Auswürfeln, Münzenwerfen oder irgendeinen Zufallsgenerator erzeugt.
- Y berechnet Maike dadurch, dass sie zu $mX + b$ eine weitere Zufallszahl D, das ist eine Störgröße mit Erwartungswert $\mu_D = 0$, hinzuaddiert. Durch das Addieren der Störgröße verschleiert Maike die Realität. Das entspricht zu-

fälligen Messfehlern oder individuellen Abweichungen von der Norm. Im Beispiel 11.1.2 wären die Werte von X die Schuhgrößen der Versuchsteilnehmer und D würde beschreiben, um wie viele Zentimeter der jeweilige Schuh größer oder kleiner „ausfällt".

- Simon gibt die von Maike Schritt für Schritt mitgeteilten Zufallspunkte (X; Y) vor den Augen der Lerngruppe in seine Tabellenkalkulation ein und lässt den jeweils aktuellen Stand der aus den Daten berechneten (zufallsverschmutzten) Trendgeraden anzeigen. Simon versucht somit schrittweise, Maikes verborgene Realität zu rekonstruieren.
- Der nach beispielsweise 12 Schritten anstehende Vergleich von realer und rekonstruierter Realität (also der Vergleich von Maikes ausgedachter Geradengleichung mit Simons Trendgeraden) wird von allen mit Spannung erwartet. In der Abb. 11-10 zugrunde liegenden Datei kann man das durch Entfernen des Häkchens „verstecke Modell" realisieren.
- Nach einigen realen Spielen bieten sich komplette Computersimulationen wie in Abb. 11-11a an. Dort werden für X und D 100 normalverteilte Zufallszahlen verwendet; man kann genauso gut aber auch gleichverteilte oder binomialverteilte Zufallszahlen verwenden.
- In den Simulationen erlebt man, wie die Steigungen und die y-Achsenabschnitte von Simons Trendgeraden um Maikes Modellparameter m und b schwanken, wie die Schwankungen mit wachsender Versuchszahl n abnehmen und wie sich Geradensteigung m und die in der Simulation bekannte Varianz var_D[11] der Störgröße D auf die Form der Punkwolke und vor allem das Bestimmtheitsmaß r^2 auswirken: Bei gleichbleibender Störgröße D wächst das Bestimmtheitsmaß mit größer werdender Steigung m, bei gleicher Steigung m wächst es mit kleiner werdender Störvarianz var_D.
- Schülerinnen und Schüler, die das $\frac{1}{\sqrt{n}}$-Gesetz für relative Häufigkeiten erforscht haben, visualisieren die Zufallsschwankungen der Parameter m und b ggf. auch mit Boxplots und finden heraus, dass sie sich auch hier halbieren, wenn man den Versuchsumfang vervierfacht.
- Wie Abb. 11-11b zeigt, beantwortet die Simulation auch die Frage, was passiert, wenn Maike (ohne dass Simon das weiß) statt der linearen „Realität" mit $f(x) = mx + b$ eine exponentielle mit $f(x) = b \cdot m^x$ verwendet. Diese Frage hat viel mit der Wirklichkeit „da draußen" zu tun, bei der man auch nicht weiß, ob ein Veränderungsvorgang nicht doch eher exponentiell verläuft als linear. Diese Frage lässt sich nur dann beantworten, wenn man neben

11 V_D bezeichnet die empirische, aus den Daten bestimmte Stichprobenvarianz, var_D bezeichnet die „theoretische" Varianz der zugehörigen Wahrscheinlichkeitsverteilung. Ebenso unterscheiden wir s_D von σ_D $C_{X;Y}$ (empirische Kovarianz) von $cov_{X;Y}$ (theoretisch) und r (empirische Korrelation) von der „theoretischen" ρ und den (empirischen) Mittelwert $\overline{x}$ vom Erwartungswert μ_X.

dem Bestimmtheitsmaß auch die Struktur der Residuen (das sind die in den unteren Teilen von Abb. 11-11 eingeblendeten Abweichungen zwischen den Daten und der aus ihnen berechneten Trendgeraden) berücksichtigt.

Die Simulation ist damit alles andere als eine Spielerei. Sie beleuchtet noch eindringlicher als das Schuhgrößenexperiment, worum es bei der Regressionsrechnung eigentlich geht: um den Versuch, verborgene oder *unterstellte* linearere Modelle zu erkennen und mithilfe der Residuen ein Gefühl dafür zu entwickeln, wie gut sich die Daten durch ein lineares Modell beschreiben lassen.

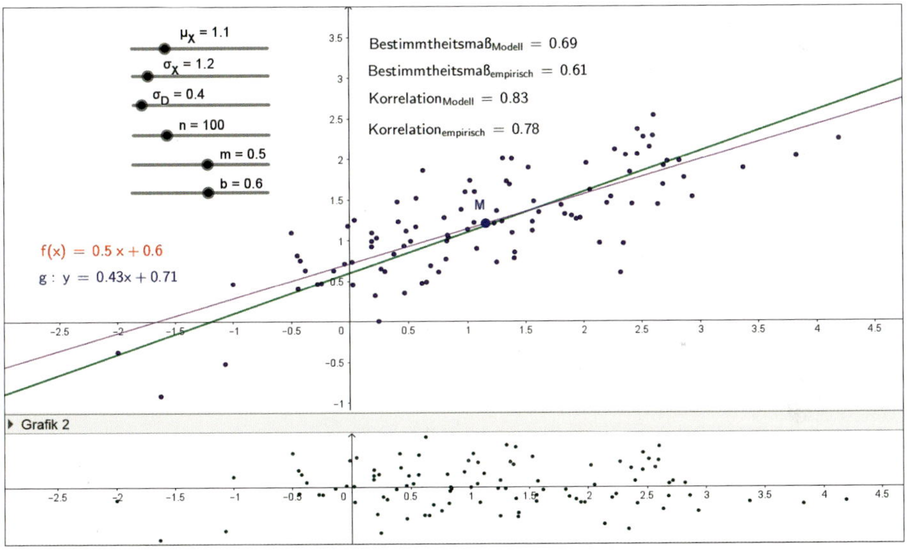

Abb. 11-11a: Zu Maikes linearem Modell f(x) = 0.5x + 0.6 werden 100 Zufallspunkte erzeugt, deren X-Koordinaten hier N(1.1;1.2) normalverteilt sind und deren Y-Koordinaten N(0;0.4) normalverteilt gestört sind. Die aus den Zufallspunkten rekonstruierte Trendgerade pendelt zufallsbedingt um Maikes Modell. Das aus der Datenwolke rekonstruierte „empirische" Bestimmtheitsmaß r^2 pendelt um das „theoretische" Bestimmtheitsmaß ρ^2. Die Residuen im unteren Teil der Grafik pendeln gleichmäßig um y = 0 (regression-simulation-linear.ggb).

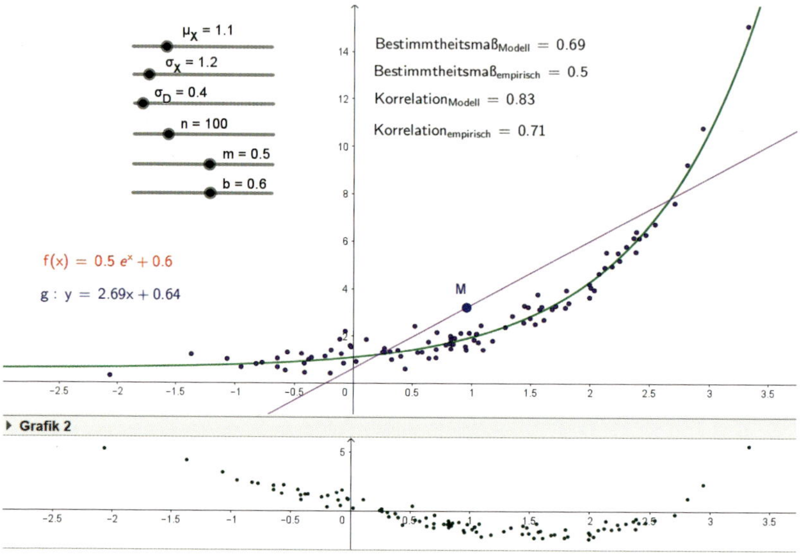

Abb. 11-11 b: Lineare Regression zu einem exponentiellen Modell. Die Residuen pendeln nicht mehr gleichmäßig um 0 (regression-simulation-exponentiell.ggb).

11.5 Wahrscheinlichkeiten kommen ins Spiel

Normalerweise rechnet man die Regressionsrechnung auf der Schule der beschreibenden Statistik zu, weil man ausschließlich mit Daten arbeitet und diese durch Kenngrößen wie Regression m und Korrelation r beschreibt. Die Simulation ermöglicht aber einen Brückenschlag in die Wahrscheinlichkeitsrechnung: Da man Maikes Steigung m kennt und ebenso die Parameter μ_X, var_X, $\mu_D = 0$ und var_D, kann man den Erwartungswert und die Varianz der beobachtbaren Zufallsgröße $Y = mX + b + D$ berechnen. Es gilt $\mu_Y = m \cdot \mu_X + b$ und wegen der stochastischen Unabhängigkeit von X und D $var_Y = m^2 var_X + var_D$ und außerdem $cov_{X;Y} = m \cdot var_X$ [12].

Damit erhält man die Steigung m der Modellgeraden also tatsächlich als Quotienten $m = \frac{cov_{X;Y}}{var_X}$ und

$$\rho^2 = \frac{cov^2_{XY}}{var_X \cdot var_Y} = \frac{m^2 var_X^{\,2}}{var_X \cdot var_Y} = \frac{m^2 var_X}{var_Y} = \frac{\text{erklärte Varianz von Y}}{\text{gesamte Varianz von Y}}$$

quantifiziert auch auf der Modellebene den Anteil der durch das lineare Modell erklärbaren Varianz.

12 Im Unterricht kann man das an konkreten Zahlenbeispielen nachrechnen oder allgemein wie folgt: $cov_{X;Y} = \sum_{i,j} p_i q_j (x_i - \mu_X)(m \cdot x_i + d_j - m\,\mu_X) = m \sum_{i,j} p_i q_j (x_i - \mu_X)(x_i - \mu_X + d_j)$ $= m \sum_{i,j} p_i q_j (x_i - \mu_X)^2 + m \sum_{i,j} p_i q_j (x_i - \mu_X)\, d_j = m \sum_i p_i (x_i - \mu_X)^2 + 0 = m\, var_X$.

Korrelation und zweidimensionale Normalverteilung

Wenn man in Maikes Simulation für $X \sim N(0;\sigma_X)$ und für $D \sim N(0;\sigma_D)$ normalverteilte Zufallszahlen verwendet, so wie das in Abb. 11-7 geschah, dann sind die (X; Y)-Zufallspunkte zweidimensional normalverteilt mit der Dichte

$$f(x;y) = \frac{1}{2\pi\sigma_X\sigma_Y\sqrt{1-\rho^2}}\, e^{-\frac{1}{2(1-\rho^2)}\left(\frac{(x-\mu_X)^2}{\sigma_X^2} + \frac{(y-\mu_Y)^2}{\sigma_Y^2} - 2\rho\frac{(x-\mu_X)(y-\mu_Y)}{\sigma_X\sigma_Y}\right)}$$

und der empirische Korrelationskoeffizient r wird zum Schätzer des Parameters ρ der zweidimensionalen Normalverteilung.

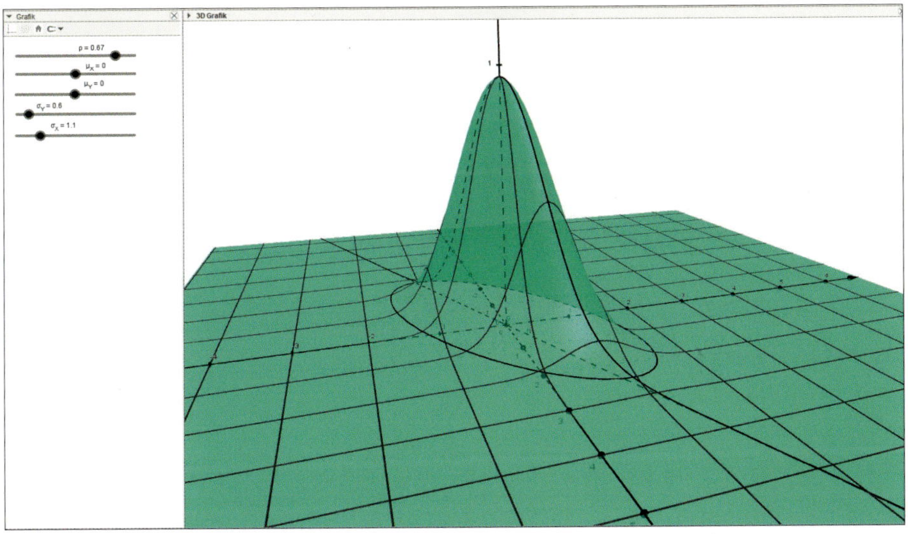

Abb. 11-12: Dichte der zweidimensionalen Normalverteilung mit $\rho = 0.67$. Eingeblendet ist die Regressionsgerade mit $y = \rho \frac{\sigma_Y}{\sigma_X}(x - \mu_X) + \mu_Y$ und eine Höhenlinie (Ellipse) auf der Höhe 0.02 über der x-y-Ebene (Normalverteilung-2D.ggb).

Möglicherweise ist die Komplexität der zweidimensionalen Normalverteilung dafür verantwortlich, dass sich Regressionsrechnung in der Schule stets auf der Ebene beschreibender Statistik abspielt, also ohne die Modellebene zu erreichen. Maikes Simulation verknüpft die Ebenen auch ohne Normalverteilung auf höchst elementarem Niveau. Darin liegt ihr Pfiff.

11.6 Das Bestimmtheitsmaß und die Genauigkeit von Prognosen

Trendgeraden nutzt man für Prognosen. Mithilfe des Bestimmtheitsmaßes lässt sich deren Genauigkeit einschätzen, wie das folgende Beispiel zeigt:

Sie sehen ein Kind, das 1 m groß ist (weil es im Schwimmbad gerade noch freien Eintritt hatte). Wie alt mag es sein?

Nach einer Reihenuntersuchung (von 166 Vorschulkindern) durch das Gesundheitsamt Köln ergab sich die Regressionsgerade mit

$y = 0.61x - 9.29$, die für $x = 100$ cm auf das Alter 51.71 Monate = 4.3 Jahre schließen lässt. Aber wie genau ist die Schätzung?

Wegen $s_D = \sqrt{1 - r^2}\, s_Y = \sqrt{1 - 0.34} \cdot 6.31 = 5.13$ liegt das Alter (in Monaten) nach der Sigmaregel mit ca. 68 %iger Sicherheit im Intervall [46.58; 56.84], also zwischen 3.9 und 4.7 Jahren.

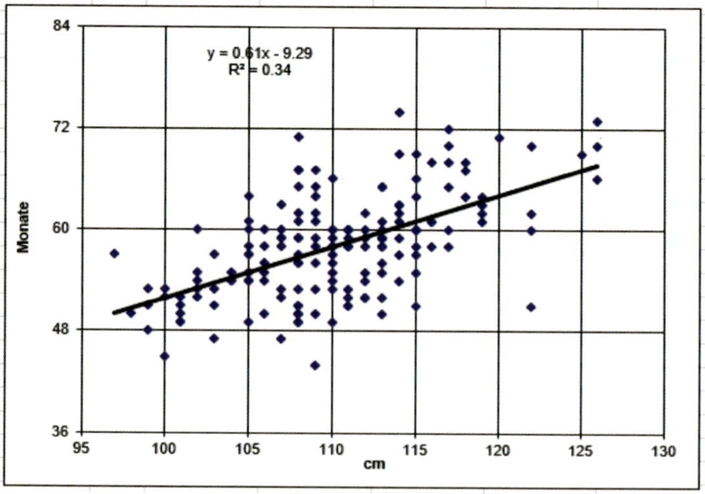

xi	yi	xquer (cm)	110.2
cm	Monate	yquer (Monat	58.0
113	65	kov(cm,Mon)	20.88
119	61	s (cm)	5.85
106	55	s (Monate)	6.13
110	53	korrel r	0.58
111	52	regression a	0.61
110	59	sD	4.98
113	55	s (erklärt)	3.57
109	59		
111	58		
110	58		
109	56		
111	60		
106	58		
109	44		
109	67		
102	53		
105	55		
106	56		
120	71		
114	63		
125	69		
112	62		
101	49		
126	66		
105	57		
113	50		
119	63		
110	66		

Abb. 11-13: Alter (in Monaten) in Abhängigkeit von der Körpergröße (in cm) (vorschulkinder.xlsx)

11.7 Korrelation und Kausalität

Mit dem Begriffspaar Korrelation – Kausalität ist es ähnlich wie mit Signifikanz – Relevanz. Die Begriffspaare werden im Alltag oft synonym verwendet: Beim Perlenstechen (11.1.1), bei Schuh- und Körpergrößen (11.1.4) ... sind die Korrelationen eng mit kausalen Beziehungen verknüpft. Der Grund für ein hohes Perlen-Stichprobengewicht sind eben viele Perlen. Große Personen leben gleicher Körperproportionen wegen eher auf großen Füßen und tragen daher tendenziell Schuhe mit großen Innenlängen und daher großen Schuhgrößen. Die Beziehung der beteiligten Merkmale ist zumindest tendenziell kausaler Natur.

Anders verhält es sich bei den vielen statistischen „Beweisen" dafür, dass Babys doch vom Storch gebracht werden. Dazu werden die in einem Land lebenden Storchenpaare (X) mit den Geburtenhäufigkeiten in Beziehung gesetzt.

Land	Fläche (km^2)	Storchenpaare	Menschen (Mio)	Geburten (Tsd/Jahr)
Albanien	28750	100	3,2	83
Belgien	30520	1	9,9	87
Bulgarien	111000	5000	9	117
Dänemark	43100	9	5,1	59
Deutschland	357000	3300	78	901
Frankreich	544000	140	56	774
Griechenland	132000	2500	10	106
Holland	41900	4	15	188
Italien	301280	5	57	551
Österreich	83860	300	7,6	87
Polen	312680	30000	38	610
Portugal	92390	1500	10	120
Rumänien	237500	5000	23	23
Spanien	504750	8000	39	439
Schweiz	41290	150	6,7	82
Türkei	779450	25000	56	1567
Ungarn	93000	5000	11	124

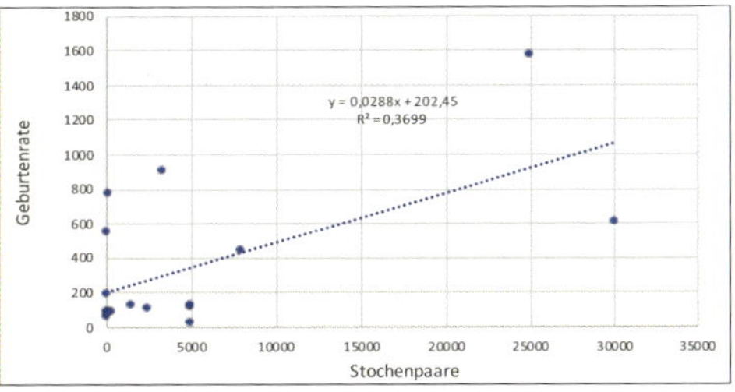

Abb. 11-14: Daten nach R. Mathews: Stochastik in der Schule 21/2001, S. 21.

Obwohl Anzahl der Storchenpaare X mit der Geburtenrate Y korreliert, besteht zwischen den beiden Merkmalen natürlich keine kausale Beziehung. Die Korrelation beruht auf versteckten Variablen[13] wie z. B. Familienstrukturen, die sich in eher ländlich geprägten Regionen, in denen mehr Störche leben, anders gestaltet als in industriell geprägten Regionen. Genauso kor-

13 Sir Ronald Fisher, der wohl berühmteste Statistiker des 20. Jahrhunderts, hat zeit seines Lebens den kausalen Zusammenhang zwischen dem Tabakrauchen und der Entstehung von Lungenkrebs angezweifelt. Er zog stattdessen einen genetischen „Confounder" als Erklärung für die zwischen beiden Faktoren bestehende statistische Assoziation in Betracht, d. h. er konstatierte ein Gen, das sowohl das Rauchverhalten als auch die Krebsätiologie beeinflusst. Es gab viele Versuche, Fishers Starrsinn in dieser Angelegenheit zu erklären. Neben außerwissenschaftlichen Gründen (Fisher war selbst leidenschaftlicher Raucher) spielte wohl auch Fishers Sorge um den Stellenwert valider statistischer Methoden in der medizinischen Forschung eine entscheidende Rolle. Genomweite Assoziationsanalysen (GWAS) zum Rauchverhalten und zum Lungenkrebs haben in jüngster Vergangenheit Hinweise dafür geliefert, dass Fishers Überlegungen vielleicht doch ein Fünkchen Wahrheit enthielten und dass sich sein Confounder in Form des Gens für die Nikotinrezeptor-Untereinheit α5 auf Chromosom 15q25 wiederfinden könnte. (Zitiert nach Krawczak, M. Rauchen und Lungenkrebs. medgen 23, 400–406 (2011). https://doi.org/10.1007/s11825-011-0291-y)

reliert der Speiseeis-Umsatz (oder der Getränkekonsum) X mit der Anzahl Y kurzärmlig bekleideter Kinder, weil beide Größen offensichtlich stark temperaturabhängig sind.

In vielen Fällen lässt sich kaum klären, ob bzw. inwiefern Korrelationen auf Kausalitäten beruhen oder auf verborgenen Variablen. Beispielsweise lässt sich die Frage, ob ein positives Selbstkonzept ursächlich zu guten Schulleistungen führt oder eher gute Schulleistungen für Selbstwirksamkeitserfahrungen verantwortlich sind oder ob beides möglicherweise viel eher von erlebtem Urvertrauen, verlässlichen Bindungen und einem bildungsaffinen Elternhaus abhängt, allein mithilfe einer Regressionsanalyse und statistischer Daten nicht beantworten. Ebenso ist es bei der Korrelation zwischen Schulleistung X und der Beliebtheit von Schule Y, vgl. Abb. 11-15 und 11-16. Mit solchen Fragen schlagen wir zum Ende dieses Kapitels eine Brücke in die Psychologie und in die Bildungswissenschaften, die damit zu kämpfen haben, dass Variablen wie Selbstkonzept und Schulerfolg deutlich schwieriger zu messen sind als Lebensalter, Schuhgrößen oder Stichprobengewichte. Diese Messungen sind nur über Fragebögen mit Antwortskalen möglich. Wer im Rahmen einer Projektarbeit solchen Fragen nachgehen möchte, findet Anregungen im Fragebogen (selbstkonzept.docx)und den zugehörigen Daten (selbstkonzept.xlsx), die im Download verfügbar sind.

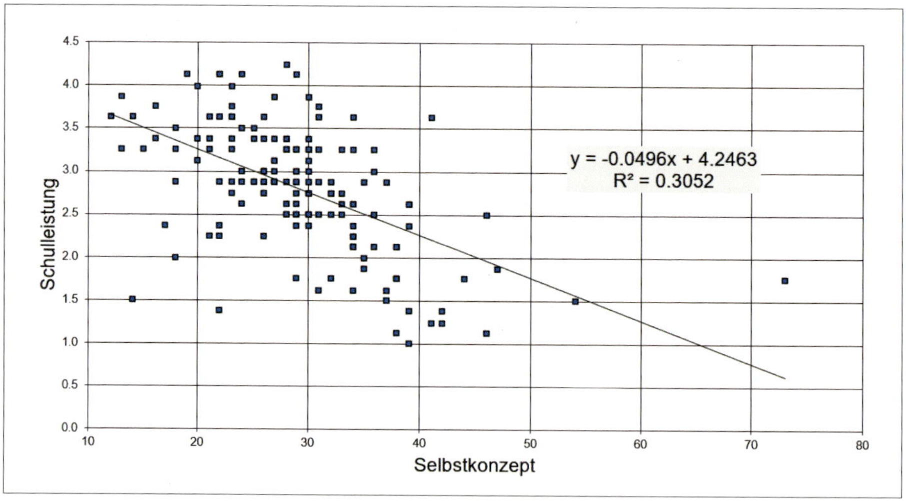

Abb. 11-15: Schulleistung (gemessen als Zeugnisnotendurchschnitt) gegen Selbstkonzept

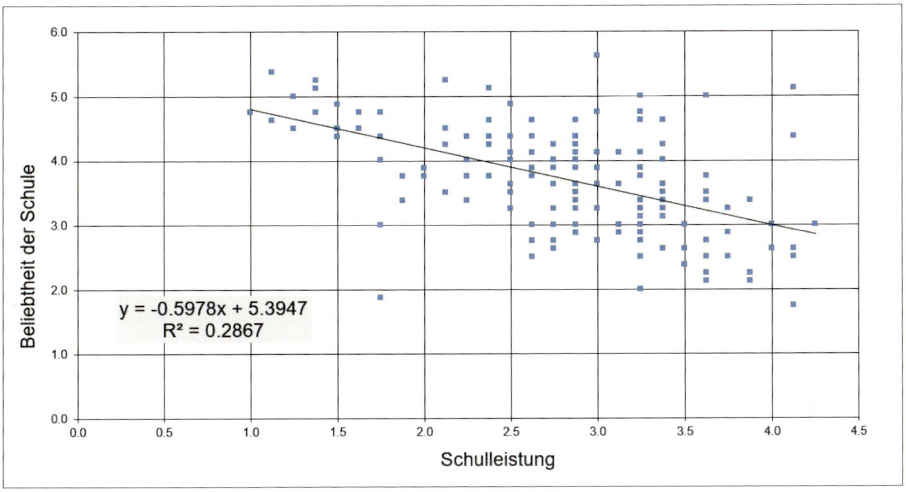

Abb. 11-16: Beliebtheit von Schule gegen Schulleistung (gemessen als Zeugnisnotendurchschnitt) (selbstkonzept.xlsx)

11.8 Resümee

- Trendgeraden sind schon in der Sekundarstufe I nützliche und intuitiv eingängige Werkzeuge, die beim Aufstellen linearer Modelle helfen.
- Wenn man das lineare Modell vorgibt und damit Punktwolken erzeugt, erlebt man bewusst die Zufälligkeit der Trendgeraden, wie sie das zugrundeliegende lineare Modell schätzen und wie die Zufallsschwankungen mit wachsender Stichprobengröße abnehmen.
- Auch kann man im Rahmen der Simulation erforschen, was passiert, wenn das vorgegebene Modell in Wirklichkeit nicht linear ist – und welche zentrale Rolle neben dem (in der Sekundarstufe I nur intuitiv verwendeten) Bestimmtheitsmaß die Residuen bei der Bewertung der Modellgüte spielen. Schülerinnen und Schüler erleben bei der Simulation das Wechselspiel zwischen Modell- und Realitätsebene gleichsam in „klinisch sauberer Laborumgebung“.
- In der Sekundarstufe II entdeckt man mithilfe von Scheitelpunkten bei Parabeln, wie Trendgeraden und Bestimmtheitsmaß berechnet werden, wie man das Bestimmtheitsmaß als Anteil durch das Modell erklärbarer Varianz deutet und wie die empirischen Kenngrößen entsprechende Parameter *unterstellter* linearer Modelle schätzen.
- Darüber hinaus belegen Beispiele den Unterschied zwischen Korrelation und Kausalität.

11.9 Anhang: Fragebogen

Liebe Schülerin, lieber Schüler,
auf dieser Seite findest du verschiedene Aussagen, die deine Person und deine Meinung zur Schule allgemein betreffen. Bitte lies jede Aussage sorgfältig durch und entscheide dann, in welchem Ausmaß die Aussage auf dich zutrifft bzw. in welchem Ausmaß du der Aussage zustimmst.
Du kannst deine Antworten von 1 bis 6 abstufen. Jede Zahl dazwischen bedeutet, dass die Aussage immer mehr zutrifft bzw. du der Aussage immer mehr zustimmst.
Bitte arbeite zügig, ohne längere Zeit zu überlegen. Es gibt keine richtigen oder falschen Antworten. Es interessiert deine eigene spontane Antwort auf jede Aussage. Bitte lasse keine Aussage aus. Bevor es losgeht, gib bitte noch dein Alter und dein Geschlecht an.

Alter: _____Jahre   Geschlecht: ☐ männlich   ☐ weiblich   ☐ keins von beiden

Nun geht's los:

Teil 1 Selbstkonzept (SKO)	ja nein
Ich weiß die Antwort auf eine Frage schneller als die anderen.	1 - 2 - 3 - 4 - 5 - 6
Manchmal fühle ich mich anderen überlegen und glaube, dass sie noch manches von mir lernen können.	1 - 2 - 3 - 4 - 5 - 6
Ich kann Sachen selbst herauskriegen.	1 - 2 - 3 - 4 - 5 - 6
Ich bin zufrieden mit meiner Fähigkeit, vor der Klasse zu sprechen.	1 - 2 - 3 - 4 - 5 - 6
Es fällt mir leicht, Probleme zu lösen.	1 - 2 - 3 - 4 - 5 - 6
Gute Noten fallen mir zu.	1 - 2 - 3 - 4 - 5 - 6
Ich gehöre zu den Guten.	1 - 2 - 3 - 4 - 5 - 6
Ich habe ein gutes Gefühl, was meine Arbeit angeht.	1 - 2 - 3 - 4 - 5 - 6

Im Folgenden findest du verschiedene Aussagen, die in Zusammenhang mit Lern- und Leistungssituationen stehen. Mit diesen Aussagen wird ermittelt, in welchen Situationen oder unter welchen Bedingungen Lernende sich nicht wohl fühlen oder Angst empfinden. Lies dir bitte jede Aussage sorgfältig durch und entscheide dann, wie häufig diese für dich persönlich zutrifft. Wenn dir eine der aufgeführten Situationen nicht aus der eigenen Erfahrung vertraut sein sollte, versuche, dich in sie hineinzuversetzen und entscheide dann, wie häufig die Aussagen auf dich zutreffen könnten.

Hinter jeder Aussage findest du eine Skala von 1 bis 5, mit der du deine Antwort genauer nach der Häufigkeit abstufen kannst.

1 = trifft fast nie zu (d. h. in weniger als 10% aller Fälle)
2 = trifft manchmal zu (d. h. in etwa 25% aller Fälle)
3 = trifft zur Hälfte zu (d. h. in etwa 50% aller Fälle)
4 = trifft häufig zu (d. h. in etwa 75% aller Fälle)
5 = trifft fast immer zu (d. h. in mehr als 90% aller Fälle)

Beispiel:	nie immer
Ich habe Angst nachzufragen, wenn die anderen alles verstanden haben.	1 - 2 - 3 - 4 - 5
Wenn diese Aussage häufig auf dich zutrifft, kreuze bitte wie folgt an.	1 - 2 - 3 - 4 - 5

Teil 2 Angst (ANG):

Ich habe Angst, ...

• dass es mir schwerfällt, mich systematisch vorzubereiten,	1 - 2 - 3 - 4 - 5
• wenn ich bei einer Klassenarbeit/Klausur mit der vorgegebenen Zeit nicht zurechtkomme,	1 - 2 - 3 - 4 - 5
• wenn ich an der Tafel stehe und mich alle anschauen,	1 - 2 - 3 - 4 - 5
• weil ich mich leicht von meiner Arbeit ablenken lasse,	1 - 2 - 3 - 4 - 5
• dass die anderen mir meine Unsicherheit anmerken,	1 - 2 - 3 - 4 - 5
• weil ich nicht weiß, wo ich mit dem Lernen anfangen soll,	1 - 2 - 3 - 4 - 5
• ein Referat zu halten,	1 - 2 - 3 - 4 - 5
• wenn mir bei einer Prüfung/Klassenarbeit nur noch ein Teil von dem Gelernten einfällt,	1 - 2 - 3 - 4 - 5
• weil ich dazu neige, mich beim Arbeiten an Nebensächlichkeiten festzubeißen,	1 - 2 - 3 - 4 - 5
• wenn ich aufgerufen werde und sich alle nach mir umdrehen,	1 - 2 - 3 - 4 - 5
• wenn ich glaube, den Leistungsanforderungen nicht zu genügen,	1 - 2 - 3 - 4 - 5
• dass es mir schwerfällt, zu Hause länger an einem Stück zu arbeiten,	1 - 2 - 3 - 4 - 5
• wenn bei einer Prüfung/Klassenarbeit/Klausur vieles schief geht,	1 - 2 - 3 - 4 - 5
• weil ich Schwierigkeiten habe, einen umfangreichen Lernstoff richtig einzuordnen,	1 - 2 - 3 - 4 - 5
• dass man mich bei einem Referat durch Nachfragen durcheinanderbringt,	1 - 2 - 3 - 4 - 5
• weil es mir beim Lernen schwerfällt, meine Gedanken richtig zu ordnen,	1 - 2 - 3 - 4 - 5
• wenn von einer Prüfung/Klassenarbeit/Klausur viel abhängt,	1 - 2 - 3 - 4 - 5
• vor Fremden etwas vorzutragen,	1 - 2 - 3 - 4 - 5
• wenn ich merke, dass ich wissensmäßig nicht ganz fit bin,	1 - 2 - 3 - 4 - 5
• etwas vor der Klasse/dem Kurs vorzutragen,	1 - 2 - 3 - 4 - 5
• wenn ich die Aufgabenstellung nicht verstehe,	1 - 2 - 3 - 4 - 5
• wenn mich die anderen schief angucken,	1 - 2 - 3 - 4 - 5
• weil mir bei der Vorbereitung irrelevante Gedanken durch den Kopf schwirren,	1 - 2 - 3 - 4 - 5
• wenn ich merke, dass ich eine Aufgabe nicht lösen kann.	1 - 2 - 3 - 4 - 5

Teil 3 (SKM, SKD, SKP, SKG)

Hier geht es speziell um das Lernen in den Fächern Mathematik, Deutsch, Physik und Geschichte. Bitte lies dir jede Aussage sorgfältig durch. Schätze dann ein, wie gut jede Aussage auf dich zutrifft, und zwar getrennt für das jeweilige Fach. In jeder Aussage ist „In ..." enthalten. Du solltest also in Gedanken das vorgegebene Fach (Mathematik, Deutsch, Physik oder Geschichte) beim Lesen einsetzen. Die Antworten reichen von „1" (trifft gar nicht zu) bis „6" (trifft genau zu).

	Mathematik (SKM) Trifft nicht zu voll zu	Deutsch (SKD) Trifft nicht zu voll zu	Physik (SKP) Trifft nicht zu voll zu	Geschichte (SKG) Trifft nicht zu voll zu
Ich weiß die Antwort auf eine Frage in … schneller als die anderen	1 - 2 - 3 - 4 - 5 - 6	1 - 2 - 3 - 4 - 5 - 6	1 - 2 - 3 - 4 - 5 - 6	1 - 2 - 3 - 4 - 5 - 6
Manchmal fühle ich mich anderen in … überlegen und glaube, dass sie noch manches von mir lernen können.	1 - 2 - 3 - 4 - 5 - 6	1 - 2 - 3 - 4 - 5 - 6	1 - 2 - 3 - 4 - 5 - 6	1 - 2 - 3 - 4 - 5 - 6
Ich kann in … Sachen selber herauskriegen.	1 - 2 - 3 - 4 - 5 - 6	1 - 2 - 3 - 4 - 5 - 6	1 - 2 - 3 - 4 - 5 - 6	1 - 2 - 3 - 4 - 5 - 6
Ich bin in … zufrieden mit meiner Fähigkeit, vor der Klasse zu sprechen.	1 - 2 - 3 - 4 - 5 - 6	1 - 2 - 3 - 4 - 5 - 6	1 - 2 - 3 - 4 - 5 - 6	1 - 2 - 3 - 4 - 5 - 6
Es fällt mir leicht, Probleme in … zu lösen.	1 - 2 - 3 - 4 - 5 - 6	1 - 2 - 3 - 4 - 5 - 6	1 - 2 - 3 - 4 - 5 - 6	1 - 2 - 3 - 4 - 5 - 6
Gute Noten in … fallen mir zu.	1 - 2 - 3 - 4 - 5 - 6	1 - 2 - 3 - 4 - 5 - 6	1 - 2 - 3 - 4 - 5 - 6	1 - 2 - 3 - 4 - 5 - 6
Ich gehöre in … zu den Guten.	1 - 2 - 3 - 4 - 5 - 6	1 - 2 - 3 - 4 - 5 - 6	1 - 2 - 3 - 4 - 5 - 6	1 - 2 - 3 - 4 - 5 - 6
Ich habe ein gutes Gefühl, was meine Arbeit in … angeht.	1 - 2 - 3 - 4 - 5 - 6	1 - 2 - 3 - 4 - 5 - 6	1 - 2 - 3 - 4 - 5 - 6	1 - 2 - 3 - 4 - 5 - 6

Teil 4 Flexibilität (FLEX)	ja nein
Ich bin ein ziemlich genauer Mensch, der darauf besteht, alle Angelegenheiten möglichst korrekt zu erledigen.	1-2-3-4-5-6
Ich meine, dass Erzählungen und Filme Werte vermitteln sollten.	1-2-3-4-5-6
Ich habe eine starke Abneigung gegen Unordnung.	1-2-3-4-5-6
Ich prüfe sehr sorgfältig, in welchem Zustand ausgeliehenes Eigentum zurückgegeben wird, sei es von anderen an mich oder von mir an andere.	1-2-3-4-5-6
Ich meine, dass jede Arbeit, wenn man sie schon macht, auch ordentlich gemacht werden sollte.	1-2-3-4-5-6
Man sollte mehr auf das vertrauensvolle Miteinander achten.	1-2-3-4-5-6

Teil 5 Kontaktfreude (KONT)	
Ich lerne häufig neue Leute kennen.	1-2-3-4-5-6
Ich würde mich als sehr unternehmungslustig (besonders in der Gruppe) bezeichnen.	1-2-3-4-5-6
Es bereitet mir keine Schwierigkeiten, mit Fremden ein Gespräch anzufangen.	1-2-3-4-5-6
Ich telefoniere viel bzw. schreibe häufig E-Mails.	1-2-3-4-5-6
Ich verbringe viel Freizeit mit Freunden bzw. im Verein.	1-2-3-4-5-6

Ich interessiere mich für das Leben anderer und höre gerne zu. 1-2-3-4-5-6
In der Schule werde ich oft beim Quatschen erwischt,
obwohl ich das Unterrichtsgeschehen verfolgen kann. 1-2-3-4-5-6
Manchmal kann ich stundenlang erzählen (ohne irgendein Ziel zu verfolgen). 1-2-3-4-5-6
Bei Problemen hilft es mir, mich mit anderen darüber zu unterhalten,
um mich auszusprechen. 1-2-3-4-5-6
In manchen Situationen fange ich oft spontan Gespräche mit Fremden an
(z. B. indem ich irgend etwas kommentiere). 1-2-3-4-5-6
Bei Diskussionen im Unterricht beteilige ich mich oft sehr stark. 1-2-3-4-5-6
Es bereitet mir keine Probleme, meine Meinung in ein Gespräch
einfließen zu lassen. 1-2-3-4-5-6

Teil 6 Zuversicht (VERT)

Vor einer Klassenarbeit bin ich am ganzen Körper verkrampft. 1-2-3-4-5-6
Vor einer Klassenarbeit fühle ich mich ängstlich. 1-2-3-4-5-6
Vor einer Klassenarbeit habe ich ein beklemmendes Gefühl. 1-2-3-4-5-6
Vor einer Klassenarbeit bin ich aufgeregt. 1-2-3-4-5-6
Vor einer Klassenarbeit fühle ich mich unbehaglich. 1-2-3-4-5-6

Teil 7 Beliebtheit (MA, DE, PH, GE, BI, EN, CH, EK, MAB, DEB, PHB, GEB, BIB, ENB, CHB, EKB)

Zum Schluss gib bitte deine Noten aus dem letzten Zeugnis an und gib an, wie sehr du die einzelnen Unterrichtsfächer magst.

Wenn ein bestimmtes Unterrichtsfach im letzten Schuljahr nicht unterrichtet wurde, gib bitte die Note aus dem vergangenen Jahr an.

Unterrichtsfach	Letzte Zeugnisnote	Dieses Fach mag ich überhaupt nicht ... sehr gerne
Mathematik (MA)		1 - 2 - 3 - 4 - 5 - 6 (MAB)
Deutsch (DE)		1 - 2 - 3 - 4 - 5 - 6 (DEB)
Physik (PH)		1 - 2 - 3 - 4 - 5 - 6 (PHB)
Geschichte (GE)		1 - 2 - 3 - 4 - 5 - 6 (GEB)
Biologie (BI)		1 - 2 - 3 - 4 - 5 - 6 (BIB)
Englisch (EN)		1 - 2 - 3 - 4 - 5 - 6 (ENB)
Chemie (CH)		1 - 2 - 3 - 4 - 5 - 6 (CHB)
Erdkunde (EK)		1 - 2 - 3 - 4 - 5 - 6 (EKB)

So, das wars! Hast du auch keine Frage ausgelassen oder vergessen?
Danke, dass du mitgemacht hast!

Literatur

Amrhein, V.; Greenland, S.; McShane, B.: Retire statistical significance. Nature 567/2019, S. 305–307.

Bamberg, G.; Baur, F.; Krapp, M.: Statistik. München. 2009.

Büchter, A.; Henn, H.-W.: Elementare Stochastik, 2. Auflage. Berlin 2007.

Buth, M.: Anmerkungen zum Testen von Hypothesen. Stochastik in der Schule 2/2002, S. 27–29.

Dinges, H.: Schwierigkeiten mit der Bayesschen Regel. Mathematische und Physikalische Semesterberichte 1978, S. 113–156.

Dinges, H.: Zum Wahrscheinlichkeitsbegriff für die Schule. In: Stochastik im Schulunterricht. Beiträge zum 3. Internationalen Symposium für Didaktik der Mathematik 1980, S. 49–61.

Eichler, A.; Vogel, M.: Leitidee Daten und Zufall. Wiesbaden 2009.

Freudenthal, H.: The empirical law of large numbers or the stability of frequencies. Educational Studies in Mathematics 4/1972, S. 484–490.

Herd, E. u. a.: Lambacher-Schweizer 7. Mathematik für Gymnasien – G9 Hessen. Stuttgart 2014.

Henze, N.: Stochastik für Einsteiger. Berlin 2017.

Henze, N; Hotz, T.; Riemer, W.; Skorsetz, B.; Vehling, R.: Schickt die statistische Signifikanz in den Ruhestand. Der Mathematikunterricht 4/2020, S. 4–10.

Krämer, W.: Denkste! Frankfurt 1995.

Krauss, S.; Wassner, C.: Wie man das Testen von Hypothesen einführen sollte. Stochastik in der Schule 1/2001, S. 29–34.

Krüger, K.; Sill, H.-D.; Sikora, C.: Didaktik der Stochastik in der Sekundarstufe I. Berlin 2015.

Lambacher-Schweizer 11 (NRW). Stuttgart 2001. Klett-Verlag No 73221.

Moßburger, M.: Unklare Begriffe und Wunschdenken bei Signifikanztests. Stochastik in der Schule 1/2014, S. 2–8.

Pallack, A. (Hrsg.): Fundamente der Mathematik 7 (G9), NRW, Gymnasium. Berlin 2019.

Riemer, W.: Eine neue Sicht der Bayesschen Regel. Stochastik in der Schule 3/1986, S. 4–13.

Riemer, W.: Das ‚Eins durch Wurzel aus n'-Gesetz. Einführung in statistisches Denken auf der Sekundarstufe I. Stochastik in der Schule 3/1991, S. 24–36.

Riemer, W.: Soundcheck. CD contra MP3. Ein Hörtest. mathematiklehren 153/2009, S. 153 ff.

Riemer, W.: Statistik mit Red Bull – Pharmaforschung im Klassenraum. mathematiklehren 175/ 2012, S. 54–59.

Riemer, W.: Das Glücksrad auf der schiefen Ebene. In: S. Maitzen; A. Warmeling (Hrsg.): Mathe aus dem Leben – für das Leben. MUED Festschrift 2017.

Riemer, W.: Auf der Suche nach H_0: Signifikanztests und das Risiko falscher Entscheidungen. mathematiklehren 220/2020, S. 30–34.

Riemer, W.: Wahrscheinlichkeit entsteht, wenn aus Erfahrung Erwartung wird. Stochastik in der Schule 3/2023.

Riemer, W.; Herget, W.: Warten auf das nächste „Äh". MNU 1/2022.

Riemer, W.; Seebach, G.: Bleistiftrollen – Beurteilende Statistik im Federmäppchen. In: R. Kaenders & R. Schmidt (Hrsg.): Mit GeoGebra mehr Mathematik verstehen. 2. Aufl. 2014. Berlin, S. 91–106.

Riemer, W.; Konietzko, J.; Mehl, J.; Pavlovic, A.: Der kreisende Penny. mathematiklehren 2024.

Riemer, W.; Stoyan, D.; Obreschkow, D.: Cuboidal Dice and Gibbs Distributions. Metrica 2013.

Riemer, W.; Vehling, R.: Stochastik erkunden. Ideenreiche Arbeitsblätter mit GeoGebra. mathematiklehren Sonderheft: Friedrich Verlag 2021.

Sachs, L.: Angewandte Statistik. Berlin 9. Aufl. 1999.
Schupp, H.: Zum Verhältnis statistischer und wahrscheinlichkeitstheoretischer Komponenten im Stochastik-Unterricht der Sekundarstufe I. Journal für Mathematikdidaktik 3, 4 /1982, S. 207–226.
Stoyan, D.: Statistische Tests in Gymnasiallehrbüchern. Stochastik in der Schule 1/2011, S. 28–32.
Voigt, J.: Transskripte zum Projekt „Routinen im Mathematikunterricht". IDM Materialien und Studien 33/1983.

Bildquellenverzeichnis

Dateien zum Download mit Kurzkommentar

Kapitel 1 (Zielsetzung)

oma.ggb (1.1)
Eines der schönsten Einstiegsexperimente in die Wahrscheinlichkeitsrechnung wird zum Gegenstand beschreibender Statistik. Boxplots, Stabdiagramme und die Unterschiede zwischen Median und arithmetischem Mittel werden mit persönlichem Erleben verknüpft.

Kapitel 2 (Wahrscheinlichkeit entsteht, wenn aus Erfahrung Erwartung wird)

quader.xlsx und quader.ggb (2.2, 2.4.1)

- sammelt/kumuliert „gewürfelte“ Häufigkeitsverteilungen gruppenweise
- hilft beim Aufstellen brauchbarer Wahrscheinlichkeitsverteilungen
- berechnet damit Wahrscheinlichkeitsverteilungen zum Durchmarschexperiment
- hilft, beim Durchmarschexperiment Prognose und Realität zu vergleichen
- eignet sich auch für die Auswertung von Experimenten mit dem schiefen Glücksrad.

quader-doppelwurf.ggb (2.4.2)
berechnet die Wahrscheinlichkeiten der Augensummen 2, 3, ..., 12 beim Wurf zweier Quader in Abhängigkeit von den angesetzten (hypothetischen) Quaderwahrscheinlichkeiten. Kombiniert die Summenregel („systematisches Abzählen“) mit der Pfadregel

quader-gibbs.ggb (2.5)
Die Gibbs Verteilung $p(i) \sim e^{-k \cdot h(i)}$ mit dem Parameter k beschreibt das Verhalten des Quaders perfekt. Dabei ist h(i) die jeweilige Höhe des Schwerpunktes in der Lage i. Der Wert des Parameters k hängt von der Wurftechnik ab. Man richtet ihn (durch einen Schieberegler) so ein, dass die Unterschiede zwischen Modell und Realität minimal werden.

Kapitel 3 (beurteilende Statistik im Federmäppchen)

zweifel-sortieren.ggb (3.2)

- Bleistifte werden 120-mal in beide Richtungen gerollt,
- Brauchbarkeit des Laplace-Modells wird nach Bauchgefühl bewertet,
- der Zweifel am Laplace-Modell wird über selbst erfundene Sortiergrößen verglichen und der Größe nach sortiert.

bleistift-simulation.ggb, bleistift-simulation.xlsm (3.5)
Laplace-Bleistifte werden simuliert, durch ausgedachte Sortiergrößen bewertet, kritische Grenzen werden ausgehandelt und abgesteckt. Die sequentiell (bewusst verlangsamend) arbeitende GeoGebra-Datei ist dank der eingesetzten „WindowShuttleTechnik“ lernpsychologisch „genial“.

Kapitel 4 (Prognoseintervalle)
kopfmuenzeln-mit-simulation.ggb (4.2)
(Nach Bauchgefühl) ausgedachte Häufigkeiten zum Werfen von 25, 100 und 400 Münzen werden visualisiert und mit simulierten Daten verglichen. Es zeigt sich, wie sehr die Intuition vieler Menschen trügt.

gesetz-der-grossen-zahlen.ggb (4.2)
demonstriert, wie die Zufallsschwankungen der relativen Häufigkeiten um eine vorgegebene Wahrscheinlichkeit mit wachsender Versuchszahl abnehmen.

nougat-10 g.ggb, baeren-10 g.ggb (4.4.1–8.4.1)
Gewichtsangaben auf Verpackungen (10 g mit Eichzeichen) sind normative Modelle, die sich mit beschreibender und beurteilender Statistik prüfen lassen.

elle-fuss.ggb (4.4.2)
Ellen und Füße sollen gleich lang sein. Ob bzw. wie genau das stimmt und ob es Unterschiede zwischen rechts/links gibt, lässt sich hier erforschen.

minuteschaetzen.ggb (4.4.3–4.5)
Geprüft wird, wie gut wir die Dauer einer Minute schätzen können und wie sehr sich die Schätzgenauigkeit durch Übung verbessern lässt. Das Experiment funktioniert in großen Gruppen sehr zeitökonomisch.

signifikanztest-tool.ggb (4.4.4–8.4.1)
Universalwerkzeug zur Bestimmung kritischer Bereiche bei ein- und zweiseitigen Binomialtests, auch zur Prüfung der Sigmaregeln und des Grenzwertsatzes von de Moivre-Laplace.

treppensteigen.xlsx, haendefalten.xlsx (4.4.5–4.5)
Man beobachtet, welcher Fuß beim Treppensteigen zuerst aufgesetzt wird bzw. welcher Daumen beim Händefalten oben liegt und überprüft mit Vierfeldertafeln bzw. dem Vorzeichentest, wie stark der Zusammenhang mit der Händigkeit beim Schreiben ist. Das Händefalten funktioniert auch in großen Gruppen sehr zeitökonomisch.

daumenpeilen.xlsx, strahlensatz.ggb, peilwinkel.ggb (4.4.6–4.5–10.1.3)
Die Abmessungen von Objekten lassen sich aus der Ferne durch Anpeilen mithilfe der Armlänge, und der Daumenbreite bestimmen.

- Mit beschreibender Statistik wird die Genauigkeit der Methode abgeschätzt.
- Naheliegende Hypothesen werden mit dem Vorzeichentest geprüft.
- Peilquotienten und Peilwinkel lassen sich durch Normalverteilungen beschreiben.
- Wenn man „nebenbei" festhält, mit welchem Auge über welchen Daumen ein Rechts- bzw. Linkshänder peilt, werden zeitökonomisch Brücken zu Vierfeldertafeln geschlagen.

Kapitel 5 (Konfidenzintervalle)

prognose-konfidenzintervall-tool.ggb (5.3)
Diese häufig als „Ellipsenwerkzeug" bezeichnete Datei berechnet zu einer vorgegebenen Wahrscheinlichkeit auf der Rechtsachse das (vertikale) Prognoseintervall (in dem relative Häufigkeiten liegen) und zu einer relativen Häufigkeit auf der Hochachse das (horizontale) Konfidenzintervall (in dem Wahrscheinlichkeiten liegen). Über den Rechenwerkzeugcharakter hinaus gestattet die Datei durch Verschieben der Wahrscheinlichkeiten das problemorientierte Entdecken der Dualität zwischen Prognose- und Konfidenzintervallen.

wurzeltrichter-ellipse.ggb (5.4)
Die vom $\frac{1}{\sqrt{n}}$-Gesetz geläufigen Wurzeltrichterdiagramme visualisieren Prognoseintervalle in Abhängigkeit vom Versuchsumfang n. Ellipsendiagramme zeigen deren Abhängigkeit von der Wahrscheinlichkeit p. Die Datei wurzeltrichter-ellipse.ggb verknüpft beide Sichtweisen transparent und erlaubt durch dynamisches Variieren der Wahrscheinlichkeit p im Spurmodus die Konstruktion des Begriffs „Konfidenzintervall". Das didaktische Potenzial dieser Datei ist enorm!

konfidenzintervall-freirubbeln.ggb (5.4)
Die relative Trefferhäufigkeit h ist gegeben. Eine angenommene Trefferwahrscheinlichkeit p pendelt – umgeben vom zugehörigen Prognoseintervall zwischen 0 und 1. Immer dann, wenn das Prognoseintervall die relative Trefferhäufigkeit h überdeckt, wird die Wahrscheinlichkeit p markiert. Die Markierungen lassen vor den Augen des Betrachters das Konfidenzintervall entstehen. Die Datei bietet ausgezeichnete Gesprächsanlässe und unterstützt dadurch die Begriffsbildung „Konfidenzintervall" nachdrücklich.

legomuenze-dualitaet.ggb (5.5)
enthält relative Häufigkeiten zu 23 × 100 Würfen einer Lego-4er-Münze und die zugehörigen 23 Konfidenzintervalle für die Wahrscheinlichkeit der Fußlage. Man bildet daraus fünf 400er- und eine 300er-Gruppe und erhält 6 kleinere Konfidenzintervalle. Ein noch kleineres entsteht durch Zusammenlegen aller Daten. Die Zufälligkeit der Konfidenzintervalle und ihre Abhängigkeit von der Stichprobengröße werden erlebbar. Das Variieren einer hypothetischen Trefferwahrscheinlichkeit beleuchtet wiederum die Dualität zwischen Prognose- und Konfidenzintervallen in einem authentischen Kontext, in dem sich jeder Lernende und jeder Kleingruppe namentlich wiederfindet. Zum Vergleich: In 1793 von 4097 Versuchen (43.8 %) landete die Lego-4er-Münze in Fußlage.

loeffelstichprobe-dualitaet.ggb (5.5)
Statt Legomünzen zu werfen, werden mit einem Löffel verschiedenfarbige Perlen aus einem Pott gestochen.
Durch die individuellen Löffel-Stichprobengrößen variieren die Längen der „persönlichen" Konfidenzintervalle für den Anteil einer bestimmten Farbe. In Gegensatz zum Legostein gibt es hier ein (nachträglich zur Kontrolle mitgeteiltes) Laplace-Modell $p(\text{rot}) = \frac{1}{4}$.

Kapitel 6 (Standardabweichung – Rekursion – Summenverteilungen)
faltung-rekursiv.ggb, faltung-rekursiv.xlsx (6.2),
faltung-mit-erzeugender-funktion.ggb (6.3)
berechnet zur Wahrscheinlichkeitsverteilung einer Zufallsgröße X (Legomünze, Quader, Schraubenmutterwürfel ...) die Wahrscheinlichkeit der n-fachen Summe $X + \ldots + X$, also die n-fache Faltung der Ausgangsverteilung rekursiv mit Pfad- und Summenregel oder durch Potenzieren von Polynomen (mit der erzeugenden Funktion).

zucker-loeffel.ggb (6.5.1)
enthält die Gewichte von gestrichenen und gehäuften Löffeln Zucker. Die Verteilungen sind glockenförmig und dokumentieren die Nützlichkeit der Sigmaregeln.

stoppuhr-wartezeiten.ggb (6.5.2)
In Vorträgen lassen sich die Wartezeiten auf das nächste Füllsel „Äh" gut durch Exponentialverteilungen beschreiben. Anders als bei Zuckerlöffelgewichten unterscheiden sich Median und Mittelwert deutlich voneinander, und die Sigmaregeln liefern keine guten Ergebnisse mehr. Das Programm misst Wartezeiten und visualisiert deren Verteilungen.

Kapitel 7 (Lernen aus Erfahrung – Abwägen zwischen Hypothesen nach Bayes)
wuerfel-quader-lego.ggb und wuerfel-quader-lego-tabelle.ggb (7.1)
Jemand würfelt mit einem der drei genannten Objekte und nennt nach jedem Wurf die Augenzahl. Die Kalkulationstabelle hilft durch wiederholtes Anwenden der Bayes'schen Regel herauszufinden, mit welchem Objekt gewürfelt wird.

drei-beutel.ggb und drei-beutel.xlsx (7.3, 7.4)
bestens geeignetes Einstiegsexperiment, ideal, um nach dem Blackbox-Whitebox-Prinzip selbstständig und handlungsorientiert zu entdecken und zu begründen, wie die Bayes'sche Regel das Lernen aus Erfahrung modelliert.

min-rot-max.ggb, min-rot-max.xls und hypergeo.ggb (7.5.1)
weitere spielerische Kontexte, in denen man erleben und begründen kann, wie die Bayes'sche Regel das Lernen aus Erfahrung modelliert.

infografik-antigentest.pdf (7.6)
eine mit Zahlenbeispielen unterlegte Datei des Robert-Koch-Instituts, die erläutert, wie man „Bayes'sches Denken“ über natürliche Häufigkeiten fördern kann.

Kapitel 8 (Signifikanztests)
goldbaeren-gewichte-10 g.ggb (8.4)
enthält die Netto-Gewichte von je 100 Tütchen, die aus vier unterschiedlichen Produktionsmargen stammen.

eichgesetz.pdf (8.4.1)
Auszug aus der Fertigverpackungsrichtlinie, der man die Bedeutung des Eichzeichens ℮ entnimmt.

chance-risiko-sequentiell.ggb (8.5.3)
Bayes'sche Sicht auf einseitige Signifikanztests: Zwei mit Kugeln gefüllte Beutel gehören zu unterschiedlichen Trefferwahrscheinlichkeiten. Man zieht mit Zurücklegen und muss nach einer vorgegebenen Schrittzahl auf einen der Beutel tippen. Fehltipps werden unterschiedlich bestraft. Die Simulation hilft bei der Suche nach der gewinnträchtigsten Entscheidungsstrategie, die aber nicht notwendig die meisten richtigen Tipps liefert. Die spielerische Lernumgebung führt zur Entdeckung der Rolle, die die Nullhypothese bei einseitigen Signifikanztests spielt.

chance-risiko.xlsx und chance-risiko.pdf (8.5.3)
eine elementare Variante mit händischer und Excel-Simulation (Lambacher-Schweizer 9 (NRW G8) Klett 733491, S. 216–217 mit Simulationsdatei unter: ht-

tps://www.klett.de/inhalt/media_fast_path/32/Gewinnspiel-Simulation-Seite_217.xlsx (Zugriff: 26.09.2023)).

chance-risiko-funktional.ggb (8.5.3)
Wie oben, aber alle Entscheidungsstrategien werden (in Form eines Funktionsgraphen) gleichzeitig a) auf die Wahrscheinlichkeit untersucht, mit der sie richtige Tipps liefern b) welcher Gewinn jeweils zu erwarten ist und c) mit welcher a-posteriori-Wahrscheinlichkeit, die Alternative gilt, nachdem man sich für eine Wahrscheinlichkeit entschieden hat.

energydrinks.zip (8.6)
Material für ein Unterrichtsprojekt zur Erforschung der Frage: „Lässt sich die Reaktionsschnelligkeit durch den Konsum von Energiebrausen verbessern?"

Kapitel 9 (Das Glücksrad auf der schiefen Ebene)
schnippen.ggb (9.3)
Vorlage zur Auswertung geschnippter Häufigkeiten auch mit Zusammenfassung geeigneter Felder; arbeitet auf der Realitätsebene.

sinusdichte.ggb (9.5.1)
berechnet die Wahrscheinlichkeiten des schiefen Glücksrades in Abhängigkeit vom Parameter $k=\frac{\tan(\alpha)}{\varphi}$; arbeitet auf der Modellebene.

sinusdichte-modellanpassung.ggb (9.5.1)
ist eine Zusammenfassung von schnippen.ggb und sinusdichte.ggb, die bei der Suche nach dem optimalen Parameter k hilft.

schiefes-laplacesches-gluecksrad.ggb (9.5.1)
berechnet die Felder des schiefen Glücksrades so, dass jedes die Wahrscheinlichkeit $\frac{1}{6}$ besitzt.

gluecksrad-rutschend.ggb (9.6)
zeigt, wie sich die Wahrscheinlichkeitsverteilung ändert, wenn man das Glücksrad so stark neigt, dass der Zeiger nicht mehr überall hält. Zusätzlich wird die Endposition in Abhängigkeit von der Startenergie der letzten Runde dargestellt.

Kapitel 10 (Normalverteilung)
10-DM.ggb (10.1.2)
Der 10-DM-Schein mit der Gaußschen Glocke dient als Hintergrundbild.

zuckerwuerfel.ggb (10.1.2)
enthält die Gewichte von 528 Zuckerwürfeln mit Aufdruck 2.5 Gramm mit Gauß-Glocke und NQ-Plot.

darts.ggb (10.2)
enthält die x- und y-Koordinaten und Zielabstände d von sehr vielen Darteinstichen beim Zielen auf den Mittelpunkt einer Zielscheibe mit den zugehörigen Histogrammen.

darts-rotation.ggb (10.8)
enthält die Daten aus darts.ggb. Zusätzlich lässt sich das Koordinatensystem zwecks Überprüfung der Rotationssymmetrie drehen. Darüber hinaus werden die (bedingten) Verteilungen der x-Koordinaten für große und kleine y-Werte (in jeder Lage des Koordinatensystems) zwecks Prüfung der Unabhängigkeit miteinander verglichen.

gauss-begruenden.pdf (10.8)
Die Begründung des Terms der Normalverteilung ist anspruchsvoll. Falls sie in Form eines geführten Beweises kooperativ in Gruppenarbeit oder als Referat geplant ist, hilft die in dem Dokument enthaltene Beweisvorlage.

Kapitel 11 (Lineare Modelle: Regression, Korrelation, Kausalität)
loeffel-stichproben.xlsx (11.1)
Ausgezählte und ausgewogene Löffel-Stichproben aus einem Perlentopf mit 2000 roten, 1000 gelben und 1000 grünen Perlen.

schuh-groessen-innenlaengen.xlsx (11.1.2)
Schuhe bekannter EU-Schuhgrößen wurden mit Bandmaß vermessen.

bleistiftrollen-bauchgefuehl-testgroessen.xlsx (11.1.3)
Regression zwischen verschiedenen Sortiergrößen beim Bleistiftrollen.

koerpergroesse-schuhgroesse.xlsx (11.1.4)
Auswertungsvorlage zur Datenerhebung in Kleingruppen.

trendgeraden-schaetzen.ggb (11.3)
Zu einer Punktwolke lassen sich Trendgeraden händisch so einpassen, dass entweder die Vertikal- oder die Horizontalabweichungen minimal werden (Regression y gegen x oder x gegen y).

lineares-modell-schrittweise-rekonstruieren.ggb (11.4)
Zu einem (optional versteckt) vorgegebenen linearen Modell werden schrittweise Punktwolken erzeugt und die zugehörigen Trendgeraden werden berechnet ... und pendeln um das versteckte Modell, das dann – im Unterricht ist das ein äußerst spannender Moment – durch Anklicken aus dem Versteck hervorgeholt werden kann.

regression-simulation-linear.ggb (11.4)
Die Datenwolke wird nicht mehr sequentiell, sondern „auf einen Schlag" erzeugt.
Man erkennt: Korrelation und Regression schätzen (schwanken um) die entsprechenden Parameter des vorgegebenen linearen Modells.

regression-simulation-exponntiell.ggb (11.4)
klärt, was passiert, wenn man versucht, exponentielle Realitäten durch lineare Modelle zu beschreiben. Die Rolle der Residuen tritt bei der Modellbewertung ins Zentrum.

normalverteilung-2D.ggb (11.5)
zweidimensionale Normalverteilung mit veränderbaren Parametern.

vorschulkinder.xlsx (11.6)
Daten zu Körpergröße und Alter.

selbstkonzept.docx und selbstkonzept.xlsx (11.9)
modifizierbarer Fragebogen mit authentischen Daten zum schulischen Selbstkonzept; Anregung für ein fächerübergreifendes Projekt.

Besuchen Sie http://www.riemer-koeln.de, wenn Sie die Quader aus Kap. 2, Würfelbleistifte aus Kap. 3 oder die Glücksräder aus Kapitel 8 bestellen wollen oder an weitergehenden Literaturquellen interessiert sind – oder schreiben Sie an statistik@riemer-koeln.de – natürlich auch, wenn Sie Druck- oder sonstige Fehler mitteilen möchten. Auch die werden dort gesammelt.

So gelingt es: Stochastik mit Geogebra

WOLFGANG RIEMER | REIMUND VEHLING

Stochastik erkunden

Ideenreiche Arbeitsblätter mit GeoGebra

Bestellnr.: 1840008, € 27,90

Alle sammeln Daten - jetzt auch im Matheunterricht. GeoGebra hat eine Datenanalyse - und viele Befehle, um Auswertungen von Datensätzen oder Simulationen „per Hand" zu programmieren. Parallel zu Inhalten der Leitidee „Daten und Zufall" erkunden Lernende diese Tools anhand konkreter Arbeitsblätter.

In einem zeitgemäßen Stochastikunterricht steht die fachliche Systematik am Ende eines Lern- und Erkenntnisprozesses, in dessen Mittelpunkt spannende Fragen und das Bewältigen kognitiver Konflikte stehen. Die Arbeitsblätter bieten Aufgaben, an deren Erforschung und Bearbeitung die Schülerinnen und Schüler zentrales Wissen und tragfähige Grundvorstellungen handelnd und reflektierend aufbauen können. Mit den exakt auf die Aufträge zugeschnittenen Dateien kann (vielfach auch ohne GeoGebra-Vorkenntnisse) inhaltlich zielgerichtet gearbeitet werden.

Wichtige Befehle und allgemein hilfreiche Dateien wie das Signifikanztest-Tool, das Binomialverteilungs-Tool, das Universalauswertungs-Tool oder die Stoppuhr bieten einen Nutzen weit über die 63 Arbeitsblätter hinaus.

Fachbuch

Alle Preise zzgl. Versandkosten, Stand 2023.

Die Downloadmaterialien enthalte[n] zahlreiche Arbeitsblätter und verti[...] Materialien für Ihren Unterricht.

Klett Kallmeyer

Unser Leserservice berät Sie gern:
Telefon: 05 11/4 00 04 -150
Fax: 05 11/4 00 04 -170
leserservice@friedrich-verlag.de

www.klett-kallmeyer.de

Wichtige GeoGebra-Befehle aus dem Bereich der Stochastik

Befehl	Erläuterung
nCr[n,k] n: Anzahl der Versuche; k: Anzahl der Treffer	Berechnung von $\binom{n}{k}$
Binomial [n, p] (p: Erfolgswahrscheinlichkeit)	erzeugt ein Balkendiagramm einer Binominalverteilung
Binomial [n, p, <Wahrheitswert Verteilungs-funktion>]	erzeugt ein Balkendiagramm einer Binomialverteilung, wenn der Wahrheitswert false ist; erzeugt ein Balkendiagramm einer kumulativen Binomialverteilung, wenn der Wahrheitswert true ist
Binomial [n, p, k, <Wahrheitswert Verteilungsfunktion>]	Sei X eine B(n; p)-Zufallsvariable. $P(X = k)$, wenn der Wahrheitswert false ist $P(X \leq k)$, wenn der Wahrheitswert true ist
Normal [Mittelwert, Standardabweichung, x]	erzeugt die Wahrscheinlichkeitsdichtefunktion der Normalverteilung
Normal [Mittelwert, Standardabweichung, x, Wahrheitswert Verteilungsfunktion]	Ist der Wahrheitswert true, dann wird die kumulative Verteilungsfunkti-on erzeugt, ansonsten die Wahrscheinlichkeitsdichtefunktion der Normalverteilung.
InversNormal [<Mittelwert>, <Standardabweichung>, <Wahrscheinlich-keit>]	Es wird $\Phi^{-1}(p) \cdot \sigma + \mu$ berechnet. Φ ist die Verteilungsfunktion der Standardnormalverteilung. Mit diesem Befehl wird der Wert der $N(\mu; \sigma)$-verteilten Zufallsgröße X ermittelt, welche zu dem gegebenen p-Wert gehört.
Zufallszahl [<Minimalwert>, <Maximalwert>]	erzeugt eine ganzzahlige Zufallszahl zwischen Minimalwert und Maximalwert (einschließlich) Beispiel: Mit Zufallszahl [1,6] kann der Wurf mit einem normalen Würfel simuliert werden.
ZufallszahlBinomialverteilt [n, p]	Realisation (Anzahl der Treffer) einer binomialverteilten Zufallsgröße X n: Wiederholungen, p: Trefferwahrscheinlichkeit
ZufallszahlBinomialverteilt [n, p] / n	Realisation (Stichprobenanteil h) einer binomialverteilten Zufallsgröße n: Wiederholungen, p: Trefferwahrscheinlichkeit
ZufallszahlGleichverteilt [<Min>, <Max>]	erzeugt die Realisation einer gleichverteilten Zufallsgröße X in einem Bereich [Min, Max]
ZufallszahlNormalverteilt [<Mittelwert μ >, <Standardabweichung σ >]	erzeugt die Realisation einer normalverteilten Zufallsgröße $N(\mu, \sigma)$
Stichprobe [<Liste L>, <Größe n>, <Wahr-heitswert Wiederholung möglich>]	Erzeugt eine Liste mit n beliebig gewählten Elementen aus der Liste L. Wahrheitswert true: Die Elemente können mehrfach vorkommen (Ziehung mit Zurücklegen) Wahrheitswert false: Die Elemente können nur einfach vorkommen (Ziehung ohne Zurücklegen). Beispiel: Stichprobe [{1, 2, 3}, 3, false] erzeugt eine zufällige Permutation von {1, 2, 3}
Mittelwert [<Liste von Zahlen>]	Berechnung des Mittelwertes
Standardabweichung [<Liste von Zahlen>]	Berechnung der Standardabweichung
StichprobenStandardabweichung [<Liste von Zahlen>]	Berechnung der Stichprobenstandardabweichung
Stichprobenvarianz [<Liste von Zahlen>]	Stichprobenvarianz

Unter **www.friedrich-verlag.de** finden Sie Materialien zum Buch als Download.
Bitte geben Sie den achtstelligen Download-Code in das Suchfeld ein.

DOWNLOAD-CODE: **d31748su**

Hinweis:

Das Download-Material enthält Programme (GeoGebra, Excel) und Dateien mit Originaldaten sowie Arbeitsblätter, die Sie bei der Vorbereitung Ihres Unterrichts unterstützen und/oder Ihnen vertiefende Hintergrundinformationen liefern.

Durch den Kauf dieses Buches (ISBN 978-3-7727-1748-2) haben Sie das Recht erworben, das ergänzende Download-Material in Ihren derzeitigen und zukünftigen Lerngruppen und Klassen einzusetzen und zu vervielfältigen. So können Sie etwa einzelne Seiten ausdrucken und verteilen oder mit Beamer oder Whiteboard verwenden.

Was Sie **nicht** dürfen:

- das Download-Material oder Teile davon an Kolleginnen und Kollegen weitergeben.
- das Download-Material oder Teile davon in Netzwerke einstellen, wie etwa Schulserver oder Cloud-Systeme, sodass Kolleginnen und Kollegen darauf Zugriff erhalten.
- die Lizenzinformation und Quellenhinweise auf dem Download-Material entfernen.
- bei einer Bibliotheksausleihe des Buches das Download-Material herunterladen.

Bitte tragen Sie im Sinne dieser Lizenz dazu bei, dass wir weiterhin digitales Ergänzungsmaterial für Lehrerinnen und Lehrer bereitstellen können. Der Verlag behält sich dabei vor, auch gegen urheberrechtliche Verstöße vorzugehen.

Unsere Autorinnen und Autoren sowie der Verlag wünschen Ihnen viel Erfolg bei der Nutzung der Materialien!

Haben Sie Fragen zum Download? Dann wenden Sie sich bitte an den Leserservice der Friedrich Verlags GmbH. Schreiben Sie uns oder rufen Sie uns an!

Sie erreichen unseren Leserservice
Montag bis Donnerstag von 8 – 18 Uhr
Freitag von 8 – 14 Uhr
Tel.: 0511/40004-150
Fax: 0511/40004-170
E-Mail: *leserservice@friedrich-verlag.de*

Wir freuen uns über Ihre Rückmeldung und helfen Ihnen gerne weiter!